Kernphysik, Forschungsreaktoren und Atomenergie

Christian Forstner

Kernphysik, Forschungsreaktoren und Atomenergie

Transnationale Wissensströme
und das Scheitern einer
Innovation in Österreich

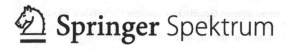

Christian Forstner
Arbeitsgruppe Wissenschaftsgeschichte
Historisches Seminar
Goethe-Universität Frankfurt
Frankfurt, Deutschland

ISBN 978-3-658-25446-9   ISBN 978-3-658-25447-6   (eBook)
https://doi.org/10.1007/978-3-658-25447-6

Die Deutsche Nationalbibliothek verzeichnet diese Publikation in der Deutschen National-
bibliografie; detaillierte bibliografische Daten sind im Internet über http://dnb.d-nb.de abrufbar.

Springer Spektrum
© Springer Fachmedien Wiesbaden GmbH, ein Teil von Springer Nature 2019

Springer Spektrum ist ein Imprint der eingetragenen Gesellschaft Springer Fachmedien Wiesbaden
GmbH und ist ein Teil von Springer Nature
Die Anschrift der Gesellschaft ist: Abraham-Lincoln-Str. 46, 65189 Wiesbaden, Germany

Vorwort

Die von den Atomkernen ausgesandte Strahlung und Energie faszinierten Menschen seit ihrer Entdeckung. Nach der Wende ins 20. Jahrhundert entwickelte sich ein regelrechter Hype um das neu entdeckte Element Radium und die Radioaktivität: Radiumkuren und Radiumbäder boomten, medizinische Tinkturen, Puder und Salben mit Radium versprachen neben Gesundheit vor allem Schönheit und reine Haut, Radium-Rasierklingen und Rasiermesser standen für eine besondere Schärfe und eine gründliche Rasur. Selbst vor Kuriositäten wie Radium-Bier oder Radium-Fahrrädern machte der Hype nicht halt. Die Quelle des Radiums lag im österreichisch-böhmischen St. Joachimsthal, dem heutigen Jáchymov. So ist es weiter nicht verwunderlich, dass 1910 in Wien das erste Institut für Radiumforschung eröffnet wurde.

Manche der Ideen aus Science-Fiction-Büchern vom Anfang des Jahrhunderts schienen nach der Entdeckung der Kernspaltung in den Bereich des Machbaren zu rücken. Die Energie aus Atomen versprach bis in die 1960er Jahre ungeahnte Möglichkeiten. Als Erstes konzentrieren sich die Gedanken bei dieser These auf scheinbar unerschöpfliche Energiereservoirs, einen nie endenden Elektrizitätsfluss aus allen Steckdosen. Nicht nur billiger und sauberer Strom in den Haushalten, sondern Antriebe für Schiffe, Flugzeuge, Lokomotiven und Automobile schienen in nicht allzu ferner Zukunft greifbar zu sein und ein sorgenfreies Leben zu versprechen.

Neben diesen Zukunftsvisionen versprach die friedliche Nutzung der Kernenergie auch konkrete Anwendungen in der Gegenwart, die weit weniger spektakulär ausfallen und bis heute im Einsatz sind. Dazu zählen das Haltbarmachen von Lebensmitteln und die Desinfektion medizinischer Geräte und Materialien durch γ-Strahlung, die Produktion radioaktiver Isotope für den Einsatz in der Medizin und Biologie als Tracer und zur Krebstherapie oder die Erzeugung neuer Sorten von Saatgut mithilfe von radioaktiver Strahlung hervorgerufener Mutationen. Die friedliche Nutzung der Energie der Atome versprach vieles im Dienste der Menschheit.

Im Gegensatz zu diesen positiven Szenarien steht bis heute die militärische Nutzung der Atomenergie in Form von Massenvernichtungswaffen. Die deutschen und österreichischen Wissenschaftler, die sich während des Zweiten Weltkrieges am deutschen Uranprojekt beteiligten, waren nach Kriegsende bemüht, strikt zwischen Atomwaffen und der friedlichen Nutzung der Atomenergie zu trennen. Spätestens mit der Göttinger Erklärung 1957 stellten sich 18 der führenden Atomphysiker in zivilem Ungehorsam nicht nur gegen die militärischen Nuklearphantasien des deutschen Bundeskanzlers Konrad Adenauer und seines Atomministers Franz Josef Strauß, sondern sprachen sich auch gleichzeitig für die friedliche Nutzung und Erforschung der Atomenergie aus und versuchten der Kernenergie ein positives Image zu verleihen.

In Österreich erfolgte mit der Wiedererlangung der nationalen Souveränität mit dem Staatsvertrag 1955 der Schritt ins Atomzeitalter. Dieser Schritt wurde trotz politischer Neutralität mit deutlicher Westausrichtung und Unterstützung der USA vollzogen. Etwa zehn Jahre nachdem der erste Forschungsreaktor in Betrieb ging, folgte der Baubeschluss für ein Leistungskraftwerk im niederösterreichischen Zwentendorf. Allerdings begann Ende der 1960er Jahre der Glaube an die Heilsbotschaften der Atomenergie in Österreich und anderswo zu schwinden. Zweifel an der Risikotechnologie Kernenergie wurden laut. In Österreich waren es in der frühen Phase des Protestes Mediziner und insbesondere konservative Gegner der Kernenergie, deren Kritik deutliche Bezüge zur Eugenik und Rassenhygiene aufwies. Dies änderte sich Mitte 1970er, und eine breite Protestbewegung formierte sich. Schließlich vollzog Österreich den Ausstieg aus der Kernenergie auf Druck der Öffentlichkeit hin, bevor es überhaupt vollständig eingestiegen war. Die nach dem „Nein zu Zwentendorf" folgenden Debatten in Österreich weisen Bezüge zu denen des deutschen Atomausstiegs, knapp 25 Jahre später, auf. In beiden Fällen wurden Ängste vor Energieknappheit und Preisexplosionen geschürt. Weder hier noch dort sind sie tatsächlich eingetreten.

Die hier skizzierte Entwicklung von der frühen Radioaktivitätsforschung bis zum Scheitern eines großtechnischen kommerziellen Projektes, dem Scheitern eines Leistungskraftwerkes als Innovation, bildet den Gegenstand des vorliegenden Buches. Es handelt sich um die gekürzte und überarbeitete Fassung meiner Habilitationsschrift, die ich 2016 an der Friedrich-Schiller-Universität Jena eingereicht habe. Diese entstand während meiner Zeit als Assistent am Institut für Geschichte der Medizin, Naturwissenschaft und Technik „Ernst-Haeckel-Haus", das den institutionellen Rahmen für diese Arbeit bot. Die thematischen Anfänge dieser Arbeit gehen auf mein Jahr als Postdoc am Institut für Zeitgeschichte an der Universität Wien zurück. Hier ist insbesondere Carola Sachse und meiner Nachfolgerin Silke Fengler für die jahrelange gute Zusammenarbeit zu danken. Ohne die Unterstützung von Archiven wäre diese Arbeit unmöglich gewesen. Dank gilt insbesondere Stefan Sienell vom Archiv der Österreichischen Akademie der Wissenschaften, der mich gerade in der Anfangsphase der Arbeit intensiv begleitet hat. Des Weiteren ist dem ehemaligen Leiter der Wiener Zentralbibliothek für Physik Wolfgang Kerber und seinem Team zu danken: Alexander Zartl, Peter Graf und Brigitte Kromp. Sie standen mir beim Erschließen des neuen Forschungsgebietes und während des gesamten Verlaufs der Arbeit stets mit Anregungen und Hilfe zur Seite. In Interviews beantworteten zahlreiche Zeitzeugen geduldig meine Fragen und halfen mir einen vertieften Einblick in die Geschehnisse zu erhalten. Hier möchte ich insbesondere Helmuth Böck vom Atominstitut der TU Wien danken. Er hat mich mit Informationen und Materialien bis zum Ende dieser Arbeit unterstützt.

Dank gilt auch allen Kollegen, die während Tagungen und Diskussionen mit kritischen Anmerkungen den Finger auf Schwachstellen legten oder einfach mit Lob und positiven Anmerkungen meine Arbeit vorantrieben. Hier möchte ich Wolfgang L. Reiter aus Wien danken, meinen Kolleginnen und Kollegen vom Fachverband Geschichte der Physik der Deutschen Physikalischen Gesellschaft. Friedrich Steinle, Rudi Seising und Dieter Hoffmann haben als Gutachter mit Kritik und Anregungen zur Entstehung dieses Buches beigetragen. Darüber hinaus danke ich Rita Schwertner und Ralf Hahn für kritische Kommentare zum Text. Danken möchte ich auch Albert Presas i Puig für zahlreiche Diskussionen und dafür, dass er jahrelang die Idee eines EU-Projektes zur Geschichte der Kernenergie in Europa verfolgt hatte, bis dies 2015 erfolgreich im EU-Projekt HoNESt umgesetzt wurde.

Meiner Familie danke ich. Meiner Frau Beate Haltmeyer-Forstner für die intellektuell anregenden Diskussionen, die halfen, meine Fragestellung zu schärfen und mich über den Tellerrand der Wissenschaftsgeschichte hinausblicken ließen. Ich danke unseren Kindern Emma und Moritz dafür, dass sie gerade die letzten Monate tapfer mit durchgehalten haben, und schließlich meinen Eltern, Christine und Egon Forstner, dafür, dass sie mich den langen Weg zu diesem Buch stets begleitet haben.

Christian Forstner

Inhaltsverzeichnis

Quellenverzeichnis

Archive

Archivmaterial aus folgenden Archiven wurde für diese Arbeit genutzt:

AÖAW Archiv der Österreichischen Akademie der Wissenschaften, Dr.-Ignaz-Seipel-Platz 2, 1010 Wien, Österreich

ADMM Archiv des Deutschen Museums München, Museumsinsel 1, 80538 München, Deutschland

IAEA International Atomic Energy Agency, Archives, Vienna International Centre, 1400 Wien, Österreich

ATUW Archiv der TU Wien, Karlsplatz 13, 1040 Wien, Österreich

AUW Archiv der Universität Wien, Postgasse 9, 1010 Wien, Österreich

ATI Institutsarchiv des Atominstituts der TU Wien, Stadionallee 2, 1020 Wien, Österreich

ÖStA Österreichisches Staatsarchiv, Archiv der Republik, Nottendorfer Gasse 2, 1030 Wien, Österreich

AMPG Archiv der Max-Planck-Gesellschaft, Boltzmannstraße 14, 14195 Berlin, Deutschland

UAL Universitätsarchiv Leipzig, Prager Str. 6, 04103 Leipzig, Deutschland

ZBP Österreichische Zentralbibliothek für Physik der Universität Wien, Sondersammlung, Boltzmanngasse 5, 1090 Wien, Österreich

Interviews

Folgende Interviews habe ich während der Erstellung dieses Buchs geführt und genutzt:

- Interview mit Karl Lintner, geführt in Wien am 9. Juni 2007.

- Interview mit Ferdinand Cap, geführt in Innsbruck, 3. August 2007.

- Interview mit Helmuth Böck und Helmut Rauch, geführt in Wien, 25.August 2009.

- Interview mit Thomas G. Dobner, geführt in Wien am 3. September 2009.

- Interview mit Walter Binner und Johann Pisecker, geführt in Wien am 27. August 2009.

- Interview mit Walter Binner, geführt in Wien am 7. September 2009.

- Interview mit Hildegard Breiner, geführt am 29. Juni 2012 in Bregenz.

- Interview mit Peter Weish, geführt am 16. Februar 2016 per Skype.

Darüber hinaus habe ich folgende Interviews aus dem Oral History Programm der Niels Bohr Library & Archives, American Institute of Physics, College Park, MD USA genutzt, die online zugänglich sind unter: http://www.aip.org/history-programs/niels-bohr-library/oral-histories

- Interview mit Nikolaus Riehl, geführt von Mark Walker am 13. Dezember 1984.

- Interview mit Georg Hartwig, geführt von Mark Walker am 23. November 1985.

- Interview mit Richard Feynman, geführt von Charles Weiner, Session III, am 27. Juni 1966.

1 Einleitung

1.1 Von der Wissenschaft zur Innovation

Mit dem Angebot unendlicher Energiemengen schien die Kernenergie eine viel versprechende Innovation und Zukunftstechnologie zu sein. Der Weg zu dieser Innovation ist der Gegenstand der historischen Analyse in diesem Buch. Es stellt die Geschichte der Kernphysik, ausgehend von der frühen Radioaktivitätsforschung bis hin zum Bau eines Kernkraftwerks, dar. Dabei zeigt sich, dass diese Geschichte nicht als ein linearer Weg von der Grundlagenwissenschaft zum (gescheiterten) großtechnischen wirtschaftlichen Projekt zu beschreiben ist. Die Geschichte der Kernenergie folgt keinem linearen Innovationsmodell. Vielmehr stellt sich ihre Geschichte als eine dynamische Wechselbeziehung unterschiedlicher gesellschaftlicher Gruppen dar, die miteinander kooperieren, konkurrieren oder im schlechtesten Fall gar nicht miteinander kommunizieren. Welche Modelle der Innovationsgeschichte lassen sich für die vorliegende Studie nutzen?

Der Innovationsbegriff wurde erstmals 1912 vom österreichischen Ökonomen Josef Schumpeter in seiner Theorie der wirtschaftlichen Entwicklung eingeführt.[1] Er unterteilte den Prozess in die Phase der Erfindung, die Invention, die Phase der Einführung in den Wirtschaftskreislauf, die Innovation, und die Diffusion, die Phase der Imitation des Pionierunternehmens durch Nachfolgeunternehmen. Die einzelnen Teilbereiche erscheinen dabei klar getrennt. Die Technikgeschichte untersucht die Invention, die Wirtschaftsgeschichte Innovation und Diffusion. Und die Wissenschaftsgeschichte? Diese widmet sich im Rahmen des linearen Innovationsmodells der Grundlagenforschung, aus der angewandte Forschung und schließlich Technik hervorgehen. Das lineare Innovationsmodell steht ebenso in der Kritik wie die semantische Trennung von angewandter Forschung und Grundlagenforschung.[2] Diese Kritik hat gezeigt, dass der rhetorische Rückzug der

---

1   Joseph Schumpeter. *Theorie der wirtschaftlichen Entwicklung.* Berlin, 1912.
2   Desiree Schauz. „What is Basic Research? Insights from Historical Semantics". In: *Minerva* 52 (2014), S. 273–328; David Edgerton. „„The linear model'

© Springer Fachmedien Wiesbaden GmbH, ein Teil von Springer Nature 2019
C. Forstner, *Kernphysik, Forschungsreaktoren und Atomenergie,*
https://doi.org/10.1007/978-3-658-25447-6_1

akademischen Wissenschaft auf ‚Grundlagenforschung' im Rahmen von Abgrenzungsdebatten gegenüber ‚angewandter' Wissenschaft immer dann erfolgte, wenn die akademische Forschung unter Druck gesellschaftlicher Anerkennung oder Mittelvergabe stand. Dies betraf beispielsweise die deutschen Universitäten im Zuge der Emanzipation der Technischen Hochschulen im letzten Drittel des 19. Jahrhunderts ebenso wie die akademische Forschung der USA nach dem zweiten Weltkrieg. Das höchst einflussreiche Memorandum *Science, the Endless Frontier*[3] ist ein Ausdruck dieser Auseinandersetzungen.

Dieses einfache Innovationsverständnis lag auch der in den 1960er Jahren als Antwort auf ‚die amerikanische Herausforderung' einsetzenden Innovationspolitik in der Bundesrepublik Deutschland zu Grunde. Diese stützte sich auf ein rein quantitatives Verständnis des Innovationsbegriffes und löste sich vom Schumpeterschen Begriffsverständnis ab, welches auch die konzeptionellen und organisatorischen Aspekte der Invention umfasste.[4] Dieser linearen Logik folgend, müssten nur genügend finanzielle Mittel für Grundlagenforschung zur Verfügung gestellt werden, um am Ende eine hinreichende Ausbeute an Innovationen in Form von Patenten o.ä. zählen zu können. Dieses Abzählen blendet einen wesentlichen Teil des Innovationsprozesses aus: das Scheitern. Keineswegs ist es gegeben, dass aus einer Erfindung, einem Patent auch eine erfolgreiche Innovation wird. Insbesondere seit Ende der 1980er Jahre haben technikhistorische Arbeiten gezeigt, dass ‚Scheitern' viel mehr die Normalität des Erfindens darstellt als die erfolgreiche Innovation.[5] In den letzten Jahren hat sich insbesondere der Technikhistoriker

---

did not exist: Reflections on the history and historiography of science and research in industry in the twentieth century". In: *The Science-Industry Nexus: History, Policy, Implications.* Hrsg. von Karl Grandin und Nina Wormbs. New York, 2004, S. 1–36.

3   Vannevar Bush. *Science, the Endless Frontier.* Washington, D. C: Govt. Print. Off., 1945.

4   Reinhold Reith. „Innovationsforschung und Innovationskultur". In: *Innovationskultur in historischer und ökonomischer Perspektive. Modelle, Indikatoren und regionale Entwicklungslinien.* Hrsg. von Reinhold Reith, Rupert Pichler und Christian Dirninger. Innsbruck, 2006, S. 11–20; Helmuth Trischler und Kilian Steiner. „Innovationsgeschichte als Gesellschaftsgeschichte. Wissenschaftlich konstruierte Nutzerbilder in der Automobilindustrie seit 1950". In: *Geschichte und Gesellschaft* 34 (2008), S. 455–488.

5   Andrew Robertson. *The Management of Industrial Innovation. Some Notes on the Success and Failure of Innovation.* London, 1969; Graeme Gooday. „Re-Writing the „Book of Blots". Critical Reflections on Histories of Technological „Failures"". In: *History and Technology* 14 (1988), S. 265–292; Hans-Joachim

Reinhold Bauer mit dem Scheitern von Innovationen befasst. Eine Innovation definiert er als gescheitert, wenn sie in den Markt eingeführt wurde und es nicht gelang, die Investitionskosten wieder hereinzuspielen. Gemäß dieser Definition konzentriert sich Bauer insbesondere auf die Phase nach der Markteinführung und damit auf einen kürzeren Prozessabschnitt als diese Arbeit. Die fehlende Nutzerakzeptanz, die dem Kernkraftwerk Zwentendorf zum Verhängnis wurde, nennt Bauer als eine von sechs Ursachen für das Fehlschlagen von Innovationen.[6]

Gegen Ende der 1980er Jahre rückte die Theorie der nationalen Innovationssysteme von Christopher Freeman und Bengt-Ake Lundvall in den Mittelpunkt der Diskussion. Sie untersuchen im systematischen Zusammenhang die Produktion, Diffusion und Einsatz von neuem, ökonomisch nützlichen Wissen in den Grenzen des Nationalstaates.[7] Dabei arbeiteten sie die einzelnen am Innovationsprozess beteiligten Elemente einer Volkswirtschaft heraus und stellten diese in einen systematischen Zusammenhang. Dies ermöglichte eine internationale Vergleichbarkeit der Systeme. Die Vorhersagekraft für ein systematisches Eingreifen zur Erhöhung der Innovationsfähigkeit erwies sich als gering.[8]

Eine Innovation entsteht an einer Schnittstelle zwischen Wirtschaft, Wissenschaft, Staat und Konsumenten. Diese Verbindungen betonten als Voraussetzungen für Innovation auch Loet Leydesdorff und Henry Etzkowitz in ihrem Triple-Helix-Modell. Leydesdorff und Etzkowitz stellten zunächst eine zunehmende Entstehung von hybriden Organisationen aus relativ unabhängigen Teilbereichen fest, wie die Ausgründung von Firmen aus Universitäten mithilfe von Venture-Kapital, die Einrichtung von universitären Gründerzentren, Servicestellen an Universitäten für den Wissenstransfer in die Wirtschaft etc. Dabei entwickelten sich die gesellschaftlichen Teilsyste-

Braun. „Symposium on „Failed Innovations". Introduction". In: *Social Studies of Science* 22 (1992), S. 213–230.

6   Reinold Bauer. *Gescheiterte Innovationen: Fehlschläge und technologischer Wandel.* Frankfurt am Main, 2006; Reinold Bauer. „Failed Innovations - Five Decades of Failure". In: *ICON. Journal of the International Committee for the History of Technology* 20 (2014), S. 33–40.

7   Bengt-Ake Lundvall, Hrsg. *National Innovation Systems: Towards a Theory of Innovation and Interactive Learning.* London, 1992; Richard Nelson, Hrsg. *National Innovation Systems. A Comparative Analysis.* New York, Oxford, 1993.

8   Ulrich Wengenroth. „Vom Innovationssystem zur Innovationskultur. Perspektivwechsel in der Innovationsforschung". In: *Innovationskulturen und Fortschrittserwartungen im geteilten Deutschland.* Hrsg. von Johannes Abele, Gerhard Barkleit und Thomas Hänseroth. Köln, Weimar, 2001.

me nach ihrem Modell relativ unabhängig voneinander. Mithilfe scientome-
trischer Analysen zeigten sie, dass Innovation insbesondere dann entsteht,
wenn es zu einem Überlapp der drei gesellschaftlichen Teilbereiche kommt.[9]
Der Konsument oder Nutzer blieb in ihrer Analyse noch außen vor. Auch
der *New Production of Knowledge*-Ansatz geht von einer Verschmelzung
von Industrie, Staat und Wissenschaft in neuen Institutionen als Wegberei-
ter für Innovation aus.[10]

Die bisher dargestellten Innovationstheorien beschränkten die Analyse
auf rein wissenschafts- und technikbezogene Elemente und Institutionen.
Dies stieß auf Kritik der Vertreter einer kulturwissenschaftlich begründeten Innovationsgeschichte. Insbesondere der Technikhistoriker Ulrich Wengenroth hat im Rahmen des Forschungsverbundes *Historische Innovationsforschung* für eine Ablösung des „Innovationssystems" durch eine „Innovationskultur" plädiert.[11] Forschung und Entwicklung sind ebenso wie der
Konsum als Tätigkeiten kulturell eingebetteter Akteure zu verstehen. Gerade an der Schnittstelle zum Konsumenten wird dies deutlich. Technische
Produkte sind nicht statisch, sondern werden kulturell von den Nutzern
adaptiert bzw. kokonstruiert.[12]

Im Bereich der Kernenergie zeigt sich die Rolle des Nutzers und Konsumenten als Vertreter einer Zivilgesellschaft in der Akzeptanz oder Ablehnung der neuen Technologie zur Elektrizitätsgewinnung, der Forderung

---

9   Henry Etzkowitz und Loet Leydesdorff, Hrsg. *Universities in the Global Know-
    ledge Economy. A Triple Helix of University-Industry-Government Relations.*
    London, 1997; Loet Leydesdorff und Henry Etzkowitz. „Emergence of a Triple
    Helix of University–Industry–Government Relations". In: *Science and Public
    Policy* 23 (1996), S. 279–286.
10 Michael Gibbons u. a. *The New Production of Knowledge. The Dynamics of
    Science and Research in Contemporary Societies.* London, 1994; Helga Nowot-
    ny, Peter Scott und Michael Gibbons. „Mode 2 revisited: The New Production
    of Knowledge". In: *Minerva* 41 (2003), S. 179–194.
11 Ulrich Wengenroth. „Innovationspolitik und Innovationsforschung". In: *Inno-
    vationskultur.* Hrsg. von Gerd Graßhoff und Rainer C. Schwinges. Zürich, 2008,
    S. 61–77; Hagen Hof und Ulrich Wengenroth, Hrsg. *Innovationsforschung.
    Ansätze, Methoden, Grenzen und Perspektiven.* Hamburg, 2007; Wengenroth,
    „Vom Innovationssystem zur Innovationskultur. Perspektivwechsel in der In-
    novationsforschung"; Trischler und Steiner, „Innovationsgeschichte als Gesell-
    schaftsgeschichte".
12 Ruth Oldenziel und Karin Zachmann. *Cold War Kitchen: Americanization,
    Technology, and European Users.* Cambridge, MA, 2011; Ruth Oldenziel und
    Mikael Hard. *Consumers, Tinkerers, Rebels: The People Who Shaped Europe.*
    New York, 2013; Penelope Francks. *The Japanese Consumer: An Alternative
    Economic History of Modern Japan.* Cambridge, UK, New York, 2009.

nach Sicherheitsmaßnahmen und der Entsorgung radioaktiven Abfalls. Dies
ist auch im hier untersuchten österreichischen Beispiel der Fall. Deshalb ver-
wende ich für die vorlegende Studie ein Innovationsmodell, das sich an die
Arbeit von Terry Shinn und Anne Marcovich anlehnt. Shinn und Marcovich erweiterten die Triple-Helix um einen vierten Strang, nämlich um den
Nutzer bzw. Konsumenten, zu einer Quadruple-Helix.[13] Es scheint genau
diese Verbindung von Wissenschaft, Regierung, Industrie mit einer breiten
Akzeptanz der Zivilgesellschaft gewesen zu sein, die seit den 1950er Jahren
in Österreich die Innovation Atomkraft möglich gemacht hat. Nachdem in
den 1970er Jahren der öffentliche Druck gegen das Kernkraftwerk anwuchs,
wirkte sich dies auch auf die Verbindung von Regierung und Industrie aus
und führte letztlich zum Scheitern der Innovation. Ähnlich wie Shinn und
Marcovich untersuche ich in meiner Analyse die Wechselbeziehung der unter
den Schlagwörtern Industrie, Regierung, akademische Wissenschaft und Zivilgesellschaft zusammengefassten Akteursgruppen im historischen Prozess
und versuche aus ihrer Interaktion das Scheitern der Innovation Kernenergie in Österreich zu erklären.

1.2 Gegenstand und Fragestellung

Kernphysik war als eine physikalische Leitwissenschaft stets eng mit anderen gesellschaftlichen Teilsystemen verbunden. Ziel der vorliegenden Darstellung ist es, ein integriertes Bild dieser Leitwissenschaft zu zeichnen. Ein
„integriertes Bild" bedeutet, dass eine Ideengeschichte nur zusammen mit
dem mit ihr verwobenen Rahmen, bestehend aus ihrem kulturellen, politischen, sozialen und strukturellen Kontext, adäquat darzustellen ist. Ein
solches „big picture" kann, sofern es zugleich noch analytischen Tiefgang
besitzen soll, nur an einem gut gewählten Beispiel dargelegt werden, das
zentrale Spannungspunkte fixiert. Solche zentralen Spannungspunkte sind
im 20. Jahrhundert: die NS-Diktatur, der Kalte Krieg, die Transformation
von der akademischen Laborwissenschaft zur Großforschung, sowie öffentliche Verhandlung und Bewertung von Wissenschaft und Technologie. Ein
Gebiet, das diese zentralen Punkte umfasst, erschließt sich in einer Betrachtung der Kernforschung und Kerntechnik in Österreich. Das Exempel
österreichische Kernforschung wird gezielt gewählt, nicht nur, weil es sich

---

13 Anne Marcovich und Terry Shinn. „From the Triple Helix to a Quadruple
    Helix? The Case of Dip-Pen Nanolithography". In: *Minerva* 49 (2011), S. 175–
    190.

um einen abgeschlossenen, von der Quellenlage her überschaubaren und damit in seiner Gesamtheit zu bearbeitenden Bereich handelt, sondern weil Österreich als politisch neutralem Staat im Kalten Krieg mit dem Hauptsitz der *International Atomic Energy Agency* (IAEA) besondere Bedeutung zukommt. Österreichs nationale Kernenergieprogramme entwickelten sich in einem transnationalen Netzwerk aufgrund wechselseitiger Kooperation mit der IAEA seit 1957, Österreichs Mitgliedschaft in der *European Nuclear Energy Agency* (ENEA) der OEEC/OECD ab 1958, sowie insbesondere aufgrund bilateraler Abkommen mit den USA.

In diesem Beziehungsgeflecht wandelte sich die Kernforschung strukturell aus akademischen Laboren heraus hin zur Großforschung, die durch eine enge Kooperation von Wissenschaft, Staat und Industrie, hochgradige Interdisziplinarität, projektbezogene Arbeitsweisen in Teams und den Einsatz von Großgeräten gekennzeichnet ist. Der Prototyp physikalischer Großforschung entstand bereits während des Zweiten Weltkrieges, nämlich das amerikanische Manhattan Project zum Bau der Atombombe, während sich in den europäischen Staaten, insbesondere in Österreich, dieser Strukturwandel in der Kernphysik erst nach Kriegsende vollzog. Im Falle Österreichs wurde er mit dem Bau der Forschungsreaktoren im Rahmen des amerikanischen *Atoms for Peace*-Programms eingeleitet. Diese Forschungsreaktoren waren der erste Schritt hin zu einer friedlichen Nutzung der Kernenergie, die aber stets auch die Möglichkeiten zu einer militärischen Nutzung mit einschließt: Betreibt man einen Reaktor mit natürlichem Uran 238 und schwerem Wasser oder Graphit als Moderator, so fällt das waffenfähige Plutonium als Abfallprodukt in den Kernbrennstäben an. Die andere Möglichkeit, einen Reaktor mit angereichertem Uran 235 zu betreiben, impliziert als notwendige Voraussetzung die Verfügbarkeit von Anreicherungstechnologie, die bei einem höheren Anreicherungsgrad für den Bau einer Bombe genutzt werden kann. Dies zeigt sich an der seit Jahren immer wieder aufflammenden Debatte um die Nutzung der Kernenergie im Iran. Diese Problematik macht aber auch deutlich, dass die beiden oben genannten Aspekte, Nationalstaatlichkeit, internationale und transnationale Organisationen zur Förderung und Kontrolle der Atomenergie, nicht losgelöst von Forschungsstrukturen, den zugehörigen Programmen, sowie physikalischen und technischen Fragen betrachtet werden können. Im „kleinen" Rahmen Österreichs lassen sich diese Aspekte in ihrer Gesamtheit überblicken, und sie bieten in ihrer Verzahnung exzellente Möglichkeiten für eine moderne Wissenschafts- und Innovationsgeschichte.

Die Bedeutung der öffentlichen Verhandlung und Bewertung von Natur-wissenschaft und Technik wird am Scheitern von Österreichs Kernenergie-programm deutlich. Mit dem „Nein" zur Atomenergie in der Volksabstim-mung von 1978 und dem endgültigen Aus des Kernkraftwerks Zwentendorf, mit der Stilllegung kurz vor dem Reaktorunfall in Tschernobyl, nahm Öster-reich eine Sonderrolle ein. Andere Länder, Italien, Dänemark etc., folgten später.

Als Österreich 1995 der EU beitrat, war damit auch der Beitritt zur eu-ropäischen EURATOM verbunden. So stellte sich die paradoxe Situation ein, dass Österreich heute den Atomausstieg in der Verfassung festgeschrie-ben hat, zugleich aber der bedeutendsten europäischen Organisation zur Förderung der Kernenergie angehört, ebenso wie es mit der IAEA die be-deutendste transnationale Organisation in diesem Kontext beherbergt.

Damit ergeben sich zunächst zwei Fragenkomplexe:

1. Wie erfolgte der Transfer der Kernforschung aus dem akademischen La-bor in neue Forschungsformen und Kooperationen? Wie lässt sich der damit verbundene Wandel der Forschungsprogramme charakterisieren?

2. Wie entfalteten sich diese Programme während des Kalten Kriegs in einem internationalen und transnationalen Netzwerk? Wie entwickelten sich die damit verbundenen Strukturen über den Kalten Krieg hinaus?

Die Einbindung der österreichischen Arbeiten zeigt auch, dass diese Fragen in einem weiteren Rahmen globalen Wissenstransfers zu untersuchen sind. Wissen wird zunächst in lokalen Kontexten produziert. Nur ein geringer Teil des produzierten Wissens steht in Publikationen oder Vorträgen dem öffentlichen Austausch zur Verfügung. Zunächst ist es als implizites Wis-sen, als *tacit knowledge,* an Personen gebunden und muss bereits in einem ersten Schritt externalisiert werden, um der Arbeitsgruppe zur Verfügung zu stehen. Als explizites Wissen kann es mit dem bestehenden Wissen der Gruppe oder der Organisation kombiniert werden und steht letztlich auch dem Transfer offen. Aufbauend auf Michael Polanyis Pionierarbeit[14] zum Begriff des *impliziten Wissens* schufen Ikujiro Nonaka und Hirotaka Takeu-chi das Modell der Wissensspirale, das diesen in einer Helix fortschreitenden Prozess schematisch darstellt.[15] Nonaka und Takeuchi untersuchten das

---

14 Michael Polanyi. *Personal Knowledge. Towards a Post-Critical Philosophy.* Chicago, 1966.
15 Ikujiro Nonaka und Hirotaka Takeuchi. *The Knowledge-Creating Company. How Japanese Companies Create the Dynamics of Innovation.* New York,

Wissensmanagement innerhalb einer Organisation. Zentral war für sie die
Frage, wie individuelles Wissen in ein unpersönliches organisationsgebunde-
nes Wissen überführt werden kann. Dazu unterschieden sie vier Teilschritte:
Im ersten Schritt, der Sozialisation, wird implizites an eine Person gebun-
denes Wissen durch Beobachtung, Nachahmung und Erfahrung auf eine
andere Person übertragen. In diesem Übertragungsprozess verändert sich
das implizite Wissen. Dies geschieht beispielweise innerhalb einer wissenschaftlichen Arbeitsgruppe oder innerhalb eines Labors. Im zweiten Schritt,
der Externalisierung, wird dieses individuelle Wissen erfasst, dokumentiert
und innerhalb einer Gruppe kommuniziert. Dies kann in Form von Ar-
beitsberichten, Dokumentationen, kurz dem Verschriftlichen des impliziten
Wissens geschehen. Im dritten Schritt der Kombination wird das exter-
nalisierte Wissen mit bestehendem Wissen einer Organisation verknüpft,
um dann im vierten Schritt wieder internalisiert zu werden, d.h. über die
Organisation an die Gruppe weitergegeben, um schließlich im Individuum
verinnerlicht zu werden. Dieser Prozess schreitet in Form einer Spirale fort,
es werden auf einer neuen Ebene erneut die vier Schritte ausgeführt. Dieses
Modell erinnert zugleich an den polnischen Wissenschaftssoziologen Ludwik Fleck, der 1935 in seinem Buch *Die Entstehung und Entwicklung einer
Wissenschaftlichen Tatsache* untersuchte. Dabei geht Fleck von verschiedenen Wissensebenen aus. Das zunächst an den individuellen Wissenschaftler
gebundene Wissen wird Schritt für Schritt in verschiedenen Ebenen syste-
matisiert und verliert beim Wandel von Zeitschriften- zur Handbuch- und
zur Lehrbuchwissenschaft seinen individuellen Charakter. Bis es dann wieder von jungen Wissenschaftlern internalisiert wird.[16]

Damit wird deutlich, dass im Falle von Wissenstransfers nicht einfach
Wissen von A nach B transportiert werden kann. Wissen muss erst explizit gemacht werden, damit es zum Transfer zur Verfügung steht. Wissen
wird lokal produziert, und sein Transfer kann nicht einfach als eine Eins-zu-
eins-Abbildung in einem neuen kulturellen und sozialen Kontext verstanden werden, wie der Wissenschaftshistoriker Mitchell Ash gezeigt hat.[17]
Vielmehr ist zu untersuchen, wie lokales Wissen sich in diesem transna-

1995; Takeuchi Nonaka und Noboru Konno. „The Concept of ‚Ba‘. Building a
Foundation for Knowledge Creation". In: *California Management Review* 40
(1998), S. 40–54.

16 Ludwik Fleck. *Entstehung und Entwicklung einer wissenschaftlichen Tatsache.
Einführung in die Lehre vom Denkstil und Denkkollektiv.* Frankfurt am Main,
[1935] 1980.

17 Mitchell Ash. „Wissens- und Wissenschaftstransfer. Einführende Bemerkungen". In: *Berichte zur Wissenschaftsgeschichte* 29 (2006), S. 181–189.

tionalen Transferprozess ändert, wie die lokalen Strukturen, in die diese transnationalen Wissensströme eingebettet werden, sich mit der Kombination und Einbettung dieser Wissensströme in Bestehendes ändern und die lokalen Wissensbilder das zu implementierende Wissen wiederum verändern. Darüber hinaus ergibt sich als weitere Frage, wie diese transnationalen Wissensströme implementiert werden. Es handelt sich keineswegs um einen einfachen, linearen Prozess. Vielmehr zeigt die historische Analyse, dass verschiedene gesellschaftliche Gruppen um die Implementierung und Verfügungsgewalt über dieses Wissen wetteifern. Wie gestaltet sich dieser Prozess? Wie verändert sich das Wissen im Verlauf dieses Prozesses?

Ausgehend von der Entdeckung der Radioaktivität und einem kurzen Abriss zur Geschichte der frühen Radioaktivitätsforschung werde ich einen ersten Fokus der Analyse auf die Forschungsarbeiten im deutschen *Uranverein* legen, dem deutschen Projekt zum Bau einer Uranmaschine während des Zweiten Weltkrieges. Die Wissenschaftler im *Uranverein* forschten nicht nur in ihrem Fach. Sie dienten sich den neuen Machthabern an und wiesen sie auf die Möglichkeiten der Kernspaltung hin. Die veränderten gesellschaftlichen Rahmenbedingungen in der NS-Diktatur stellen eine essenzielle Verletzung des Mertonschen Ethos[18] dar. Es zeigt sich aber, dass es nicht die Verletzung des Ethos der Wissenschaft war, die die Physiker NS-Deutschlands mit ihren Arbeiten im akademischen Labor feststecken ließ und hemmte, sondern eine fehlende Kopplung zwischen Staat, Wissenschaft und Wirtschaft. In einer kurzen abschließenden Betrachtung stelle ich die österreichische Geschichte der deutschen Geschichte nach 1933 gegenüber. Sie unterschieden sich grundsätzlich, da Österreich von der I. Republik zunächst in den Jahren 1933/34 in eine klerikal-faschistische Diktatur überging, bevor sie in den *Anschluss* an NS-Deutschland 1938 mündete.

Der zweite Fokus dieser Arbeit konzentriert sich auf die Nachkriegszeit, die Wissenschaft im Kalten Krieg. Um zu zeigen, wie die spätere Entwicklung von den österreichischen Forschungsreaktoren zum Kernkraftwerk möglich wurde, lege ich zunächst die historischen Veränderungen und Bedingungen dar, die eine Freigabe des nuklearen Wissens der USA, das sowohl wissenschaftliches als auch technisches Wissen umfasste, ermöglichten. Anschließend analysiere ich, wie die verschiedenen gesellschaftlichen Teilsysteme Wissenschaft, Wirtschaft und Staat um die Verfügungsgewalt über dieses Wissen wetteiferten. Insbesondere beim Bau der Forschungsre-

---

18 Robert K. Merton. „Wissenschaft und demokratische Sozialstruktur". In: *Wissenschaftssoziologie 1. Wissenschaftliche Entwicklung als sozialer Prozeß.* Hrsg. von Peter Weingart. Frankfurt am Main, [1942] 1972.

aktoren zeigt sich, dass das praktische Handlungswissen erst beim Bau der Reaktoren von den österreichischen Akteuren erworben wurde und nicht Bestandteil des Transfers war. Das in diesen Prozessen erworbene Wissen stand später in der Konstruktion, in dem Bau und der Begutachtung des Kernkraftwerkes Zwentendorf zur Verfügung. In meiner Analyse konzentriere ich mich insbesondere auf das Genehmigungsverfahren des Kernkraftwerkes, da hier die entscheidenden Stränge zusammenlaufen: In ihren Gutachten stellten wissenschaftliche Experten Bewertungen des Kraftwerkes an, die dann vom Staat mit der Kernkraftwerksgesellschaft verhandelt wurden. Damit laufen im Genehmigungsverfahren einmal die Kopplung der Teilsysteme Wissenschaft und Staat einerseits und Staat und Wirtschaft andererseits zusammen. Mit einer kurzen Darstellung der österreichischen Anti-AKW-Bewegung lege ich die fehlgeschlagene Kopplung zwischen Staat und Zivilgesellschaft dar, die schließlich zum Scheitern des Innovationsprozesses führte. Dieses Scheitern wurde von der IAEA kritisch beobachtet und führte auch auf transnationaler Ebene zu neuen Handlungsstrategien.

1.3 Forschungsstand und Quellenlage

1.3.1 Von der Radioaktivitätsforschung zur Kernspaltung

Während die frühe Radioaktivitäts- und Kernforschung aus einer allgemeinen Perspektive als gut erschlossen gelten kann, klaffen insbesondere bezüglich der österreichischen Beiträge noch Lücken. Der dänische Wissenschaftshistoriker Helge Kragh liefert mit seinem Buch *Quantum Generations*[19] erste einführende Kapitel zu diesem Themenbereich und vertieft dies in einem Aufsatz zu Rutherfords kernphysikalischen Arbeiten.[20] Der Physiker Abraham Pais gibt in *Inward Bound*[21] eine detaillierte ideengeschichtliche Darstellung der Kern- und Teilchenphysik, in der insbesondere die physikalischen Aspekte exzellent dargestellt sind, während Emilio Segrè sich über einen biographischen Ansatz der Geschichte annähert.[22]

19 Helge Kragh. *Quantum Generations. A History of Physics in the Twentieth Century*. Princeton, 1999.
20 Helge Kragh. „Rutherford, radioactivity, and the atomic nucleus". In: *arXiv, Cornell University* (2012). URL: http://arxiv.org/abs/1202.0954..
21 Abraham Pais. *Inward Bound. Of Matter and Forces in the Physical World*. Oxford, 1986.
22 Emilio Segrè. *From X-Rays to Quarks: Modern Physicists and Their Discoveries*. San Francisco, 1980.

Die frühe Phase des Wiener Instituts für Radiumforschung lässt sich zum einen aus zeitgenössischen Festschriften[23] und hervorragenden biographischen Arbeiten[24] erschließen. Zum anderen erschienen in den letzten Jahren mehrere Arbeiten, die auf den kulturhistorischen Aspekt der Radiumforschung fokussieren, wie die von Maria Rentetzi,[25] oder auf den institutionengeschichtlichen abzielen. Unter letzteren ist insbesondere die von Silke Fengler hervorzuheben, die mit der Monographie *Kerne, Kooperation und Konkurrenz*[26] eine hervorragende Analyse dieses Bereichs bis in die frühe Nachkriegszeit abgibt. Ebenso ist der von Carola Sachse und Silke Fengler herausgegebene Tagungsband zu nennen, der die Geschichte der Wiener Radium- und Kernforschung an ausgewählten Beispielen bis in die 1970er Jahre diskutiert.[27] Der 2017 erschienene Band des österreichischen Physikers und Wissenschaftshistorikers Wolfgang L. Reiter fasst seine erschienenen Aufsätze zur Geschichte der Physik und der Naturwissenschaf-

---

23 Stefan Meyer. „Die Vorgeschichte der Gründung und das erste Jahrzehnt des Institutes für Radiumforschung". In: *Festschrift des Institutes für Radiumforschung anlässlich seines 40jährigen Bestandes (1910-1950)*. Wien, 1950, S. 1–26.

24 Wolfgang L. Reiter. „Stefan Meyer. Pioneer of radioactivity". In: *Physics in Perspective* 3 (2001), S. 106–127; Peter L. Galison. „Marietta Blau. Between Nazis and Nuclei". In: *Physics Today* 50.11 (1997), S. 42–48; Leopold Halpern. „Marietta Blau: Discoverer of the cosmic ray stars". In: *A Devotion to Their Science. Pioneer Women of Radioactivity*. Hrsg. von Marlene Rayner-Canham und Geoffrey Rayner-Canham. Philadelphia, 1997, S. 196–204; Robert Rosner und Brigitte Strohmeier, Hrsg. *Marietta Blau. Sterne der Zertrümmerung*. Wien, 2003.

25 Maria Rentetzi. *Trafficking Materials and Gendered Experimental Practices. Radium Research in Early 20th Century Vienna*. New York, 2009; Maria Rentetzi. „Designing (for) a New Scientific Discipline. The Location and Architecture of the Institut für Radiumforschung in Early Twentieth-Century Vienna". In: *The British Journal for the History of Science* 38 (2005), S. 275–306; Maria Rentetzi. „Gender, Politics, and Radioactivity Research in Interwar Vienna. The Case of the Institute for Radium Research". In: *ISIS* 95 (2004), S. 359–393; Maria Rentetzi. „The city as a context for scientific activity: creating the Mediziner-Viertel in fin-de-siècle Vienna". In: *Endeavour* 28.1 (2004), S. 39–44.

26 Silke Fengler. *Kerne, Kooperation und Konkurrenz. Kernforschung in Österreich im internationalen Kontext (1900-1950)*. Wien, 2014.

27 Silke Fengler und Carola Sachse. *Kernforschung in Österreich. Wandlungen eines interdisziplinären Forschungsfeldes 1900-1978*. Wien, 2012.

ten, mit aktuellen Ergänzungen, zusammen.[28] Die physikalischen Aspekte
der Wiener Arbeiten wurden bisher nur in wenigen Aufsätzen untersucht.[29]
    Von der Entdeckung des Neutrons bis hin zur Kernspaltung gehen über
die Monographie von Abraham Pais mehrere Aufsätze hinaus, insbesondere zu Enrico Fermis Gruppe.[30] Die physikalischen Arbeiten der Zeit in
dem entsprechenden Kapitel habe ich deshalb im Wesentlichen über die
Originalarbeiten rekonstruiert. Siegfried Flügges Machbarkeitsstudie einer
Uranmaschine[31] wird zwar stets im Kontext der Arbeiten zum deutschen
Uranverein angeführt, allerdings ohne näher auf ihre physikalischen Inhal-
te einzugehen. Dies ist jedoch im Rahmen meiner Fragestellung relevant,
da eine Bewertung des Patents des österreichischen Physikers Georg Stetter
für einen heterogenen Kernreaktor nur unter Kenntnis der Vorarbeiten möglich ist. Die Debatte um Stetters Patent wurde mithilfe der Archivbestände
der Österreichischen Akademie der Wissenschaften, der Universität Wien,
der Wiener Zentralbibliothek für Physik und der Max-Planck-Gesellschaft
rekonstruiert.
    Stetters Patentantrag erfolgte nach dem *Anschluss* Österreichs an das na-
tionalsozialistische Deutschland. Die Aufarbeitung der NS-Diktatur an den
österreichischen Hochschulen setzte Mitte der 1980er Jahre ein. Hier sind
insbesondere die zwei von Friedrich Stadler herausgegebenen Sammelbände
Vertriebene Vernunft zu nennen.[32] Der darin behandelte Zeitraum von 1930
bis 1940 macht bereits deutlich, dass sich die Situation in Österreich grundlegend von der in Deutschland unterschied. Die Neuauflage der beiden Bän-
de bildete dann den Auftakt zu der von Friedrich Stadler herausgegebenen

28 Wolfgang L. Reiter. *Aufbruch und Zerstörung. Zur Geschichte der Naturwis-
    senschaften in Österreich 1850 bis 1950*. Wien, Münster, 2017.
29 Roger Stuewer. „Artificial Disintegration and the Vienna-Cambridge Con-
    troversy". In: *Observation, Experiment, and Hypothesis in Modern Physical
    Science*. Hrsg. von Peter Achinstein und Owen Hannaway. Cambridge, MA,
    1985, S. 239–307.
30 Francesco Guerra, Matteo Leone und Nadia Robotti. „Enrico Fermi's Dis-
    covery of Neutron-Induced Artificial Radioactivity. Neutrons and Neutron
    Sources". In: *Physics in Perspective* 8 (2006), S. 255–281; Gerald Holton.
    „Striking Gold in Science. Fermi's Group and the Recapture of Italy's Place in
    Physics". In: *Minerva* 12 (1974), S. 159–198; Ruth Lewin Sime. „The Search
    for Transuranium Elements and the Discovery of Nuclear Fission". In: *Physics
    in Perspective* 2 (2000), S. 48–62.
31 Siegfried Flügge. „Kann der Energieinhalt der Atomkerne technisch nutzbar
    gemacht werden?" In: *Die Naturwissenschaften* 27 (1939), S. 402–410.
32 Friedrich Stadler, Hrsg. *Vertriebene Vernunft. Emigration und Exil österrei-
    chischer Wissenschaft 1930–1940*. 2 Bde. Wien, 1987/88.

Reihe *Emigration — Exil — Kontinuität. Schriften zur zeitgeschichtlichen Kultur- und Wissenschaftsforschung* im Münsteraner LIT-Verlag. Zu den Auswirkungen der NS-Dikatur auf die Naturwissenschaften sind vor allem die Aufsätze des Physikers und Wissenschaftshistorikers Wolfgang L. Reiter zu nennen.[33] Einen Überblick zum NS-Regime an den österreichischen Hochschulen gibt die Historikerin Brigitte Lichtenberger-Fenz in ihrem Beitrag zum Handbuch der NS-Herrschaft in Österreich.[34] Ganz aktuell trug Mitchell Ash die Forschungsarbeiten zur Geschichte der Universität Wien in einer exzellenten Analyse zusammen.[35]

1.3.2 Der deutsche Uranverein

Mark Walkers Buch, *Die Uranmaschine*,[36] das aus seiner Dissertation hervorging, ist das Standardwerk zur Geschichte des deutschen Atomprojekts während des Zweiten Weltkrieges. Walker stützte sich nicht nur auf die Geheimberichte des *Uranvereins*, sondern führte zahlreiche Interviews, tat private Archive auf und bettete die wissenschaftlichen Arbeiten der einzelnen Gruppen in den sozialen und politischen Kontext der Zeit auf exzellente Art und Weise ein. Einen Teil seiner Interviews übergab er nach Abschluss seiner Arbeiten der Niels Bohr Library des American Institute of Physics. Diese Interviews nutze auch ich unter meiner Fragestellung für diese Arbeit. Für kontroverse Diskussionen sorgte 2005 der Historiker Rainer Karlsch mit

---

33 Reiter, „Stefan Meyer"; Wolfgang L. Reiter. „Das Jahr 1938 und seine Folgen für die Naturwissenschaften an Österreichs Universitäten". In: *Vertriebene Vernunft*. Hrsg. von Friedrich Stadler. Bd. II. Münster, 2004, S. 664–680; Wolfgang L. Reiter. „Österreichische Wissenschaftsemigration am Beispiel des Instituts für Radiumforschung der Österreichischen Akademie der Wissenschaften". In: *Vertriebene Vernunft*. Hrsg. von Friedrich Stadler. Bd. II. Münster, 2004, S. 709–729; Wolfgang L. Reiter. „Die Vertreibung der jüdischen Intelligenz. Verdopplung des Verlustes – 1938/1945". In: *Internationale mathematische Nachrichten* 187 (2001), S. 1–20.
34 Brigitte Lichtenberger-Fenz. „,Es läuft alles in geordneten Bahnen'. Österreichs Hochschulen und Universitäten und das NS-Regime". In: *NS-Herrschaft in Österreich, Ein Handbuch*. Hrsg. von Emmerich Talos u. a. Wien, 2000, S. 549–569.
35 Mitchell Ash. „Die Universität Wien in den politischen Umbrüchen des 19. und 20. Jahrhunderts". In: *Universität — Politik — Gesellschaft*. Hrsg. von Mitchell Ash und Josef Ehmer. Göttingen, 2015, S. 29–172.
36 Mark Walker. *Die Uranmaschine. Mythos und Wirklichkeit der deutschen Atombombe*. Berlin, 1990.

seinem Buch *Hitlers Bombe*,[37] in dem er versuchte nachzuweisen, dass hoch geheim mittels Hohlladungen unterkritische Fusionsbomben entwickelt und gezündet wurden. Das Buch zeigte zwar neue Facetten der Kernforschung in NS-Deutschland auf, konnte aber keinen Nachweis für die spekulativen Thesen erbringen.[38] Eine entgegengesetzte These stellte im Jahr 2016 der Physiker Manfred Popp auf: Die deutschen Physiker hätten während des Zweiten Weltkrieges gar nicht gewusst, wie eine Atombombe zu bauen ist und hätten dies auch nicht wissen wollen. Von einer Physik einer funktionierenden Atombombe waren sie weit entfernt, so seine Grundthese nach dem Studium der Geheimberichte des Uranvereins. Als Konsequenz forderte er medienwirksam die Historiker auf, die Geschichte neu zu schreiben.[39] Auch in diesem Fall zeigte sich, dass das Thema „Atombombe" zwar gut für Schlagzeilen ist, aber mangelndes historisches Verständnis und fehlende Quellenkritik letztlich zu einer falschen Bewertung der Dokumente führen.[40]

Grundsätzlich ist festzuhalten, dass die spektakuläre Frage nach einer deutschen Atombombe während des Zweiten Weltkriegs kaum zu einem historischen Verständnis der Alltagsarbeiten der Physiker im Deutschen Uranverein beiträgt. Eine Trennung zwischen einer „schlechten" ideologisierten Wissenschaft und einer „guten" unpolitischen Wissenschaft, wie sie in den Anfängen der Forschung zu Wissenschaft im Nationalsozialismus oft getroffen wurde,[41] lässt sich kaum aufrechterhalten. Vielmehr zeigt sich, dass Wissenschaftler und politische Machthaber es verstanden, gegenseitig Ressourcen voneinander zu aquirieren.[42] Es soll an dieser Stelle nicht

---

37 Rainer Karlsch. *Hitlers Bombe. Die geheime Geschichte der deutschen Kernwaffenversuche.* München, 2005.

38 Klaus Wiegrefe. „Das Bombengerücht". In: *Der Spiegel* 11 (2005), S. 192–193; Mark Walker. „Eine Waffenschmiede? Kernwaffen- und Reaktorforschung am Kaiser-Wilhelm-Institut für Physik". In: *Gemeinschaftsforschung, Bevollmächtigte und der Wissenstransfer. Die Rolle der Kaiser-Wilhelm-Gesellschaft im System kriegsrelevanter Forschung des Nationalsozialismus.* Hrsg. von Helmut Maier. Göttingen, 2007, S. 352–394.

39 Manfred Popp. „Misinterpreted Documents and Ignored Physical Facts: The History of 'Hitler's Atomic Bomb' needs to be corrected". In: *Berichte zur Wissenschaftsgeschichte* 39 (2016), S. 265–282.

40 Mark Walker. „Physics, History, and the German Atomic Bomb". In: *Berichte zur Wissenschaftsgeschichte* 40 (2017), S. 271–288.

41 Alan D. Beyerchen. *Wissenschaftler unter Hitler. Physiker im Dritten Reich.* Köln, 1980.

42 Mitchell Ash. „Wissenschaft und Politik als Ressourcen für einander". In: *Wissenschaften und Wissenschaftspolitik. Bestandsaufnahme zu Formationen,*

die komplette Diskussion über die Wissenschaften im Nationalsozialismus jenseits des deutschen Uranvereins neu aufgerollt werden. Stattdessen verweise ich hier auf aktuelle Arbeiten, die eine solche Literaturdiskussion enthalten.[43]

Wie haben die Physiker im deutschen Uranverein agiert? Welche Physik haben sie betrieben? Um ein tieferes Verständnis für diese Fragen zu erzielen, ziele ich mit meiner Forschung in diesem Band jenseits aller Bomben und moralischer Fragen. Mithilfe der geheimen Berichte des *Uranvereins*, der G-Reports, die im Archiv des Deutschen Museums München zugänglich sind, richte ich in meiner Analyse den Blick auf die Handlungspraktiken der deutschen Wissenschaftler und die Formen der Wissensproduktion. Auch neu entdeckte Dokumente im Nachlass des Physikers Robert Döpel im Universitätsarchiv Leipzig tragen dazu bei, nahezu als „teilnehmender Beobachter" die Alltagsforschung des deutschen *Uranvereins* zu beleuchten.[44] Der österreichische Beitrag zum deutschen *Uranverein* ist aus einer institutionengeschichtlichen Perspektive sehr gut in Fenglers Monographie dargestellt.[45] Insbesondere bleiben aber Fragen zu den wissenschaftlichen Inhalten der Tätigkeit der österreichischen Physiker und Chemiker offen, die nicht in Rahmen ihrer Fragestellung liegen. Einen Teil dieser Arbeiten analysiere ich mithilfe der G-Reports und stelle sie den Modellversuchen gegenüber. Darüber hinaus wurde der Bericht von Werner Heisenberg und

Brüchen und Kontinuitäten im Deutschland des 20. Jahrhunderts. Hrsg. von Rüdiger vom Bruch und Brigitte Kaderas. Stuttgart, 2002, S. 32–51.

43 Rüdiger Hachtmann, Sören Flachowsky und Florian Schmaltz, Hrsg. *Ressourcenmobilisierung. Wissenschaftspolitik und Forschungspraxis im NS-Herrschaftssystem.* Göttingen, 2016; Michael Grüttner u. a., Hrsg. *Gebrochene Wissenschaftskulturen. Universität und Politik im 20. Jahrhundert.* Göttingen, 2010; Micheal Grüttner und Sven Kinas. „Die Vertreibung von Wissenschaftlern aus den deutschen Universitäten 1933–1945". In: *Vierteljahreshefte für Zeitgeschichte* 55 (2007), S. 123–186.

44 Christian Forstner. „Alltagsphysik statt Atombomben. Ein erneuter Blick auf den deutschen Uranverein". In: *Physik, Militär und Frieden. Physiker zwischen Rüstungsforschung und Friedensbewegung.* Hrsg. von Christian Forstner und Götz Neuneck. Wiesbaden, 2017, S. 51–68.

45 Fengler, *Kerne, Kooperation und Konkurrenz.*

Karl Wirtz[46] über die deutschen Arbeiten im *Uranverein* für die amerikanische FIAT-Mission genutzt.[47]

1.3.3 Der Wandel der Nachkriegspolitik der USA

Das *Atoms for Peace*-Programm wurde bereits von den Historikern Richard Hewlett und Jack Holl detailliert untersucht,[48] aber ähnlich wie bei den meisten Pionierarbeiten zum Kalten Krieg, beispielsweise seien die beiden der Physikhistoriker Paul Forman und Daniel Kevles genannt,[49] liegt der Fokus von Hewlett und Holl auf der nationalen Perspektive der USA. Trotz zahlreicher bedeutender Mikrostudien eröffnete erst der Wissenschaftshistoriker John Krige eine neue Sichtweise, indem er die Wissenschaftspolitik der USA im Nachkriegseuropa in den Kontext des Kalten Krieges setzte und diese als aktives Element zur Durchsetzung einer hegemonialen Position betrachtet.[50] Das *Atoms for Peace*-Programm war Teil dieser Strategie, setzte jedoch einen Politikwechsel der USA in der Nachkriegszeit voraus. Der US-*Atomic Energy Act (McMahon Bill)* aus dem Jahr 1946 entzog die Kernforschung zwar einer rein militärischen Kontrolle, führte aber im Kontext der Atomforschung erstmals den Begriff der „restricted data" und des „born secret" in die amerikanische Gesetzgebung ein, also Wissen, das von Beginn an als sicherheitsrelevant klassifiziert war und dessen Weiter-

---

46 Werner Heisenberg und Karl Wirtz. „Grossversuche zur Vorbereitung der Konstruktion eines Uranbrenners". In: *Kernphysik und kosmische Strahlen (= Naturforschung und Medizin in Deutschland 1939-1946; Bd. 14), 2 Teile*. Hrsg. von Walther Bothe und Siegfried Flügge. Bd. 2. Weinheim, 1953, S. 143–165.

47 FIAT = Field Information Agency Technical. Die US-Mission sammelte wissenschaftliche Berichte über die deutschen Arbeiten während des Krieges.

48 Richard G. Hewlett und Jack M. Holl. *Atoms for Peace and War, 1953-1961: Eisenhower and the Atomic Energy Commission*. Berkeley und Los Angeles, 1989.

49 Paul Forman. „Behind Quantum Electronics. National Security as Basis for Physical Research in the United States, 1940-1960". In: *Historical Studies in the Physical and Biological Sciences* 18 (1987), S. 149–229; Daniel Kevles. *The Physicists. The History of a Scientific Community in Modern America*. 3. Aufl. Cambridge, 1995; Daniel Kevles. „Cold War and Hot Physics. Science, Security, and the American State, 1945-56". In: *Historical Studies in the Physical and Biological Sciences* 20 (1987), S. 239–264.

50 John Krige. „Building the Arsenal of Knowledge". In: *Centaurus* 52 (2010), S. 280–296; John Krige. „The Peaceful Atom as Political Weapon: Euratom and American Foreign Policy in the Late 1950s". In: *Historical Studies in the Natural Sciences* 38 (2008), S. 5–44; John Krige. *American Hegemony and the Postwar Reconstruction of Science in Europe*. Cambridge, MA, 2006.

gabe massiven Strafen unterlag.[51] Diese frühe Strategie des Hortens und Abschottens zeigte sich u.a. im amerikanischen Projekt *Overcast*, das ebenso wie sein sowjetisches Pendant *Ossoaviachim* danach strebte, Wissen aus Europa in die USA zu transferieren, sei es in Form von wissenschaftlichen Berichten, technischen Anlagen oder Personen.[52] Diese Position wandelte sich bereits Ende der 1940er Jahre. Am deutlichsten sichtbar wurde dies mit der Initiierung des *European Recovery Program* (Marshall-Plan) im April 1948. Die US-Politik zielte nun nicht mehr darauf ab, die Ressourcen der ehemaligen Kriegsgegner abzuschöpfen, sondern auf die Wiedererrichtung der im Krieg stark geschädigten europäischen Infrastruktur als ein Bollwerk gegen eine Ausdehnung des sowjetischen Einflussbereichs. Gleichzeitig sollte ein politisches und ökonomisches Modell nach dem Vorbild der USA unter deren Vorherrschaft in Europa installiert werden. Wissenschaftspolitik war in dieser politischen Strategie nicht nur ein Mittel, sondern ein aktiver Bestandteil der US-Außenpolitik.[53] Mit einer Revision des *Atomic Energy Acts* im Jahr 1954 wurde nun auch US-amerikanischen Firmen der Export von Kerntechnologie ermöglicht, ebenso wie die notwendige Ausbildung ausländischer Reaktorbetreiber in den USA erfolgen konnte.[54]

1.3.4 Österreich nach 1945

Kontinuitäten und Brüche nach 1945 in Physik und Chemie der Universität Wien untersuchten in einer ersten exemplarischen Aufnahme Wolfgang L. Reiter und Reinhard Schurawitzki.[55]

---

51 Jessica Wang. „Scientists and the Problem of the Public in Cold War America, 1945-1960". In: *Osiris* 17 (2002), S. 323–347; Jessica Wang. *American Science in an Age of Anxiety. Scientists, Anticommunism, and the Cold War*. Chapel Hill, London, 1999.

52 Matthias Judt und Burghard Ciesla, Hrsg. *Technology transfer out of Germany after 1945*. Amsterdam, 1996; Ulrich Albrecht und Andreas Heinemann-Grüder. *Die Spezialisten: Deutsche Naturwissenschaftler und Techniker in der Sowjetunion nach 1945*. Berlin, 1992; Tom Bower. *Verschwörung Paperclip: NS-Wissenschaftler im Dienst der Siegermächte*. München, 1988; Burghard Ciesla. „Das 'Project Paperclip': Deutsche Naturwissenschaftler und Techniker in den USA (1946 bis 1952)". In: *Historische DDR-Forschung: Aufsätze und Studien*. Hrsg. von Jürgen Kocka. Berlin, 1993, S. 287–301; Linda Hunt. *Secret Agenda. The United States government, Nazi scientists, and Project Paperclip, 1945 to 1990*. New York, 1991.

53 Krige, *American Hegemony*.

54 Hewlett und Holl, *Atoms for Peace and War*, S. 183–208.

55 Wolfgang L. Reiter und Reinhard Schurawitzki. „Über Brüche hinweg Kontinuität. Physik und Chemie an der Universität Wien nach 1945 – eine erste

In der historischen Forschung finden sich nur wenige Arbeiten, die sich den österreichischen Kernenergieprogrammen zuwenden. Der Aufsatz von Helmut Lackner, der die Geschichte von Seibersdorf bis Zwentendorf, vom Forschungsreaktor zum Atomkraftwerk, im Kontext der Leitbilder der österreichischen Energiepolitik untersuchte, leistete Pionierarbeit.[56] Der von Silke Fengler und Carola Sachse herausgegebene Sammelband *Kernforschung in Österreich* vertieft Einzelaspekte der Geschichte der Kernforschung in der Nachkriegszeit. Darin wendet sich den Forschungsreaktoren im Rahmen des *Atoms for Peace*-Programms v.a. mein eigener Beitrag zu.[57] Marcus Rössner stellte 2013 in seiner Magisterarbeit die Entstehungsgeschichte des Forschungszentrums Seibersdorf sehr gut dar.[58]

Die Geschichte des Kernkraftwerks Zwentendorf war bisher nur in Magisterarbeiten der Universität Wien ein Untersuchungsgegenstand, zumeist im Kontext von weiteren Fragestellungen. Insbesondere sei hier auf die Arbeiten von Katharina Schmidt zur Kernenergie-Debatte in Österreich, Andrea Zehetgruber, zur Geschichte des Kernkraftwerkes Zwentendorf, und Florian Premstallers Arbeit zur Kernenergiepolitik unter Bruno Kreisky verwiesen.[59] All diesen Arbeiten ist gemeinsam, dass die frühe Phase der Kernenergiepolitik nur unzureichend behandelt und nur selten Archivmaterial ausgewertet wurde. Lediglich Schmidts Untersuchung sticht mit der Auswertung der Meldungen der *Austria Presse Agentur* hervor, denen im Rahmen ihrer Fragestellung besondere Bedeutung zukommt. Julia Martinovsky untersuchte in ihrer Magisterarbeit die Volksabstimmung zum Kern-

---

Annäherung". In: *Zukunft mit Altlasten. Die Universität Wien 1945 – 1955.* Hrsg. von Margarete Grandner, Gernot Heiss und Oliver Rathkolb. Wien, 2005, S. 236–259.

56 Helmut Lackner. „Von Seibersdorf bis Zwentendorf. Die 'friedliche Nutzung der Atomenergie' als Leitbild der Energiepolitik in Österreich". In: *Blätter für Technikgeschichte* 62 (2000), S. 201–226.

57 Christian Forstner. „Zur Geschichte der österreichischen Kernenergieprogramme". In: *Kernforschung in Österreich. Wandlungen eines interdisziplinären Forschungsfeldes 1900–1978.* Hrsg. von Silke Fengler und Carola Sachse. Wien, 2012, S. 159–182.

58 Marcus Rössner. „Von der Österreichischen Studiengesellschaft für Atomenergie zum Reaktorzentrum Seibersdorf." Magisterarb. Universität Wien, 2013.

59 Andrea Zehetgruber. „Die Geschichte des Kernkraftwerkes Zwentendorf von der Planung bis ins Jahr 1994". Magisterarb. Universität Wien, 1994; Katharina Schmidt. „Die Kernenergie-Debatte in Österreich. Analyse der politischen Auseinandersetzungen von Zwentendorf über Tschernobyl bis heute". Magisterarb. Universität Wien, 2007; Florian Premstaller. „Kernenergiepolitik in Österreich während der Ära Bruno Kreisky". Magisterarb. Iniversität Wien, 2001.

kraftwerk Zwentendorf als ein Beispiel für die repräsentative Demokratie in Österreich.[60] Darüber hinaus sei noch auf die Magisterarbeit von Florian Bayer hingewiesen, der die nach 1978 entstandene Energiekontroverse in Österreich anhand von Debatten des Nationalrats analysiert.[61]

Darüber hinaus existieren auch populäre Arbeiten zum Seibersdorfer Institut, deren Nutzen für die vorliegende Arbeit jedoch stark eingeschränkt war.[62] Eine Chronik zum 50-jährigen Bestehen des Reaktorzentrums erwies sich dagegen als guter Ausgangspunkt für die Suche in den Datenbanken der IAEA.[63]

Damit bietet der Forschungsstand ein bruchstückhaftes Bild, das jeweils Einzelaspekte der Geschichte der österreichischen Kernenergieprogramme beleuchtet. Zentrale Fragen meiner Arbeit, wie die nach der Interaktion gesellschaftlicher Teilsysteme bei der Implementierung transnationaler Wissensströme, blieben unbeachtet. Ebenso spielte die strukturelle Veränderung in der naturwissenschaftlichen Wissensproduktion in den genannten Arbeiten keine Rolle. Um diese Fragen zu beantworten, habe ich insbesondere Archivbestände des Österreichischen Staatsarchivs (Archiv der Republik) und Zeitzeugeninterviews ausgewertet. Die *Österreichische Studiengesellschaft für Atomenergie* GmbH, heute umbenannt in *Austrian Institute of Technology*, verfügt als private GmbH über kein zugängliches Archiv. Allerdings sind die jährlichen Tätigkeitsberichte des Instituts teilweise an österreichischen Bibliotheken vorhanden. Diese Berichte sind nach telefonischer Auskunft auch am heutigen Austrian Institute of Technology vorhanden, allerdings wurde mir der Zugriff auf die Berichte verweigert. Mit Exemplaren aus öffentlichen Bibliotheken und unterstützt durch zahlreiche Reports, die in den Datenbanken der IAEA frei zugänglich sind, konnten die zentralen Fragen dieser Arbeit untersucht werden. Am Atominstitut der TU Wien stand mir das Institutsarchiv offen.

---

60 Julia Martinovsky. „Repräsentative Demokratie in Österreich am Beispiel der Volksabstimmung über das Kernkraftwerk Zwentendorf". Magisterarb. Universität Wien, 2012.

61 Florian Bayer. „Politische Kultur, nationale Identität und Atomenergie. Die österreichische Kernenergiekontroverse von 1978 bis 1986 im Lichte des Nationalrats". Magisterarb. Universität Wien, 2013.

62 Peter Müller. *Atome, Zellen, Isotope. Die Seibersdorf-Story*. München, 1977; Peter Müller. *Seibersdorf. Das Forschungszentrum als Drehscheibe zwischen Wissenschaft und Wirtschaft*. Wien, 1986.

63 Adolf H. Nedelik. *ASTRA-Reaktor. Eine Chronik des Forschungsreaktors Seibersdorf von der Errichtung bis zur Stilllegung*. Seibersdorf, 2006.

Für das Genehmigungsverfahren des Kernkraftwerkes Zwentendorf stand
mir als erstem Nutzer der Bestand des für die Genehmigung verantwort-
lichen Bundesministeriums für soziale Verwaltung (ab 1972 Bundesministerium für Gesundheit und Umwelt) im Österreichischen Staatsarchiv —
Archiv der Republik offen. Die Bestände sind noch nicht erfasst, dennoch
konnte ich die etwa 30 Regalmeter komplett einsehen. So erhielt ich auch Zugang zu den Sicherheitsberichten des geplanten AKWs, die in den ansonsten
hervorragenden Beständen des Siemensarchivs nicht vorhanden sind. Sämtliche Aktivitäten der Siemens AG im Bereich der Kerntechnik sind in ein
externes Archiv ausgelagert worden, das extrem restriktiven Sicherheitsbe-
stimmungen unterliegt und der Forschung nicht zugänglich ist.

2 Von der Radioaktivitätsforschung zum Reaktorpatent

2.1 Die frühe Radioaktivitätsforschung

1901 wurde der erste Nobelpreis für Physik an Wilhelm Conrad Röntgen für seine Entdeckung der nach ihm benannten Röntgenstrahlen verliehen. Im Dezember 1895 hatte Röntgen seine Entdeckung in den Sitzungsberichten der Würzburger Physikalisch-medicinischen Gesellschaft publiziert.[64] Kathodenstrahlröhren befanden sich zur damaligen Zeit in nahezu allen physikalischen Labors. Deshalb konnten die neuen Strahlen und ihre Eigenschaften schnell von anderen Forschern beobachtet werden. Unter ihnen Henri Becquerel, der bei den X-Rays zunächst Fluoreszenzerscheinungen vermutet hatte. Bei der Untersuchung der Fluororeszenz von Uransalzen gelang es ihm, 1896 eine weitere neue Art der Strahlen nachzuweisen. Mit Becquerels Entdeckung der Uranstrahlen war der Grundstein zur Erforschung der Radioaktivität gelegt.[65] Marie und Pierre Curie untersuchten in Paris diese Phänomene weiter und konnten dabei noch zwei weitere radioaktive Elemente isolieren: Polonium und Radium. Sie stellten zudem fest, dass die Radioaktivität unabhängig von der Temperatur und dem Einfluss anderer chemischer Elemente war.[66]

Parallel zur französischen Gruppe untersuchte der neuseeländische Physiker Ernest Rutherford am berühmten Cavendish Laboratory der Universität Cambridge in England zunächst gemeinsam mit dem Leiter des Cavendish Lab J. J. Thomson die ionisierenden Effekte von Röntgenstrahlen

---

64 Wilhelm Conrad Röntgen. „Über eine neue Art von Strahlen. Vorläufige Mittheilung". In: *Aus den Sitzungsberichten der Würzburger Physik.-medic. Gesellschaft* (1895), S. 137–147.
65 Kragh, *Quantum Generations*, S. 28-34.
66 Segrè, *From X-Rays to Quarks: Modern Physicists and Their Discoveries*, insbes. Kap. 2.

© Springer Fachmedien Wiesbaden GmbH, ein Teil von Springer Nature 2019
C. Forstner, *Kernphysik, Forschungsreaktoren und Atomenergie*,
https://doi.org/10.1007/978-3-658-25447-6_2

in Gasen, die zur Entdeckung des ersten Elementarteilchens, des Elektrons, im Jahr 1897 führten. Inspiriert durch Becquerels Entdeckungen zur Radioaktivität identifizierte Rutherford 1899 zwei unterschiedliche Arten radioaktiver Strahlung, die α- und β-Strahlung, ohne sie jedoch genauer spezifizieren zu können. Für die β-Strahlung gelang Henri Becquerel 1899 der Nachweis, dass es sich um Elektronen handelte. Die Natur der α-Strahlung blieb zunächst noch unklar. Im Jahr 1898 erhielt Rutherford einen Ruf an die McGill University in Montreal, Kanada, wo ihm eines der bestausgestattetsten Labors zur Verfügung stand. Als er die ionisierende Wirkung des Thoriums untersuchte, entdeckte er 1900 ein radioaktives Gas, „Thorium-Emanation", welches er ebenfalls beim Zerfall von Radium und Actinium feststellen konnte. Gemeinsam mit dem Chemiker Frederick Soddy zeigte er, dass es sich um ein neues gasförmiges Element handelte, welches seine Aktivität nach kurzer Zeit verlor. 1923 erhielt das neue Element seinen heutigen Namen Radon. Der Zerfall der Radium- oder Thorium-Emanation war der erste Indikator für einen neuen Parameter zur Beschreibung radioaktiver Substanzen. Rutherford und Soddy zeigten in ihrer Transmutationstheorie, dass radioaktive Elemente in „Tochterelemente" zerfallen und dass dieser Prozess zufällig vonstatten ging.[67] Charakterisiert wird dieser statistische Prozess durch eine Zerfallskonstante λ, die für jedes radioaktive Element einen spezifischen Wert hat. Sie beschrieben den radioaktiven Zerfall durch die Differentialgleichung

$$dN = -\lambda N(t)dt,$$

wobei dN die Zahl der Atome angibt, die im Zeitraum dt zerfallen und $N(t)$ die Anzahl der Atome des Ausgangselements zum Zeitpunkt t. Die Lösung dieser Differentialgleichung beschreibt das exponentielle Abklingen der Strahlung:

$$N(t) = N_0 \exp(-\lambda t),$$

wobei N_0 die Zahl der Atome des Ausgangselements zum Zeitpunkt $t = 0$ angibt. Die Halbwertszeit $T_{1/2}$ eines Elements ist die Zeit, in der die Hälfte der Ausgangsatome zerfallen ist, also $N(t) = \frac{1}{2}N_0$ und damit

$$\lambda = \frac{\ln 2}{T_{1/2}}.$$

---

67 Ernest Rutherford und Frederick Soddy. „Radioactive change". In: *Philosophical Magazine* 5 (1903), S. 576–591.

Rutherford und Soddy stellten den Zerfall von Radon und die Regeneration des Radiums wie in Abbildung 2.1 grafisch dar.

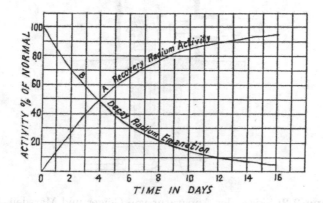

Abbildung 2.1: Zerfall der Radium Emanation (Radon) und Regeneration des Radiums. Aus: Rutherford und Soddy (1903).

Trotz der langjährigen Vermutung, dass es sich bei den α-Strahlen um He^{2+}-Ionen handelte, gelang Rutherford der eindeutige Nachweis erst gemeinsam mit seinem Assistenten Thomas Royds nach seiner Rückkehr nach England in Manchester. Dort hatte er im Jahr 1907 eine Professur erhalten.[68] Ebenfalls in Manchester entwickelte Rutherford mit dem jungen deutschen Physiker Hans Geiger eine Technik, die es ihnen erlaubte, einzelne α-Teilchen zu detektieren, wenn sie auf einen Szintillationsschirm aus Zinksulfid trafen. Geiger stellte 1908 zunächst nur kleine Ablenkungswinkel fest, wenn die α-Strahlen an einer Metallfolie gestreut wurden. Gemeinsam mit seinem Kollegen Ernest Marsden gelang es ihm aber im Folgejahr zu zeigen, dass bei Folien aus schweren Metallen, wie Platin oder Gold, auch Reflexionen erfolgen. Diese Beobachtungen gaben Rutherford schließlich den Anstoß zur Entwicklung seiner berühmten Streuformel und zu seinem Atommodell. Für den differentiellen Wirkungsquerschnitt oder Streuquerschnitt $d\sigma$ erhielt Rutherford vereinfacht

$$d\sigma = \text{const.} \left(\frac{Z_1 Z_2 e^2}{4E_0} \right) \frac{1}{\sin^4 \left(\frac{\vartheta}{2} \right)} d\Omega.$$

Dieser gibt die Wahrscheinlichkeit an, dass ein Teilchen mit der Anfangsenergie E_0 und der Ladung $Z_1 e$, das an einem Teilchen mit der Ladung

---

68 Kragh, „Rutherford, radioactivity, and the atomic nucleus".

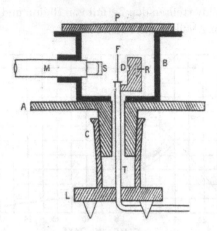

Abbildung 2.2: Skizze der Apparatur von Geiger und Marsden. Das Radium R befindet sich in einem Bleiblock und sendet die α-Strahlen aus, die an der Goldfolie F gestreut werden. Mit einem drehbaren Mikroskop M kann die Winkelverteilung der am Szitallationsschrim S auftreffenden Teilchen gemessen werden. Aus: Geiger und Marsden, 1913.

Z_2e um den Winkel ϑ gestreut wird, im Raumwinkel[69] $d\Omega$ zu finden ist. Für das Atommodell folgerte er, dass die Hauptmasse des Atoms im positiv geladenen Zentrum konzentriert ist und von den negativ geladenen Elektronen umkreist wird. Dieses Massenzentrum erhielt kurze Zeit später die heute noch gültige Bezeichnung Atomkern. Es löste für kurze Zeit das „Rosinenkuchenmodell" J. J. Thomsons ab, nach dem die Elektronen im Atom, wie Rosinen in einem Kuchen, eingebettet waren.

Doch die diskreten Spektrallinien ließen sich nicht über Rutherfords Modell erklären. Diese waren im 19. Jahrhundert im Zuge der Untersuchung von Fluoreszenzerscheinungen bekannt geworden. Zwei Jahre nach Rutherfords Atommodell postulierte der junge Däne Niels Bohr, dass sich die Elektronen auf stabilen Bahnen, ohne Energie abzustrahlen, um den Kern bewegten. Dabei sollte der Abstand zwischen den Bahnen der Energie eines vom Bahnelektron ausgesandten oder eingefangenen Photons entsprechen, wenn das Elektron auf eine andere Bahn wechselt. Das Bohrsche Atommodell ist in Abbildung 2.3 auf Seite 25 dargestellt.[70]

---

69   Ein Raumwinkel ist vorzustellen als ein Kegel.
70   Kragh, „Rutherford, radioactivity, and the atomic nucleus".

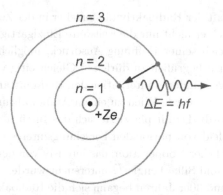

Abbildung 2.3: Das Bohrsche Atommodell: Die Elektronen bewegen sich
auf Kreisbahnen um den Kern, ohne Energie abzustrah-
len. Wechselt ein Elektron auf eine innere Bahn, so wird
ein Photon mit der Energie ΔE ausgesandt. Die Energie
des Photons entspricht dem Abstand der Bahnen. Wikimedia Commons, GNU Free Documentation License.

Neben Wissenschaftlern in Frankreich und Großbritannien zog die Radioaktivitätsforschung gegen Ende des 19. Jahrhunderts auch zunehmend das
Interesse der Wiener Physiker und Chemiker auf sich. Nicht nur weil sie
sich ein viel versprechendes Forschungsfeld erhofften, sondern auch, weil
sie exklusiven Zugang zu den Pechblendeminen im böhmischen St. Joachimsthal, dem heutigen Jáchymov, hatten und so bald zu einer zentralen
Anlaufstelle für die europaweite Verteilung des begehrten Rohstoffs wurden. Beispielsweise erhielten Pierre und Marie Curie nach einer an die
Kaiserliche Akademie der Wissenschaften gerichteten Bitte die Pechblen-
de kostenlos und gaben an die Akademie im Gegenzug eine Probe des so-
eben entdeckten Radiums zurück.[71] Bereits 1901 richtete die Akademie eine
Kommission zur Untersuchung radioaktiver Substanzen ein, die von Franz
Serafin Exner, dem Vorstand des II. Physikalischen Institutes der Universität Wien, geleitet wurde.[72] Ein Institut für Radiumforschung konnte jedoch
erst 1910 dank eines Stiftungsangebots des Industriellen Karl Kupelwieser
errichtet werden. Franz Exner wurde zum Direktor ernannt; Stefan Meyer
übernahm als Institutsleiter die Koordinierung der täglichen Forschungspraxis. Exners einzige Mitteilung zur Eröffnung des Instituts richtete sich

71 Meyer, „Vorgeschichte", S. 1.
72 Reiter, „Stefan Meyer", S. 111.

an die Gemeinschaft der Radioaktivitätsforscher in der Zeitschrift *Le Radium*. Darin beschrieb er nicht nur die weltweite Einzigartigkeit des Instituts, sondern gab zugleich seiner Hoffnung Ausdruck, möglichst viele Gastwissenschaftler in Wien begrüßen zu dürfen.[73] Gleichzeitig wurde Meyer zum Sekretär der neu gegründeten internationalen Radiumstandardkommission ernannt. Neben Paris wurde Wien zu einem Aufbewahrungsort eines zweiten Radiumstandards. Damit platzierte sich das Institut von Beginn an in einem Spannungsfeld von nationalen Forschungsinteressen und internationaler wissenschaftlicher Kooperation, das intensiv von den Historikerinnen Maria Rentetzi[74] und Silke Fengler[75] untersucht wurde.

In den 1920er und 30er Jahren begann sich die Radioaktivitätsforschung aufzuspalten in die Teilbereiche der Radiochemie, die insbesondere im Pariser Laboratoire Curie verfolgt wurde, und der Kernphysik, für die Rutherfords Labor in Cambridge ein Zentrum bildete. Die ersten historischen Analysen untersuchten die Arbeiten Marietta Blaus und die Kontroverse um die künstliche Kernumwandlung zwischen Wien und Cambridge.[76] In den vorliegenden Darstellungen wird deutlich, dass es dabei weniger um ein wissenschaftliches Ergebnis, als vielmehr um die wissenschaftliche Glaubwürdigkeit der beiden Labors und letztlich um deren unterschiedliche Arbeitsstile ging. Im Zuge der Kontroverse um die Methode der Auswertung von Szintillationsschirmen entwickelte Blau ihre Arbeiten mit Filmemulsionen und verfeinerte diese Methode bis in die 1930er Jahre so weit, dass

---

73 Rentetzi, „Designing (for) a New Scientific Discipline. The Location and Architecture of the Institut für Radiumforschung in Early Twentieth-Century Vienna", S. 279-283.

74 Rentetzi, „Designing (for) a New Scientific Discipline. The Location and Architecture of the Institut für Radiumforschung in Early Twentieth-Century Vienna"; Rentetzi, „Gender, Politics, and Radioactivity Research in Interwar Vienna. The Case of the Institute for Radium Research"; Rentetzi, „The city as a context for scientific activity: creating the Mediziner-Viertel in fin-de-siècle Vienna"; Rentetzi, *Trafficking Materials*.

75 Silke Fengler und Christian Forstner. „Austrian Nuclear Research 1900-1960. A Research Proposal". In: *Jahrbuch für Europäische Wissenschaftskultur* 4 (2008), S. 267–276; Silke Fengler und Christian Forstner. „Von der Radiumforschung zur Kernphysik. Die Frühzeit der Radioaktivitätsforschung am Beispiel des Wiener Radiuminstituts". In: *Physik Journal* 10.2 (2011), S. 34–37; Fengler und Sachse, *Kernforschung in Österreich*; Fengler, *Kerne, Kooperation und Konkurrenz*.

76 Stuewer, „Artificial Disintegration and the Vienna-Cambridge Controversy"; Galison, „Marietta Blau. Between Nazis and Nuclei"; Halpern, „Marietta Blau: Discoverer of the cosmic ray stars"; Rosner und Strohmeier, *Marietta Blau. Sterne der Zertrümmerung*.

einzelne Protonen und Neutronen nachgewiesen werden konnten, und Blau schließlich mit ihrer Hilfe die „Zertrümmerungssterne" kosmischer Höhenstrahlung entdeckte.[77] Mit Fenglers Darstellung liegt nun ein umfassendes institutionengeschichtliches Werk zum Radiuminstitut bis in die NS-Zeit hinein vor.[78]

2.2 Die Entdeckung des Neutrons und die Kernspaltung

Die Entdeckung des Neutrons markiert den Übergang der Radioaktivitätsforschung hin zur Kernphysik. Mit dem Neutron waren alle Kernbestandteile bekannt, ihre Wechselwirkungen konnten untersucht und die Bindungsenergien von Kernen berechnet werden. Künstliche Kernumwandlungen wurden gezielt mithilfe des neuen Teilchens herbeigeführt. Mit den Neutronen lagen erstmals Teilchen vor, mit denen es möglich war, bis in die einzelnen Atomkerne vorzudringen und gezielt Manipulationen der Atomkerne vorzunehmen. Deshalb spricht man ab 1932 von Kernphysik.

Im Jahr 1919 hatte Ernest Rutherford Manchester verlassen und die Leitung des Cavendish Laboratory übernommen. Von dort sandte am 17. Februar 1932 der englische Physiker James Chadwick eine etwas mehr als eine halbe Seite lange Mitteilung an den Editor von *Nature,* in der er die mögliche Existenz eines Neutrons durch experimentelle Ergebnisse untermauerte.[79] Chadwick verwendete dazu den α-Strahler Radium und vermischte ihn mit Beryllium. Sein Verdienst lag darin, dass es ihm gelang, die freiwerdende Strahlung als „Neutron" zu identifizieren und auszuschließen, dass es sich um hochenergetische γ-Strahlung handelt, wie bisher vermutet wurde. Ähnliche Experimente wurden im Vorfeld, ohne dass der finale Schritt gelang, auch an den anderen Zentren der Radioaktivitätsforschung bzw. Kernphysik durchgeführt: Erstmals hatten 1930 in Berlin an der Physikalisch-Technischen Reichsanstalt Walther Bothe und Herbert Becker beim Beschuss von Beryllium mit den α-Strahlen eines Poloniumpräparats Sekundärstrahlung neben gewöhnlichen γ-Strahlen beobachtet, die sie aufgrund ihrer Ladungsneutralität für die bisher härteste (energiereichs-

---

77 Halpern, „Marietta Blau: Discoverer of the cosmic ray stars".
78 Fengler, *Kerne, Kooperation und Konkurrenz.*
79 James Chadwick. „Possible Existence of a Neutron". In: *Nature* 129.3252 (Feb. 1932), S. 312.

te) γ-Strahlung hielten.[80] Ebenso führten Irène und Frédéric Joliot-Curie in Paris, wie auch Stefan Meyers Arbeitsgruppe am Institut für Radiumforschung in Wien, ähnliche Experimente durch.[81] Die Ergebnisse von Chadwick lagen 1932 förmlich in der Luft und konnten an den anderen Zentren schnell nachvollzogen werden. Damit stand die (α,n)-Kernreaktion der kernphysikalischen Community als Möglichkeit zur Erzeugung von Neutronen, als sogenannte Neutronenquelle, zur Verfügung.

Verwendet wurde die neu entdeckte Strahlungsform ähnlich wie die bereits bekannten: Man beschoss die bekannten Elemente mit Neutronen und versuchte über eine Analyse der Endprodukte auf die stattgefundene Kernreaktion zu schließen. Hatten im Januar 1934 die Joliot-Curies in Paris die künstliche Aktivierung von Aluminium durch α-Strahlen beobachtet, so gelang es im März desselben Jahres dem italienischen Physiker Enrico Fermi in Rom, die künstliche Aktivierung verschiedener Elemente mit Neutronen durchzuführen. Fermis Labor entwickelte sich bis zu seiner Emigration 1938 zu einem der großen europäischen Zentren für Neutronenphysik. Seine Neutronenquellen bestanden aus 30-80cm langen Glasröhren, in die Berylliumpulver und Radon, damals auch Radiumemanation genannt, eingeschmolzen wurden. Um das Zentrum der Neutronenquelle wurden dann die zylindrischen Proben angeordnet.[82] Fermi bestrahlte auch Uran mit den Neutronen; der Nachweis der Kernspaltung gelang ihm jedoch nicht. Die Spaltung eines schweren Kerns durch Neutronen lag außerhalb der Erwartungshaltung der Physiker; vielmehr nahmen sie an, dass die Neutronen im Kern andocken und entweder zur Bildung schwerer Isotope führen würden oder zur Entstehung eines neuen Elements, wenn sich das eingefangene Neutron unter der Aussendung eines β-Teilchens in ein Proton verwandelt. Der Nachweis der oft kurzlebigen Produkte war für die damalige Zeit nicht trivial. Inspiriert von Fermis Arbeiten versuchten auch in Berlin Otto Hahn, Lise Meitner und Fritz Straßmann, Transurane durch Beschuss von Uransalzen mit Neutronen herzustellen.

Lise Meitner hatte als österreichische Staatsbürgerin einen Ausnahmestatus inne. Als österreichischer Jüdin wurde ihr zwar in NS-Deutschland die

---

80　Walther Bothe und Herbert Becker. „Künstliche Erregung von Kern-γ-Strahlen". In: *Zeitschrift für Physik* 66 (1930), S. 289–306.

81　Gerhard Kirsch und Fritz Rieder. „Über die Neutronenemission des Berylliums". In: *Sitzungsberichte der math.-nat. Klasse IIa der Österreichischen Akademie der Wissenschaften* 141 (1932), S. 501–508; Pais, *Inward Bound*, S. 397-401.

82　Guerra, Leone und Robotti, „Fermi's Discovery"; Holton, „Striking Gold"; Segrè, *From X-Rays to Quarks: Modern Physicists and Their Discoveries*.

Lehrbefugnis entzogen, allerdings konnte sie weiterhin am Kaiser-Wilhelm-Institut (KWI) in Hahns Gruppe mitarbeiten. Dies änderte sich mit dem *Anschluss* Österreichs an NS-Deutschland am 13. März 1938. Schlagartig wurden alle Österreicher zu deutschen Staatsbürgern, die deutschen Gesetze, wie das Gesetz zur Wiederherstellung des Berufsbeamtentums, galten nun auch in Österreich. Dies bedeutete eine dramatische Zuspitzung der Situation für die „nichtarischen" Mitarbeiter an den Hochschulinstituten. Zwei Monate nach der Annexion konnte Meitner über Umwege ins Exil nach Schweden fliehen.[83]

Ende 1938 gelang es den in Berlin verbliebenen Hahn und Straßmann, Barium als Endprodukt der Kernspaltung auf chemischem Weg nachzuweisen.[84] Die einzig mögliche Erklärung bestand in einem Zerplatzen des Urankerns. Doch diese Deutung erschien für die meisten Physiker zum damaligen Zeitpunkt undenkbar. Man hatte erwartet, dass der Urankern ein thermisches Neutron einfangen würde und dass ein sogenanntes Transuran mit höherer Ordnungszahl entstehen würde. Die Zerfallsprodukte des Transurans, die aus α- oder β-Zerfall hervorgingen, versuchte man dann auf chemischem Weg durch Fällungsreaktionen und fraktionierte Destillation nachzuweisen. Diese Zerfallsreaktionen konnte man erklären. Nach der Theorie des russischen Physikers George Gamow aus dem Jahr 1928 nahm man an, dass ein α-Teilchen eine quantenmechanische Aufenthaltswahrscheinlichkeit außerhalb des Potentialwalls des Atomkerns besitzt. Dem α-Teilchen wäre es demnach möglich, die Potentialbarriere des Kerns zu durchtunneln.[85] Ein Zerplatzen des Kerns in zwei nahezu gleichgroße Teilchen schien aufgrund der Größe des Potentialwalls als unmöglich. Die physikalische Deutung der Kernspaltung erfolgte von Lise Meitner und ihrem Neffen Otto Frisch aus

---

83 Ein weiteres prominentes Beispiel ist der Physik-Nobelpreisträger Erwin Schrödinger. Er kehrte nach der Machtübertragung an die Nationalsozialisten Deutschland 1933 den Rücken. Nach Oxford nahm er 1936 in Graz eine Professur an, die er nach dem *Anschluss* aufgrund „politischer Unzuverlässigkeit" verlor. Unter politischem Druck floh er schließlich 1938 nach England und wurde 1940 Direktor am Institute for Advanced Studies in Dublin.
84 Otto Hahn und Fritz Straßmann. „Über den Nachweis und das Verhalten der bei der Bestrahlung des Urans mittels Neutronen entstehenden Erdalkalimetalle". In: *Die Naturwissenschaften* 27 (1939), S. 11–15; Otto Hahn und Fritz Straßmann. „Nachweis der Entstehung aktiver Bariumisotope aus Uran und Thorium durch Neutronenbestrahlung; Nachweis weiterer aktiver Bruchstücke bei der Uranspaltung". In: *Die Naturwissenschaften* 27 (1939), S. 89–95.
85 George Gamow. „Zur Quantentheorie des Atomkernes". In: *Zeitschrift für Physik* 51 (1928), S. 204–212.

dem Exil auf Basis des sogenannten Tröpfchenmodells.[86] In diesem Modell, das in den Jahren 1935 und 1936 von Carl Friedrich von Weizsäcker und Hans A. Bethe entwickelt wurde, wird die Bindungsenergie eines Atomkerns in Analogie zu einem Wassertropfen berechnet. Fängt in diesem Modell ein Atomkern ein Neutron ein, so wird dieser angeregt und wird unter Umständen instabil: Er beginnt sich hantelförmig einzuschnüren und zerplatzt schließlich in zwei kleinere Kerne.[87]

Der „Labortisch" von Hahn und Straßmann ist am Deutschen Museum in München, wie in Abbildung 2.4, nachgebaut. Otto Hahns Labor wurde während des Zweiten Weltkrieges bei einem Bombenangriff zerstört. Die

Abbildung 2.4: Die museale Inszenierung des Labortisches von Otto Hahn und Fritz Straßmann bei der Entdeckung der Kernspaltung. Copyright Deutsches Museum München

---

86 Fritz Krafft. „Ein frühes Beispiel interdisziplinärer Team-Arbeit. Zur Entdeckung der Kernspaltung durch Hahn, Meitner und Straßmann (Teil I und II)". In: *Physikalische Blätter* 36 (1980), S. 85–89, 113–118.
87 Otto Frisch. „Physical Evidence for the Division of Heavy Nuclei under Neutron Bombardment". In: *Nature* 143 (1939), S. 276–277; Lise Meitner und Otto Frisch. „Disintegration of Uranium by Neutrons. A New Type of Nuclear Reaction". In: *Nature* 143 (1939), S. 239–240; Sime, „The Search for Transuranium Elements and the Discovery of Nuclear Fission".

auf dem Labortisch gezeigten Geräte sind Originale, die von Mitarbeitern Hahns aus dem zerstörten Gebäude geborgen werden konnten. Auch wenn es sich bei dem Tisch um eine museale Inszenierung eines geschrumpften physikalischen Labors handelt, so macht diese Installation doch die Dimensionen der Anfänge der Kernspaltung deutlich. Beispielsweise befand sich die Ra-Be-Neutronenquelle in dem Paraffinblock am rechten oberen Rand des Tisches. Der Paraffinblock diente zur Abschirmung der Neutronen, das Uran wurde zwischen Neutronenquelle und Paraffin eingebracht, um abgebremste, „thermische" Neutronen zu erhalten. Dies erfolgte in einem vergleichsweise kleinen Labor, nicht in einem betonummantelten Reaktor. Das akademische Labor blieb bis zum Ende des Zweiten Weltkrieges der zentrale Ort der Produktion physikalischen Wissens in Deutschland.

2.3 Von der Kernspaltung zur Uranmaschine

Die Entdeckung der Kernspaltung erregte große Aufmerksamkeit und zog schnell weite Kreise. Niels Bohr in Kopenhagen konnte in der unmittelbaren Folge auf die Entdeckung der Kernspaltung Anfang Februar 1939 zeigen, dass nicht das in der Natur am häufigsten vorkommende Uranisotop 238, sondern nur das zu 0,7% in natürlichem Uran vorkommende Uran 235 für den Spaltprozess verantwortlich war.[88] Der Pariser Arbeitsgruppe und Frédéric Joliot gelang es nachzuweisen, dass beim Spaltprozess von Uran 235 zwei bis drei Neutronen freigesetzt werden. Damit war die Möglichkeit einer Kettenreaktion mit (un-)kontrollierter Energiefreisetzung offenkundig.[89] Kontrolliert in einem Atomreaktor oder einer Uranmaschine bzw. unkontrolliert in einer Bombe. Der deutsche Physiker Siegfried Flügge stellte die Frage nach der Machbarkeit einer solchen Uranmaschine.[90] Flügge war 1937 als Hahns Assistent ans KWI für Chemie nach Berlin gekommen und eng in die Materie eingebunden. Flügge zählte zum Zeitpunkt seiner Veröffentlichung bereits mehr als 50 Publikationen zur Kernspaltung, was deutlich macht, wie schnell das Thema an den verschiedenen Forschungsstandorten aufgegriffen wurde. Nur ein Jahr nach der Erstveröffentlichung

---

88 Niels Bohr. „Resonance in Uranium and Thorium Disintegrations and the Phenomenon of Nuclear Fission". In: *Physical Review* 55 (1939), S. 418–419.
89 Hans von Halban, Frédéric Joliot und Lew Kowarski. „Liberation of Neutrons in the Nuclear Explosion of Uranium". In: *Nature* 143 (1939), S. 470–471; Hans von Halban, Frédéric Joliot und Lew Kowarski. „Number of Neutrons Liberated in the Nuclear Fission of Uranium". In: *Nature* 143 (1939), S. 680.
90 Flügge, „Energieinhalt der Atomkerne".

von Hahn und Straßmann konnte der amerikanische Physiker Louis A. Turner in einem Überblicksartikel in der Zeitschrift *Reviews of Modern Physics* mehr als 100 Publikationen zum Thema Kernspaltung von Uran zählen und sah seine Aufgabe darin, die individuellen Publikationen zu ordnen.[91] Flügges Machbarkeitsstudie ragt als eine der ersten publizierten Arbeiten, die sich mit der Energiegewinnung aus Kernspaltung beschäftigten, heraus. Er sah drei Fragen als zentral, die er im Folgenden weiter diskutierte:

1. Wieviele Neutronen werden pro Spaltprozess freigesetzt? Für eine Kettenreaktion ist eine Freisetzung von mindestens einem Neutron pro Spaltprozess notwendig, das wieder für einen Spaltprozess zur Verfügung steht.

2. Was geschieht mit den Neutronen nach ihrer Freisetzung? Mögliche Ereignisse sind hier elastische Streuung (Richtungsänderung ohne Energieverlust), unelastische Streuung mit Energieverlust oder der Einfang durch einen anderen Kern, wie durch die Reaktion

$$^{238}_{92}\text{U} + ^1_0\text{n} \rightarrow ^{239}_{92}\text{U}^* \xrightarrow[23min]{\beta} ^{239}_{93}\text{Np} \qquad (2.1)$$

beschrieben; d.h. Uran 238 fängt ein Neutron ein, es entsteht ein angeregter Uran 239 Kern, der mit einer Halbwertszeit von 23 min in einem β-Zerfall zu Neptunium 239 zerfällt.

3. Wie muss die Substanzmenge räumlich angeordnet werden? Damit meinte Flügge, dass die durch die Spaltreaktion erzeugten Neutronen die Reaktionssubstanz nicht verlassen dürfen. Bei einer kugelförmigen Anordnung muss der Kugeldurchmesser groß gegenüber der mittleren freien Weglänge[92] der Neutronen sein.

Bevor sich Flügge diesen Fragen im Detail zuwandte, gab er eine grobe Abschätzung der freiwerdenden Energie bei einer Kettenreaktion. Aufgrund der Differenz des Massendefekts des Urankerns und der entstehenden Spaltprodukte kann er diese mit etwa 180 MeV pro Spaltprozess angeben. In einer groben Überschlagsrechnung nahm er die vollständige Spaltung von $1\,\text{m}^3$ Uranoxid U_3O_8, also 4,2 t, an und erhielt dann eine Energiemenge, die

---

91 Louis A. Turner. „Nuclear Fission". In: *Reviews of Modern Physics* 12 (1940), S. 1–29.

92 Die mittlere freie Weglänge bezeichnet die Strecke, die ein Teilchen im statistischen Mittel zurücklegt, bis ein Stoß mit einem anderen Teilchen erfolgt.

notwendig ist, um 1 km³ Wasser 27 km in die Luft zu heben. Damit machte er zunächst klar, dass es sich um eine unvorstellbar große Energiemenge
handelt, die durch Kernspaltungsprozesse aus Uran gewonnen werden kann.
Bedeutsamer ist aber die Frage, die er in der Folge stellte: Wie kann diese
Energie, die in weniger als $\frac{1}{100}$ Sekunde freigesetzt wird, kontrolliert werden? Durch diese Frage wird bereits klar, dass die Möglichkeit einer Bombe
stets im Bewusstsein der historischen Akteure verankert war.

Nach dieser Abschätzung und Veranschaulichung der frei werdenenden
Energie diskutierte Flügge die oben genannten drei Fragen im Detail. Zuerst
wandte er sich den entstehenden Neutronen bei der Uranspaltung zu und
diskutierte die bisherigen Forschungsergebnisse sowohl hinsichtlich der Zahl
der freiwerdenden Neutronen als auch ihrer Energie. Der Nachweis von
freiwerdenden Neutronen erfolgte zunächst indirekt von der Arbeitsgruppe
von Frédéric Joliot in Paris mit seinen Mitarbeitern Hans von Halban und
Lew Kowarski. Sie umgaben eine Ra+Be-Neutronenquelle mit einer Schicht
Uranylnitrat $(UO_2)(NO_3)_2 \cdot 6 \ H_2O$ und brachten diese in eine Lösung von
8 l Schwefelkohlenstoff ein, in der 200 mg Phosphor gelöst waren. Nach
sechs Tagen wurde der Phosphor vom Schwefelkohlenstoff getrennt, und es
zeigte sich eine Aktivität von 35 Teilchen pro Minute im Gegensatz zu einem
Blindversuch ohne Uran, der nur 5 Teilchen pro Minute zeigte. Von Halban,
Joliot und Kowarski schlossen daraus, dass die Ursache dieser Aktivität in
der Reaktion

$$\,^{32}_{16}\mathrm{S} + \,^{1}_{0}\mathrm{n} \to \,^{32}_{15}\mathrm{P}^* + \,^{1}_{1}\mathrm{p} \tag{2.2}$$

begründet liegt. Da diese Reaktion ausschließlich mit hochenergetischen
Neutronen stattfindet, schloss die französische Forschergruppe, dass diese nicht aus der Ra+Be-Neutronenquelle stammen konnten, sondern dass
es sich um Sekundärneutronen aus Uran handeln muss.[93] Nach den bisher vorliegenden Untersuchungen der französischen Forschergruppe[94] zur
Zahl der frei werdenden Neutronen beim Spaltprozess mit einer kritischen
Diskussion der Ergebnisse amerikanischer Gruppen an der Columbia University um Enrico Fermi und Herbert Anderson,[95] sowie Leo Szilard und

---

93 Halban, Joliot und Kowarski, „Liberation of Neutrons in the Nuclear Explo-
    sion of Uranium"; Flügge, „Energieinhalt der Atomkerne", S. 403.
94 Halban, Joliot und Kowarski, „Number of Neutrons Liberated in the Nuclear
    Fission of Uranium".
95 Herbert Anderson, Enrico Fermi und Henry B. Hanstein. „Production of Neu-
    trons in Uranium Bombarded by Neutrons". In: *Physical Review* 55 (1939),
    S. 797–798.

Walter H. Zinn an der New York University,[96] kam Flügge zu dem Schluss, dass mindestens zwei Neutronen pro Spaltprozess frei werden. Bezüglich der Energie der Neutronen gelangte er zu keinen eindeutigen Werten. Zu bemerken ist, dass der experimentelle Aufbau der amerikanischen Gruppen ähnlich dem der französischen war: Um eine Ra+Be-Neutronenquelle wurde in unterschiedlichen Geometrien Uran angebracht. Die Spaltneutronen wurden entweder indirekt nachgewiesen oder durch die direkte Zählung von Helium-Rückstoßkernen in einer Ionisationskammer.[97]

Als nächstes diskutierte Flügge die Wirkungsquerschnitte von Neutronen in Uran für die drei möglichen auftretenden Prozesse: a) Einfangprozess, b) Spaltprozess und c) Streuprozess. Der sogenannte Wirkungsquerschnitt σ ist dabei eine statistische Größe, die ein Maß für die Wahrscheinlichkeit für das Eintreten einer bestimmten Reaktion bei der Wechselwirkung zweier Teilchen angibt. Er ist definiert durch

$$\sigma = \frac{\text{Zahl der Reaktionen eines gegebenen Typs pro Streuzentrum}}{\text{Stromdichte der einfallenden Teilchen}}. \quad (2.3)$$

Dabei zeigte sich, dass dieser Wirkungsquerschnitt von der Energie der einfallenden Neutronen abhängig ist. Ein messbarer Wirkungsquerschnitt existiert nur, wenn die Energie der Neutronen in eine Resonanzbande oder in den thermischen Bereich fällt, der bei Zimmertemperatur einer Energie von 0,026 eV entspricht. Diese Energieabhängigkeit beschrieben die amerikanischen Physiker Gregory Breit und Eugene Wigner mit einer Lorentzkurve oder der nach ihnen benannten Breit-Wigner-Formel,[98] die in Abbildung 2.5 grafisch dargestellt ist:

$$\sigma_{Einf} = \sqrt{\frac{E_r}{E}} \sigma_r \frac{\left(\frac{\Gamma}{2}\right)^2}{(E - E_r)^2 + \left(\frac{\Gamma}{2}\right)^2}. \quad (2.4)$$

Dabei bezeichnet σ_{Einf} den Wirkungsquerschnitt der einfallenden Neutronen, σ_r den maximalen Wirkungsquerschnitt bei dem Resonanzniveau E_r mit der Halbwertsbreite Γ. Aus den vorhandenen experimentellen Daten

---

96 Leo Szilard und Walter H. Zinn. „Instantaneous Emission of Fast Neutrons in the Interaction of Slow Neutrons with Uranium". In: *Physical Review* 55 (1939), S. 799–800.

97 Flügge, „Energieinhalt der Atomkerne", S. 403f.

98 Gregory Breit und Eugene Wigner. „Capture of Slow Neutrons". In: *Physical Review* 49.7 (1936), S. 519–531.

bestimmte Flügge $E_r = 25$ eV, $\sigma_r = 2800 \cdot 10^{-24}$ cm^2 und eine Linienbreite von $\Gamma = 0,2$ eV.

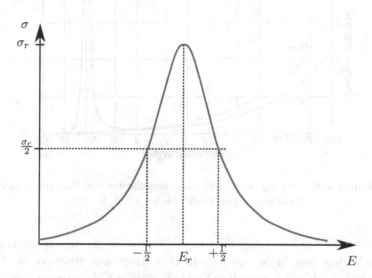

Abbildung 2.5: Graphische Darstellung des Wirkungsquerschnitts σ in Abhängigkeit von der Energie der einfallenden Neutronen, wie in Formel 2.4 beschrieben.

Im nächsten Schritt diskutierte Flügge den Spaltungsprozess und die damit einhergehenden Wirkungsquerschnitte. Für thermische Neutronen erhielt er aus Arbeiten von Fermi und seinen Mitarbeitern einen Wirkungsquerschnitt von $\sigma_{\text{Spalt}} = 2 \cdot 10^{-24}$cm^2, für die schnellen Neutronen einer Ra+Be-Neutronenquelle nur einen Querschnitt von $\sigma_{\text{Spalt}} = 0,1 \cdot 10^{-24}$cm^2. Aus Experimenten, in denen die Neutronen geschwindigkeitsabhängig durch Borfolien unterschiedlicher Dicke gefiltert wurden, erhielt Flügge für den Spaltquerschnitt

$$\sigma_{\text{Spalt}} = 2\sqrt{E_{th}/E} \cdot 10^{-24} \, \text{cm}^2. \tag{2.5}$$

Da Formel 2.4 und 2.5 gleichzeitig gelten müssen, entsteht ein Widerspruch, der nur dadurch erklärt werden kann, dass die Spaltprozesse in Uran 235 stattfinden, während Uran 238 die Neutronen einfängt.[99]

Den Streuquerschnitt schneller Neutronen in Uran schätzte Flügge auf $\sigma_{\text{Streu}} = 6 \cdot 10^{-24}$ cm^2 auf Basis von Messungen an anderen Elementen und

99 Bohr, „Resonance in Uranium and Thorium Disintegrations and the Phenomenon of Nuclear Fission"; Flügge, „Energieinhalt der Atomkerne", S. 405.

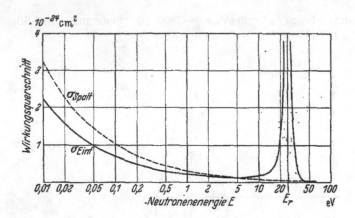

Abbildung 2.6: Einfang- und Spaltungsquerschnitte von Neutronen in natürlichem Uran nach Flügge, 1939, S. 406.

der bekannten Tatsache, dass für schnelle Neutronen der Streuquerschnitt erheblich über dem Einfangquerschnitt liegt. Insgesamt stellte er für diesen Bereich noch experimentellen Nachholbedarf fest, da insbesondere die Natur der Streuprozesse noch völlig ungeklärt war. Handelte es sich um elastische oder inelastische Prozesse? Bei Letzterem verliert das Neutron einen Teil seiner Energie, hinterlässt aber den Kern in einem angeregten Zustand. Diese Frage ist besonders für den nächsten Punkt, den Flügge diskutierte, relevant, nämlich das Auftreten von Reaktionsketten.

Hierzu nahm Flügge zunächst eine Überschlagsrechnung vor. Die Anzahl der spaltbaren Uranatome bezeichnete er mit ϱ_U, den Spaltquerschnitt σ_Spalt, die Zahl der pro Spaltprozess frei werdenden Neutronen ν mit der Geschwindigkeit v. Damit ergibt sich für die zeitliche Änderung der Zahl der Neutronen

$$\frac{\mathrm{d}n}{\mathrm{d}t} = nv\varrho_\mathrm{U}\sigma_\mathrm{Spalt}(\nu - 1) \tag{2.6}$$

und nach Integration und Einsetzen der Werte $v = 2 \cdot 10^9$ cm/s aus der Energie der freigesetzten Neutronen $\sigma_\mathrm{Spalt} = 0,1 \cdot 10^{-24}$ cm^2 und $2,2 \cdot 10^{22}$ Uranatomen pro cm^3 eine exponentielle Neutronenvermehrung

$$n(t) = n_0 \exp\left(0,44(\nu - 1) \cdot 10^7 t\right).$$

Bei der Annahme von $\nu = 2$ und einem Startneutron $n_0 = 1$ stellte er fest, „daß in weniger als 10^{-4} sec das gesamte Uran umgesetzt wird. Die

Energiebefreiung geschieht also in einer so kurzen Zeit, daß wir es mit einer außerordentlich heftigen Explosion zu tun haben."[100] Die Atombombe ist zwar nicht Ziel der Fragestellung Flügges, dennoch stellt er heraus, welcher Weg beschritten werden muss, um eine „außerordentlich heftige Explosion" zu erzielen.

Berücksichtigt man noch den Einfang der Neutronen durch Uranatome, dann wird Gleichung 2.6 mit $\nu = 2$ zu

$$\frac{1}{n}\frac{dn}{dt} = v\varrho_U \left(\sigma_{Spalt} - \sigma_{Einf}\right),$$

,und damit überwiegt die Neutronenproduktion in den Bereichen, in denen der Spaltquerschnitt größer als der Einfangquerschnitt ist. Entsprechend der Darstellung in Abbildung 2.6 handelt es sich nach Flügge um alle Bereiche mit Ausnahme der Zone von 5 eV bis 40 eV, wo der Einfang überwiegt. Ziel muss es deshalb sein, die schnellen Spaltneutronen abzubremsen, bis sie in Regionen gelangen, in denen die Spaltung der dominante Prozess wird. Am einfachsten geschieht dies durch elastische Stöße mit Protonen, also Wasserstoff, bei denen die Neutronen bei jedem Stoß etwa die Hälfte ihrer Energie verlieren. Berücksichtigt man den Einfangquerschnitt $\sigma_{Einf.H}$ von Wasserstoff in Gleichung 2.6, dann wird diese zu

$$\frac{1}{n}\frac{dn}{dt} = v\left[-\varrho_H\sigma_{Einf.H} - \varrho_U\sigma_{Einf.U} + \varrho_U\left(\nu - 1\right)\sigma_{Spalt.U}\right]. \qquad (2.7)$$

Damit eine Kettenreaktion entsteht, muss die Klammer positiv sein. Daraus ergeben sich die Uranmassen, die in einem Liter Wasser mindestens gelöst werden müssen: Für $\nu = 2$: 12 kg, $\nu = 2,5$: 4,9 kg und für $\nu = 3$: 3,1 kg U_3O_8. Eine Abschätzung der Zeit, in der 15 kg U_3O_8 aufgebraucht sind, bei einer Vermehrungsrate von $\nu = 2$, lieferte Flügge eine Zeit von einer Zehntelsekunde, langsamer also als für schnelle Neutronen, aber immer noch in der Größenordnung einer Explosion. Dies führte ihn unmittelbar zur nächsten Frage: Wie lässt sich der Ablauf der Reaktionsketten steuern?[101]

Flügge schlug hier die Zugabe von Cadmium in das System vor. Cadmium weist einen sehr großen Einfangquerschnitt für thermische Neutronen auf, etwa $2800 \cdot 10^{-24}$ cm^2, der zugleich bei höheren Energien vernachlässigbar klein wird. Da nach Flügges damaligem Wissen die Zahl der Spaltprozesse ebenfalls mit $1/v^2$ abnimmt, wird sich in Abhängigkeit der zugegebenen

100 Flügge, „Energieinhalt der Atomkerne", S. 406.
101 Flügge, „Energieinhalt der Atomkerne", S. 406f.

Menge von Cadmium bei einer bestimmten Temperatur ein Gleichgewicht einstellen. Gleichung 2.7 wird um einen Einfangterm für Cadmium erweitert und führt dann zu

$$\frac{1}{n}\frac{dn}{dt} = v\left[-\varrho_{Cd}\sigma_{Einf.Cd} - \varrho_H\sigma_{Einf.H} - \varrho_U\sigma_{Einf.U} + \varrho_U\left(\nu - 1\right)\sigma_{Spalt.U}\right].$$

Lösen dieser Differentialgleichung und Einsetzen einiger veranschaulichender Werte führte Flügge auf sein eingehendes Beispiel zurück: Ein Kubikmeter oder 4,2 t U_3O_8 mit 280 kg Wasser und 56 g Cadmium führt zu einer Verbrennungstemperatur von 350° C und liefert insgesamt eine Energiemenge von $7 \cdot 10^{10}$ kWh, was der kompletten Leistung sämtlicher Elektrowerke des Deutschen Reichs über einen Zeitraum von 11 Jahren entsprach, wie Flügge hervorhob.[102]

Abschließend schätzte Flügge den Mindestradius einer kugelförmigen Anordnung ab, bei der eine selbsterhaltende Kettenreaktion stattfinden kann, wenn berücksichtigt wird, dass Neutronen aus der Kugel austreten und nicht mehr für eine weitere Reaktion zur Verfügung stehen. Bei Zimmertemperatur erhielt er hierfür einen Mindestradius von 50 cm, der zu einer solchen Reaktion führt. Damit entkräftete er auch die Vermutung von „natürlichen Uranexplosionen": Die bekanntesten dicksten Schichten von natürlichem Uranerz schätzte er auf etwa 1 cm Schichtdicke, also weit unter der Mindestdicke, um eine Kettenreaktion aufrechtzuerhalten. Eine Uranexplosion in der Natur sah Flügge damit als äußerst unwahrscheinlich an. Eine Uranmaschine selbst sah Flügge nun zumindest als diskutierbar an. Die weiteren Fortschritte hingen aber an einer Verdichtung des Zahlenmaterials zur Präzisierung der Diskussion.[103]

Flügges Aufsatz spiegelt den Stand der Kernforschung im Juni 1939 wider. Einige wenige Tage nachdem Flügges Aufsatz erschienen war, reichte der Wiener Physiker Georg Stetter ein Patent für einen heterogenen Kernreaktor beim Reichspatenamt ein. Es entspann sich ein Prioritätsstreit, der nach Kriegsende erneut aufflammte. Bevor Stetters Patent in diesem Kontext näher diskutiert wird, lege ich zunächst die sozialen und gesellschaftlichen Rahmenbedingungen der Kernforschung an den österreichischen Hochschulen dar.

---

102 Flügge, „Energieinhalt der Atomkerne", S. 407f.
103 Flügge, „Energieinhalt der Atomkerne", S. 409f.

2.4 Rahmenbedingungen der Kernforschung in Österreich

Die Situation der Hochschulen beim Übergang in die nationalsozialistische Diktatur unterscheidet sich aufgrund der unterschiedlichen politischen Vorgeschichte in Österreich grundlegend von der in Deutschland. Der Übergang zum Nationalsozialismus setzte an den österreichischen Hochschulen mit dem *Anschluss* Österreichs fünf Jahre später ein als in Deutschland, dafür schlagartig: Alle Maßnahmen, die die NS-Herrscher in Deutschland über Jahre hinweg verschärft hatten wurden in Österreich innerhalb weniger Tage und Wochen umgesetzt und später juristisch legitimiert. Ähnlich wie in Deutschland erfolgte in Österreich nach dem Ende des Ersten Weltkriegs die Ausrufung der Republik und die Gründung einer parlamentarischen Demokratie. Das ehemalige Habsburgerreich Österreich-Ungarn hatte im Übergang zur Republik erhebliche Gebietsverluste hinzunehmen und wurde aufgeteilt in die Staaten Ungarn, Tschechoslowakei und Österreich. Weitere Gebiete gingen an Rumänien, Polen, das Königreich der Serben, Kroaten und Slowenen, sowie an Italien wie beispielsweise Südtirol.[104]

Die erste Republik wurde 1933 in einem Staatsstreich unter dem christsozialen Kanzler Engelbert Dollfuß von einer klerikal-faschistischen Diktatur, dem sogenannten „Ständestaat", abgelöst. Dieser Prozess verlief in mehreren Schritten Zunächst wurde im März 1933 das Parlament ausgehebelt, es erfolgte ein Ermächtigungsgesetz auf Basis des *Kriegswirtschaftlichen Ermächtigungsgesetzes* aus dem Jahr 1917. Nach einem kurzen Bürgerkrieg im Februar 1934 gegen den *Schutzbund*, die paramilitärische Organisation der Sozialdemokratie, erfolgte deren Verbot. Daraufhin erfolgten die Ausrufung einer neuen Verfassung zum 1. Mai 1934 und ein Putschversuch der Nationalsozialisten, im Zuge dessen Dollfuß ermordet wurde. Kurt Schuschnigg übernahm das Amt des *Bundeskanzlers und Frontführers* in der Diktatur. Die nicht verbotenen Parteien hatten in der vaterländischen Front aufzugehen. Verboten waren die Sozialdemokratie, die kommunistische Partei, aber auch die NSDAP. Die ehemaligen politischen Gegner fanden sich nun gleichermaßen in den Gefängnissen wieder.[105]

Der Ständestaat oder „Austrofaschismus" richtete sich in erster Linie gegen die Arbeiterbewegung, für die Hochschulen sind die Auswirkungen des

---

104 Peter Berger. *Kurze Geschichte Österreichs im 20. Jahrhundert*. Wien, 2007, S. 54–88.

105 Berger, *Kurze Geschichte*, S. 152–196.

Übergangs zum Austrofaschismus bisher nur unzureichend untersucht. Im Vorfeld der Diktatur hatte die Weltwirtschaftskrise bereits zu Sparmaßnahmen geführt, wie etwa eine Strukturreform der Rockefeller Foundation. Sie hatte zur Folge, dass kleinere Fördersummen der Stiftung deutlich restriktiveren Kriterien unterlagen als in den zwanziger Jahren. Dies bewirkte einen Rückgang der Fördersummen, von denen die österreichische Wissenschaft am meisten profitierte. Das hatte zur Folge, dass eine der wesentlichen Förderquellen versiegte. Die Zahl der internationalen Stipendiaten am Wiener Institut für Radiumforschung nahm rapide ab.[106]

Nach dem Übergang zur Diktatur bediente sich das Regime der „Budgetmaßnahmen", auch um versteckte politische Säuberungen und Disziplinierungen an den Hochschulen durchzusetzen. Hinzu kam die Einführung eines neuen Amtseides für Beamte und die Zwangsmitgliedschaft in der Vaterländischen Front. Ebenso setzten die Vertreter des Ständestaates im Mai 1934 eine neue Habilitationsordnung in Kraft, nach der die Ablehnung einer Habilitation aufgrund fehlender persönlicher und moralischer Eignung ohne weitere Begründung möglich wurde. Im August 1934 folgte ein Disziplinargesetz „betreffend Maßnahmen an Hochschulen", das eine Zwangspensionierung politischer Gegner ermöglichte. Von diesen Maßnahmen waren mehr als 30 Ordinarien betroffen. Berücksichtigt man noch die „Budgetmaßnahmen", so erscheinen Schätzungen eines Personalverlustes von mehr als 25% während der Jahre des Ständestaates als glaubhaft.[107]

Dennoch war der Ständestaat als erklärter Gegner NS-Deutschlands auch ein Zufluchtsort für Emigranten aus Deutschland. So kehrte beispielsweise der österreichische Physiker Erwin Schrödinger 1936 nach Österreich zurück, nachdem er 1933 als erklärter Gegner des Nationalsozialismus Berlin Richtung England verlassen hatte. Schrödingers Aufenthalt in Österreich sollte aber von kurzer Dauer sein. Nach dem *Anschluss* Österreichs an NS-Deutschland im März 1938 emigrierte er schließlich im September 1938 über Rom nach Dublin.[108]

Eine offene Agitation, wie sie beispielsweise der Nationalsozialistische Deutsche Studentenbund an den deutschen Hochschulen während der Weimarer Republik betrieb, war während des Ständestaates aufgrund des Verbots der NSDAP und ihrer Organisationen nicht möglich. Aber auch liberale oder linke Organisationen und Gruppen waren während des Ständestaa-

---

106 Fengler, *Kerne, Kooperation und Konkurrenz*, Kap. 4, S. 178–235.
107 Ash, „Umbrüche", S. 97–101.
108 Daniela Angetter und Michael Martischnig. *Biografien österreichischer (Physiker)innen. Eine Auswahl.* Wien, 2005, S. 129.

tes in ihrer Arbeit massiv eingeschränkt. Exemplarisch ist hier der Wiener Kreis zu nennen, dessen Mitglieder bereits während der Republik in ihrer akademischen Laufbahn an den Hochschulen behindert wurden, ebenso wie sie antisemitischen Angriffen ausgesetzt waren. Diese Entwicklung mündete 1936 in der Ermordung Moritz Schlicks in der Universität Wien und der Auflösung des Wiener Kreises.[109]

Am 13. März 1938 beurkundete der von den deutschen Nationalsozialisten ins Amt gepuschte Kanzler Arthur Seyß-Inquart den *Anschluss* Österreichs an das Deutsche Reich. Noch am selben Tag wurden die Hochschulen geschlossen. Mit Ausnahme des Rektors der Universität Graz begrüßten alle Rektoren der österreichischen Hochschulen die neuen Machthaber und traten anschließend freiwillig von ihrem Amt zurück. Am 15. März erging eine Kundmachung zur Neuvereidigung der Beamten des Landes Österreich am 22. März 1938, mit einer klaren Definition, wer von dieser Vereidigung fernzubleiben habe, insbesondere, wenn er oder sie nach NS-Definition als „jüdisch" galt. Gleichzeitig fanden die ersten Hausdurchsuchungen und Verhaftungen von Professoren statt. Am 6. April 1934 wurde Privatdozenten jüdischer Abstammung die Lehrerlaubnis entzogen. Bis zur Wiedereröffnung der Universitäten am 25. April 1938 wurden neben den Rektoren sämtliche Dekane ersetzt. Schließlich wurden die bis dahin getroffenen Maßnahmen per Dekret am 22. April 1938 legitimiert und erhielten am 10. Mai 1938 durch Übertragung der Nürnberger Rassengesetze und die „Verordnung zur Neuordnung des österreichischen Berufsbeamtentums" vom 31. Mai 1938 ihre gesetzliche Grundlage.[110]

Die gleichzeitige Anwendung der Nürnberger Rassengesetze und der Verordnung zum Berufsbeamtentum führte zu Entlassungen und Zwangspensionierungen in ungeahntem Ausmaß. Wie das deutsche Berufsbeamtengesetz richtete sich die österreichische Verordnung gegen „Nicht-Arier", aber auch gegen politische Gegner wie Vertreter des Ständestaates, die für das Verbot der NSDAP und ihrer Organisationen in Österreich verantwortlich waren. Nach ersten Zahlen aus dem Jahr 1993 wurden an der Universität Wien 82 Professoren (37%), 233 Dozenten (49%) und 7 Lektoren aufgrund der rassistischen und politischen Maßnahmen des NS-Regimes entlassen.

---

109 Hans-Joachim Dahms. „Die Emigration des Wiener Kreises". In: *Vertriebene Vernunft. Emigration und Exil österreichischer Wissenschaft 1930–1940.* Hrsg. von Friedrich Stadler. Bd. I. 2004, S. 66–122; Friedrich Stadler. *Studien zum Wiener Kreis. Ursprung, Entwicklung und Wirkung des Logischen Empirismus im Kontext.* Frankfurt am Main, 1996.
110 Ash, „Umbrüche", S. 108–113.

Aktuelle Angaben weisen eine Gesamtzahl von 41% Entlassungen aus, davon etwa 10% aus politischen und 30,8% aus rassistischen Gründen.[111] An der Wiener Hochschule für Bodenkultur fiel die Zahl der Entlassungen mit 33% geringer aus, an der TU Wien umfasste sie 17%. Die Universität Innsbruck hatte 43 Entlassungen zu verzeichnen, die Universität Graz 35 (34%). An der Tierärztlichen Hochschule Wien und der Montanistische Hochschule Leoben kam es zu keinen Entlassungen.[112]

Der Wissenschaftshistoriker Mitchell Ash krisitiert diese Zahlen überzeugend: Die entsprechenden Paragraphen sind zu pauschal, um die Entlassungsgründe genauer zu spezifizieren. Die NS-Definition von „Jude" hatte mit der realen Identität der Opfer der Maßnahmen nichts zu tun, und letztlich würden diese Pauschalangaben auch die unterschiedliche Fächerverteilung verschleiern. So waren an der Universität Wien die Juristische Fakultät (55%) und die Medizinische Fakultät (53%) überproportional betroffen, innerhalb der Philosophischen Fakultät (37%) die Chemie mit 50%. Ashs Kritik macht deutlich, wie problematisch der Umgang mit diesen Zahlen ist. Festzuhalten bleibt, dass die österreichischen Universitäten, nach den Maßnahmen des Ständestaates nach 1934, im Jahr 1938 durch die verbrecherischen Maßnahmen der NS-Herrscher nochmals massivere Verluste zu beklagen hatten. Hinzu kam noch die endgültige Zerschlagung außeruniversitärer Forschungsstrukturen, wie der psychoanalytischen Schule und des Wiener Kreises, so dass hier, nach dem Wissenschaftshistoriker Friedrich Stadler, eine ganze Wissenschaftskultur zerschlagen wurde.[113]

Nach den Vertreibungen kam es an der Universität Wien zwischen 1938 und 1943 zu 51 Neuberufungen, davon stammten 33 aus anderen Universitäten, zumeist aus dem „Altreich". Von 160 Dozenten erhielten 121 ihre Stelle in dieser Zeit; unter den sonstigen Lehrenden waren es 48 von 72. Die Vertreibung hatte zahlreiche Karrierewege eröffnet.[114]

Auch die Studierenden waren wie in Deutschland von den Maßnahmen des NS-Regimes betroffen. Die Zahl der Studierenden ging von 9180 im Wintersemester 1937/38 auf 5331 im Sommersemester 1938 zurück. Dieser hohe Rückgang lässt sich nicht alleine durch die rassistischen und antisemitischen Maßnahmen des NS-Regimes erklären. Vermutlich taten sich für eine nicht unerhebliche Gruppe neue Karrierewege im NS-Staat jenseits

---

111 Zahlen nach Ash, „Umbrüche", S. 114.
112 Lichtenberger-Fenz, „‚Es läuft alles in geordneten Bahnen'. Österreichs Hochschulen und Universitäten und das NS-Regime", S. 552.
113 Nach: Ash, „Umbrüche", S. 114–118.
114 Ash, „Umbrüche", S. 127f.

der akademischen Ausbildung auf. Alle bisherigen studentischen Organisationen lösten sich auf oder wurden aufgelöst, um im Nationalsozialistischen Deutschen Studentenbund aufzugehen. Im Wintersemester 1938/39 stieg die Zahl der Studierenden wieder auf 7888 an und sank während des Krieges bis zum Tiefstand von 5294 im Wintersemester 1944/45 während der „totalen Mobilmachung".[115]

2.5 Von der Radioaktivitätsforschung zum Reaktorpatent

Der Wiener Physiker Georg Stetter war einer derjenigen Wissenschaftler, die von den Maßnahmen der NS-Machthaber profitierten. Stetter hatte an der Universität Wien Physik studiert und wurde dort 1922 promoviert. Im selben Jahr wurde er Assistent am II. Physikalischen Institut der Universität Wien. Ihm gelang es mit dem Einsatz von Elektronenröhren, die Masse der Bruchstücke von Kernreaktionen exakt nachzuweisen. Gemeinsam mit Josef Schintlmeister und Gustav Ortner vom Institut für Radiumforschung hatte er das Röhrenelektrometer zu einem Messinstrument für Kernreaktionen weiterentwickelt. 1928 habilitierte er sich.[116] Nach der Emeritierung des Vorstandes, Gustav Jäger, des II. Physikalischen Instituts 1934 wurde die Stelle aufgrund der Sparmaßnahmen des Ständestaat-Regimes nicht mehr besetzt. Die Leitung erfolgte gemeinsam mit dem I. Physikalischen Institut. Erst mit dem *Anschluss* Österreichs an NS-Deutschland wurde die Stelle Jägers reaktiviert und mit Stetter erneut besetzt.[117]

In Wien existierten bis zum *Anschluss* Österreichs an NS-Deutschland im Jahr 1938 zwei Zentren der Radioaktivitäts- bzw. Kernforschung: Eines war am II. Physikalischen Institut der Universität Wien angesiedelt, das andere am Institut für Radiumforschung, das auf eine private Stiftung zurückging und von der Österreichischen Akademie der Wissenschaften (ÖAW) und der Universität Wien gemeinsam getragen wurde. Nach dem *Anschluss* verloren etwa ein Viertel aller Forscherinnen und Forscher auf dem genannten Gebiet die Position, meistens aufgrund der antisemitischen Maßnahmen der NS-Führung. Auch die Physikalischen Lehrkanzeln der Universität Wien wurden in der Folgezeit von Anhängern oder Mitläufern des NS-Regimes

---

115 Ash, „Umbrüche", S. 118f., 128f.
116 Angetter und Martischnig, *Physikerbiografien*, Eintrag Stetter, Georg, S. 139-141.
117 Reiter, *Aufbruch und Zerstörung*, S. 36f.

besetzt. Georg Stetter, der bereits vor dem *Anschluss* ein Mitglied der illegalen NSDAP gewesen war, wurde zum Leiter des II. Physikalischen Instituts ernannt und erhielt die reaktivierte Lehrkanzel. Gustav Ortner löste Stefan Meyer als Direktor des Radiuminstituts ab. Meyer und sein Stellvertreter Karl Przibram konnten noch kurze Zeit als Gäste am Institut bleiben, bis sie es nach einer Hetzkampagne verlassen mussten. Przibram emigrierte nach Belgien, Meyer konnte in Bad Ischl die NS-Diktatur überleben. Stetter und Ortner sind in Abbildung 2.7 abgebildet.[118]

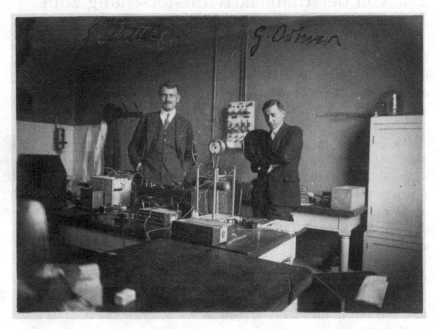

Abbildung 2.7: Die Wiener Physiker Georg Stetter und Gustav Ortner. Beide profitierten 1938 vom *Anschluss* Österreichs an NS-Deutschland. Göteborg University, Archives, Hans Pettersson Papers, H 212:2a.

Stetter reichte am 14. Juni 1939 ein Patent beim Reichspatentamt ein. Wie er sich mehr als 20 Jahre später erinnerte, geschah dies auf Anraten ei-

---

118 Reiter, „Österreichische Wissenschaftsemigration am Beispiel des Instituts für Radiumforschung der Österreichischen Akademie der Wissenschaften"; Reiter, „Stefan Meyer", S. 122f.

nes ausländischen Kollegen, der ihm die Patentierung dringend empfahl.[119] Eine Abschrift des Patents „Technische Energiegewinnung mit Hilfe von Kernreaktionen" ist in Stetters Personalakte am Universitätsarchiv Wien erhalten.[120] Eine weitere Abschrift ist im Archiv der Österreichischen Akademie der Wissenschaften vorhanden.[121] Darüber hinaus befindet sich eine dritte Abschrift in einem Teilnachlass Stetters, der in der Wiener Zentralbibliothek für Physik aufbewahrt wird. Dort ist im Wesentlichen der Patenstreit nach 1945 dokumentiert, sowie Stetters Aktivitäten nach dem Zweiten Weltkrieg.[122]

Es sei an dieser Stelle angemerkt, dass diese Abschriften nach 1945 entstanden, als Stetter in Thumersbach bei Zell am See, wo sich Teile der im Krieg ausgelagerten Wiener Institute befanden, versuchte, seine Patentansprüche geltend zu machen.[123] Nach Untersuchungen von Silke Fengler wurde der Patentantrag vom Heereswaffenamt als geheim klassifiziert. Das Patent wurde im Frühjahr 1941 von Karl Wirtz, einem Mitarbeiter am Kaiser-Wilhelm-Institut für Physik, und auch im deutschen *Uranverein* begutachtet, wobei Wirtz aber den innovativen Charakter des Patents verneinte, da es zum einen nicht über die Arbeit Flügges hinausgehe, zum anderen ein bereits vorliegendes Patent nicht berücksichtigt worden sei. Nach einem zweijährigen Streit zwischen Stetter und Wirtz verfolgte das Heereswaffenamt die Angelegenheit nicht weiter. Stetter gestand zwar Diskussionen mit Flügge ein, betonte aber im Verlauf des Streits immer wieder, dass das Patent über Flügges Betrachtungen hinausgehe.[124]

119 Michael Higatsberger. „Die Idee des heterogenen Kernspaltungsreaktors". In: *Das Atomkraftwerk. Beilage zur österreichischen Zeitschrift für Energiewirtschaft* 6 (1963), S. 1–3.
120 UAW, NL Stetter, Sch 312, Inv. 131.410
121 AÖAW, FE-Akten, Radiumforschung, NL Karlik, Fiche 812: Abschrift der Patentanmeldung von Georg Stetter, Technische Energiegewinnung mit Hilfe von Kernreaktionen, Wien, 1939.
122 Zentralbibliothek für Physik (ZBP), Wien, NL Stetter.
123 AÖAW, FE-Akten, Radiumforschung, NL Karlik, Fiche 812: G. Stetter betr. Österreichisches Eigentumsrecht an der Erfindung der Uranmaschine vom 23.8.1945.
124 Fengler, *Kerne, Kooperation und Konkurrenz*, S. 294f.

In seiner Patentschrift schlug Stetter zwei Varianten zur Energiegewinnung aus Kernreaktionen vor. Einerseits durch Spaltung leichter Kerne, wie Lithium, auf Basis von Reaktionen, wie

$$^{6}_{3}\text{Li} + ^{1}_{0}\text{n} \rightarrow ^{4}_{2}\text{He} + ^{3}_{1}\text{H}$$

$$^{6}_{3}\text{Li} + ^{2}_{1}\text{H} \rightarrow 2^{4}_{2}\text{He},$$

und andererseits durch Spaltungsreaktionen schwerer Kerne, insbesondere des Uran. Die Mehrzahl der sehr allgemein gehaltenen Patentansprüche bezog sich auf die Spaltungsreaktionen von Uran. Stetter hob eingangs als Grundgedanken die Nutzung der Spaltneutronen für weitere Spaltungsprozesse hervor; bisher seien nur Einzelprozesse untersucht worden. Des Weiteren sei ein Isotop mit möglichst großem Wirkungsquerschnitt für die Spaltung zu wählen Unter der Verwendung von langsamen (thermischen) Neutronen wäre es möglich, durch geeignete Materialien die Spaltneutronen wieder in das Spaltmaterial zurückzustreuen. Dies schien für Stetter der entscheidende Schritt:

> Solche Vorgänge [die Rückstreuung der Spaltneutronen] kann man auch steuern (also langsam abbrennen), sei es durch Nähern oder Entfernen des streuenden Materials, sei es durch Beimengung absorbierender (aber keine Neutronen liefernder) Substanzen; schließlich auch dadurch, dass man den oben erwähnten, durch die geometrische Anordnung bedingten Wahrscheinlichkeitsfaktor um ein geringeres kleiner als I wählt; die erzeugte Energie ist dann einfach proportional der Initialenergie, also etwa der von einem Ra-Be-Präparat gelieferten Neutronenmenge. Beispiel: Eine dünne Platte vom Uranisotop 235, beiderseits bedeckt von dickeren Paraffinplatten oder etwa gleich vom Wasser eines zu heizenden Dampfkessels, bestrahlt mit Ra-Be-Neutronen, bildet einen Heizkörper von ungeheurem Wärmevorrat. Der Gefahr der Explosion kann hier schon durch die Verwendung der langsamen Neutronen vorgebeugt werden, da bei entsprechender geometrischer Anordnung der oben erwähnte Wahrscheinlichkeitsfaktor unter seinen kritischen Wert sinkt, sodass man geradezu auf eine beliebige Temperatur einstellen kann.[125]

In der Verhandlung des Stetterschen Patentantrages wurden zwei Hauptkritikpunkte formuliert. Zum einen bezüglich der leichten Kerne. Hier habe

---

125 Technische Energiegewinnung mit Hilfe von Kernreaktionen, Abschrift, S. 2. ZBP, Nachlass Stetter.

Stetter das deutsche Patent 662036 nicht berücksichtigt. Dieses Patent hatten die beiden Physiker Fritz Lange und Arno Brasch für die deutsche AEG am 21. Dezember 1934 beim Reichspatentamt eingereicht, veröffentlicht wurde es am 2. Juli 1938. In dem „Verfahren zur Anregung und Durchführung von Kernprozessen"[126] behandelten Brasch und Lange Kernreaktionen, die unter Hochspannung in Gasentladungsröhren stattfanden. Wirtz stellte diesbezüglich die Verwertbarkeit des Stetterschen Antrages in Frage: „Es ist wahrscheinlich, dass diese Kernreaktionen niemals auf der Erde zu praktischer Energieerzeugung herangezogen werden können."[127]

Im Folgenden riet Wirtz dazu, dass Stetter seine Patentansprüche schärfen und sich rein auf die Verbrennung von Uran 235 konzentrieren solle. Damit würden die Ansprüche des Patents von Brasch und Lange unberührt bleiben. Das prüfende Oberkommando des Heeres kam zu dem Schluss, dass Flügges Abhandlung „alle wesentlichen Gedanken der Anmeldung"[128] enthielt und eröffnete Stetter zugleich die Möglichkeit, sich auf den § 2 Abs. 2 des Patentgesetzes zu berufen, der beinhaltet, dass die Flüggesche Publikation nicht zu berücksichtigen ist, wenn sie auf Stetters Gedanken beruht.[129] Stetter erwiderte, dass es durchaus zu Treffen mit Flügge vor dessen Publikation gekommen sei und Stetter gerne zu einer entsprechenden Erklärung bereit wäre, sofern Flügge dies ebenfalls täte und keine Ansprüche erheben würde.[130]

In den Akten liegen solche Erklärungen nicht vor. Flügge war gut in den Berliner Kontext eingebunden, und es dürfte auszuschließen sein, dass hier, wie Stetters Äußerungen nahelegen, ein Plagiat vorliegt. Ebenso unwahrscheinlich erscheint es, dass die Stettersche Anmeldung bewusst margina-

---

126 Arno Brasch und Fritz Lange. *Verfahren zur Anregung und Durchfuehrung von Kernprozessen*. DE Patent 662,036. Juli 1938.

127 AMPG: I. Abt. Rep. 34 Akte Nr. 57/2-57/3: Brief von Karl Wirtz an das Oberkommando des Heeres vom 2. Juli 1941.

128 AMPG, Abt. I, Rep. 34, Nr. 73/3 BBrig: Brief des Oberkommando des Heeres an Georg Stetter vom 21. Juli 1941.

129 § 2. [1] Eine Erfindung gilt nicht als neu, wenn sie zur Zeit der Anmeldung (§ 26) in öffentlichen Druckschriften aus den letzten hundert Jahren bereits derart beschrieben oder im Inland bereits so offenkundig benutzt ist, daß danach die Benutzung durch andere Sachverständige möglich erscheint. [2] Eine innerhalb von sechs Monaten vor der Anmeldung erfolgte Beschreibung oder Benutzung bleibt außer Betracht, wenn sie auf der Erfindung des Anmelders oder seines Rechtsvorgängers beruht. (Deutsches Patentgesetz, veröffentlicht am 1. Oktober 1936.)

130 AMPG, Abt. I, Rep. 34, Nr. 73/3: Brief von Georg Stetter an das Oberkommando des Heeres vom 29. August 1941 .

lisiert wurde: Ein vergleichender Blick auf Flügges Ausführungen macht klar, dass sie bereits vieles von Stetters vagen Ansprüchen vorwegnahmen. So verbleibt noch Fenglers sprichwörtliche Umschreibung, dass mit Wirtz als Gutachter „der Bock zum Gärtner gemacht wurde", da Wirtz als Teil der KWI-Gruppe selbst an einer Patenteinreichung beteiligt war.[131] Fengler lässt offen, ob Wirtz das Stettersche Patent bereits bekannt war, als er an dem der KWI-Gruppe arbeitete. Nach obiger Analyse des Flüggeschen Aufsatzes und des Stetterschen Patentantrages zeigt sich, dass dies auch unerheblich war: Es handelte sich um das Wissen der Zeit, das in konkurrierenden Forschungsgruppen zirkulierte. Das macht auch ein Blick auf das Patent der KWI-Gruppe deutlich.

Das von den Mitarbeitern der Gruppe ausgearbeitete Patent „Technische Energiegewinnung, Neutronenerzeugung und Herstellung neuer Elemente durch Spaltung von Uran oder verwandten schweren Elementen" wurde 1941 eingereicht und als geheime Kommandosache eingestuft.[132] Damit fiel es ebenfalls unter die Zuständigkeit des Oberkommandos des Heeres. Die Patentschrift nahm Bezug auf die Arbeiten von Hahn und Straßmann, sowie die Arbeit von Flügge. Sie ging ebenfalls von einer Schichtenanordnung von Uran und einer Bremssubstanz aus. Das Problem bestand jedoch darin, dass die bei der Kernspaltung von Uran 238 frei werdenden Neutronen, durch inelastische Stöße abgebremst werden, allerdings nur in einem mittleren Energiebereich, in dem sie dann gut von den Uran 238 Kernen eingefangen werden können. Damit erreichten diese Spaltneutronen nie die Geschwindigkeit, die notwendig war, um weitere Spaltungen hervorzurufen.

Deshalb sah die KWI-Gruppe es als stimmig an, die Anordnung so zu wählen, dass die Spaltneutronen die Uranschicht verlassen, um in einem Moderator auf thermische Geschwindigkeit gebremst zu werden und im Anschluss wieder in das Uran einzutreten, um dort weitere Spaltprozesse auszulösen. So ergaben sich die folgenden Anforderungen an die Schichtdicken: Damit die Neutronen stark genug, aber nicht zu stark abgebremst werden, darf die Bremsschicht weder zu dick noch zu dünn sein. Die reagierende Schicht darf ebenfalls weder zu dick noch zu dünn sein, denn die Spaltneutronen müssen sie einerseits, ohne eingefangen zu werden, verlassen und anschließend wieder tief genug in sie eindringen können. Andererseits muss sie dick genug sein, damit eine selbsterhaltende Kettenreaktion

131 Fengler, *Kerne, Kooperation und Konkurrenz*, S. 295.
132 AMPG, Abt. I, Rep. 34, Nr. 73/3 BBrig:„Technische Energiegewinnung, Neutronenerzeugung und Herstellung neuer Elemente durch Spaltung von Uran oder verwandten schweren Elementen."

stabil bleibt. Anschließend erfolgte in der Patentschrift eine detaillierte mathematische Betrachtung zur Bestimmung der Schichtdicken unter Berücksichtigung aller auftretenden Parameter; selbst mögliche Verunreinigungen des Urans wurden in Betracht gezogen. Als Moderator schieden sämtliche Verbindungen mit gewöhnlichem Wasserstoff aufgrund der zu hohen Neutronenabsorption aus. Für schweres Wasser D_2O als Moderator ermittelte die KWI-Gruppe eine ideale Schichtdicke für ebene Platten von 1 cm Uran und 18 cm D_2O.

Unter Verwendung experimenteller Daten folgte eine mathematische Abschätzung der Dimensionierung, ebenso die Einstellung der gewünschten und stabilen Betriebstemperatur durch die Wahl der Geometrie der Uranmaschine. Das „Anlassen der Maschine" sollte entweder durch Einfüllen des Moderators erfolgen oder durch Entfernen eines Neutronenabsorbers, wie beispielsweise Cadmium. In einem Ausblick am Ende der Beschreibung der Uranmaschine folgt der Hinweis, dass es auch möglich ist, andere Substanzen als natürliches Uran in Schichten zu einer Uranmaschine anzuordnen, sofern sie neutronenerzeugende Spaltprozesse durchlaufen. Als Beispiel nannten die Autoren das neu entdeckte „Element 94", heute Plutonium genannt, oder Uran 235. Abschließend formulierten die Autoren 15 Patentansprüche von der Anordnung über die Geometrie bis hin zum Inbetriebsetzen einer Uranmaschine.[133]

Der Unterschied zu Stetters Patenantrag wird deutlich: Der Patentantrag der KWI-Gruppe offenbarte die Erfindung in einer Weise, so dass sie von einem Fachmann ausgeführt werden konnte, und erfüllte damit eine der wesentlichen Voraussetzungen zur Erteilung eines Patents. Stetters Patentschrift aus dem Juni 1939 musste notgedrungen vage bleiben und konnte kaum über Flügges Aufsatz hinausgehen, da wesentliche Daten und experimentelle Erfahrungen zu diesem Zeitpunkt noch nicht zur Verfügung standen. Von einer Marginalisierung der österreichischen Aktivitäten kann in diesem Zusammenhang nicht gesprochen werden. Denn auch die Berliner Patentansprüche wurden vom Reichspatentamt zunächst zurückgewiesen.[134]

Auch nach Kriegsende kam es zu einem erneuten Streit, als Stetter für sein Patent unter Hinweis auf die Kriegsgeschehnisse zunächst im Jahr 1950 die Wiederbehandlung beim Deutschen Patentamt verlangte. Gegen die Pa-

---

133 AMPG, Abt. I, Rep. 34, Nr. 73/3 BBrig: „Technische Energiegewinnung, Neutronenerzeugung und Herstellung neuer Elemente durch Spaltung von Uran oder verwandten schweren Elementen."
134 Karlsch, *Hitlers Bombe*, S. 74.

tentanmeldung hatten die schweizerische Firma Brown, Boveri & Cie. und die westdeutsche AEG Einsprüche angemeldet. Diese bezogen sich zunächst wieder auf Flügges Aufsatz. Stetter betonte in seiner Erwiderung, dass seine grundlegende Idee, nämlich die räumliche Trennung von Moderator und Brennmaterial, bei Flügge nicht klar formuliert sei und Stetter der erste gewesen sei, der die Verwendung von angereichertem Uran vorgeschlagen habe.[135] AEG und Brown Boveri hielten jedoch an ihren Einwänden fest und ergänzten diese 1955 durch ein Patent der Pariser Arbeitsgruppe der Physiker Jean Fredéric Joliot, Hans Halban, Lew Kowarski. Die drei hatten das Patent mit dem Titel „Verfahren zur Stabilisierung einer Energieerzeugungseinrichtung" für einen heterogenen Kernreaktor am 2. Mai 1939 in Frankreich eingereicht und am 29. April 1940 beim Deutschen Patentamt, also innerhalb des Jahres, das notwendig war, um ihre Prioritätsansprüche auch in Deutschland zu sichern. Kurz vor der Besetzung Frankreichs im Juni 1940 durch NS-Deutschland setzten sich die drei Wissenschaftler nach Großbritannien ab. Der Prozess der Patentierung kam erst deutlich nach Kriegsende im Jahr 1953 mit der Bekanntmachung des Patents wieder in Schwung. In diesem Patent waren die räumliche Trennung und auch eine Einstellbarkeit des Moderators klar formuliert. Stetter formulierte in der Diskussion um sein Patent die Patentansprüche kontinuierlich um. Schließlich bestritten AEG und Brown Boveri, dass die neuen Patentansprüche aus denen des Jahres 1939 hervorgingen. Schließlich versagte das Deutsche Patentamt im Mai 1957 die Erteilung des Patents.[136]

Daraufhin beantragte Stetter im Juni 1958 das Patent für eine „Vorrichtung zur technischen Energiegewinnung mit Hilfe von Kernspaltungsreaktionen" beim Österreichischen Patentamt. Nachdem die Einspruchsfrist ereignislos in Österreich verstichen war, fällte das Patentamt im Juni 1961 den Beschluss, das Patent mit der Nummer 219170 zu erteilen.[137] Wieder stellte sich die Frage, ob Stetters Erfindung bereits durch Flügges Aufsatz vorweggenommen worden sei oder nicht, und auch das Patent der französischen Gruppe wurde angeführt.[138] Jedenfalls trug die Debatte zu einer Schärfung von Stetters Argumenten bei, denn in seinen ersten beiden, 1958

---

135 ZBP, NL Stetter, Brief von Georg Stetter an den Insbrucker Patenanwalt Robert Walter vom 1.5.1954.

136 ZBP, NL Stetter, Briefwechsel zwischen Georg Stetter und seinem Patentanwalt Robert Walter aus den Jahren 1954-1963.

137 ZBP, NL Stetter, Österreichisches Patentamt an den Patentanwalt Robert Walter, 21.10.1961.

138 ZBP, NL Stetter.

beim Österreichischen Patentamt eingereichten, Patentansprüchen formulierte er:

1. Vorrichtung zur technischen Energiegewinnung mit Hilfe von Kernspaltungsreaktionen, wobei außer den eigentlichen Spaltsubstanzen (Brennstoff) und gegebenenfalls neutronenabsorbierende Substanzen (Absorber) verwendet sind, dadurch gekennzeichnet, daß die Spaltsubstanzen (Brennstoff) von den neutronenstreuenden Substanzen (Moderator) räumlich getrennt angeordnet sind.

2. Vorrichtung nach Anspruch 1, dadurch gekennzeichnet, dass als Spaltsubstanz (Brennstoff) ein reines Isotop mit großem Spaltwirkungsquerschnitt vorzugsweise für thermische Neutronen, z.B. Uran 235 bzw. eine mit einem solchen Isotop angereicherte Substanz verwendet ist.[139]

Die „räumliche Trennung", die im Jahr 1958 klar von Stetter formuliert wurde, lässt sich in der Abschrift des 1939er Antrages nicht in dieser Klarheit finden. Die Bedeutung der Wahl eines Isotops mit geeignetem Wirkungsquerschnitt, die Rolle des Moderators und Absorbers gingen aus den Abschätzungen Flügges bereits hervor, ebenso die Bedeutung der Wahl der Geometrie für eine sich selbst erhaltende Kettenreaktion. Das österreichische Patent wurde beantragt und erteilt, als der Bau der beiden Forschungsreaktoren in Seibersdorf und Wien bereits beschlossen war. Als diese Reaktoren in Betrieb gingen und erste Briefe bezüglich Stetters Patentansprüchen bei der Österreichischen Studiengesellschaft zur Förderung der Atomenergie eingingen, entschied sich deren Geschäftsführer Michael Higatsberger kurzerhand zu einem Kauf des Patents und bereitete so weiteren Diskussionen ein Ende.[140]

Die Schwierigkeiten, Stetters seine eigene Leistung im Patentverfahren gegenüber der anderer Gruppen, wie der Pariser Gruppe um Joliot oder der Berliner Gruppe um Wirtz abzugrenzen, machen deutlich, dass es sich um ein zum damaligen Zeitpunkt weit verbreitetes Wissen handelte, das durch Publikationen wie Flügges Aufsatz offenkundig war und zwischen den einzelnen Gruppen zirkulierte. Vielmehr liegt wohl ein in der Wissenschaftsgeschichte häufig auftretender Fall einer gleichzeitigen Entdeckung vor.[141] Das Wissen zirkulierte zwischen den Gruppen in Form von Publi-

---

139 Higatsberger, „Die Idee des heterogenen Kernspaltungsreaktors", S. 1.
140 Higatsberger, „Die Idee des heterogenen Kernspaltungsreaktors".
141 Thomas S. Kuhn. „Die Erhaltung der Energie als Beispiel gleichzeitiger Entdeckung 1978". In: *Die Entstehung des Neuen. Studien zur Struktur der Wissenschaftsgeschichte*. Frankfurt am Main, 1978, S. 125–168.

kationen und persönlicher Kommunikation, die vor Beginn des Zweiten Weltkrieges nicht eingeschränkt war.

3 Alltag und Praktiken im deutschen Uranverein

3.1 Die Anfänge des Uranvereins

Den organisatorischen Rahmen für die Arbeit der KWI-Gruppe und der Wiener Gruppe bildete der deutsche *Uranverein*. Stand früher in der historischen wissenschaftshistorischen Forschung eine Polykratie des NS-Machtsystems im Vordergrund[142] und die Konkurrenz verschiedener sich teilweise lähmender Institutionen, so konzentrieren sich aktuelle Arbeiten auf Ressourcen und ihre wechselseitige Akquirierung durch verschiedene soziale Gruppen, wie Wissenschaft, NS-Staat, Industrie und Militär.[143] All diese Charakteristika für Wissenschaft im NS-Staat zeigen sich auch im Rahmen des deutschen *Uranvereins*, bereits von dessen Beginn an. Ebenso zeigt sich ein weiteres Charakteristikum: Es waren die Physiker, die an die Machthaber herantraten und ihnen die Möglichkeiten der Kernspaltung offenbarten. Wissenschaftler gingen auf die NS-Machthaber zu, und versuchten in einem wechselseitigem System der Ressourcenakquirierung Angebote zu machen und Nutzen zu ziehen. Im April 1939 referierte in Göttingen der Physiker Wilhelm Hanle über die Nutzung der Kernspaltung und die Möglichkeit einer Uranmaschine. Hanle war 1924 in Göttingen bei dem von den Nationalsozialisten vertriebenen James Franck promoviert worden und war nach Stationen in Jena und Leipzig 1937 vom Reichserziehungsministerium wieder nach Göttingen versetzt worden. Im Anschluss verfasste Georg Joos, der Nachfolger Francks, gemeinsam mit Hanle einen Brief an das Reichserziehungsministerium, in dem er auf die Möglichkeiten eines Uranbrenners

---

142 Martin Broszat. *Der Staat Hitlers*. München, 1969; Beyerchen, *Wissenschaftler unter Hitler. Physiker im Dritten Reich*; Reinhard Kühnl. *Faschismustheorien*. Heilbronn, 1990.

143 Hachtmann, Flachowsky und Schmaltz, *Ressourcenmobilisierung. Wissenschaftspolitik und Forschungspraxis im NS-Herrschaftssystem*; Mitchell Ash. „Die Kaiser-Wilhelm-Gesellschaft im Nationalsozialismus". In: *NTM* (2010), S. 79–118; Ash, „Wissenschaft und Politik als Ressourcen für einander".

© Springer Fachmedien Wiesbaden GmbH, ein Teil von Springer Nature 2019
C. Forstner, *Kernphysik, Forschungsreaktoren und Atomenergie*,
https://doi.org/10.1007/978-3-658-25447-6_3

sowie die eines hocheffizienten Sprengstoffes hinwies. Unter Leitung des Jenaer Physikers Abraham Esau, dem die Fachsparte Physik im Reichsforschungsrat unterstand, fand am 29. April 1939 in Berlin ein — mit heutigen Worten gesprochen — Gründungsworkshop für einen *Uranverein* statt.[144]

Der Reichsforschungsrat wurde im März 1937 im Zuge des Vierjahresplans gegründet mit dem Ziel einer planmäßigen Organisation und Zusammenfassung der Forschung. Seine Gründung markiert den Beginn eines Übergangs von einer freien zu einer steuernden Forschungsförderung durch das NS-Regime. Zunächst bezog sich der Reichsforschungsrat lediglich auf die Forschung, die dem Reichserziehungsministerium unterstand. Forschungsarbeiten der Industrie und der Wehrmacht blieben zunächst außen vor. Personell und auch auf der Verwaltungsebene war er eng mit der Deutschen Forschungsgemeinschaft verbunden. Zum ersten Präsidenten des Reichsforschungsrates wurde Karl Becker, zu diesem Zeitpunkt designierter Leiter des Heereswaffenamts, ernannt. Damit war eine Querverbindung zur Wehrmacht hergestellt. Der Reichsforschungsrat begutachtete und vergab die Gelder. Im Gegensatz zur Deutschen Forschungsgemeinschaft übernahm er damit auch inhaltliche Entscheidungen. Die Leitung der jeweiligen Fachausschüsse der Deutschen Forschungsgemeinschaft wurden von den Fachspartenleitern übernommen.[145]

Im Falle der Physik übernahm 1937 der Jenaer Physiker Abraham Esau diese Funktion. Als Vertreter der technischen Physik verfügte er über gute Industriekontakte. Bereits früh hatte er sich in den Dienst der thüringischen NS-Propaganda gestellt und mit seinen Forschungen in der Hochfrequenzphysik zum Aufbau des UKW-Radios in Thüringen beigetragen. 1939 löste er Johannes Stark als Präsident der Physikalisch-Technischen Reichsanstalt ab. 1939 wurde er zum Bevollmächtigten des Generalfeldmarschalls für Kernphysik ernannt.[146]

Parallel zu den Aktivitäten des Reichsforschungsrates nahmen der Hamburger Physikochemiker Paul Harteck und sein Assistent Wilhelm Groth mit einem Brief vom 24. April 1939 Kontakt zu Erich Schumann, dem Leiter der Forschungsabteilung des Heereswaffenamtes (HWA), auf und

---

144 Walker, *Die Uranmaschine*, S. 30.
145 Sören Flachowsky. *Von der Notgemeinschaft zum Reichsforschungsrat. Wissenschaftspolitik im Kontext von Autarkie, Aufrüstung und Krieg.* Stuttgart, 2008, S. 233-236.
146 Dieter Hoffmann und Rüdiger Stutz. „Grenzgänger der Wissenschaft: Abraham Esau als Industriephysiker, Universitätsrektor und Forschungsmanager". In:*»Kämpferische Wissenschaft«. Studien zur Universität Jena im Nationalsozialismus.* Hrsg. von Uwe Hoßfeld u. a. 2003, S. 136–179.

wiesen deutlich auf die Möglichkeit eines neuen Sprengstoffes hin. Die Bedeutung der Kernspaltung für die Kriegspläne des Deutschen Reichs waren zunächst noch unklar: Sollte das Potenzial gering sein, so galt dies ebenfalls für die potenziellen Kriegsgegner. Sollte sich die Kernforschung aber als kriegsrelevant erweisen, so wäre die Gefahr eines Versäumnisses zu groß, wenn man die Kernspaltung nicht weiter untersuchen würde. Mit dem Projekt beauftragte das HWA Kurt Diebner, der 1931 sein Physikstudium in Halle mit der Promotion abgeschlossen hatte und 1934 von der Physikalisch-Technischen Reichsanstalt in die Forschungsabteilung des Heereswaffenamtes wechselte, wo er als Kernphysiker und Sprengstofffachmann tätig war. Im Oktober 1939 teilte das Heereswaffenamt der Kaiser-Wilhelm-Gesellschaft mit, dass es beabsichtige, das KWI für Physik im Interesse kriegswichtiger Forschung zu beschlagnahmen. Der bisherige Direktor des KWI für Physik, Peter Debye, war nicht gewillt, seine holländische Staatsbürgerschaft aufzugeben und die deutsche anzunehmen. In einem Kompromiss mit dem Reichserziehungsministerium entschied er sich für eine Gastprofessur an der amerikanischen Cornell University und wurde am KWI bei vollen Bezügen beurlaubt. Zum Verwaltungsdirektor des Instituts wurde Kurt Diebner berufen, die KWG fügte sich. Unter seiner Führung übernahm das HWA die Organisation des *Uranvereins*, und das KWI für Physik wurde zu einer der zentralen Schnittstellen im deutschen Atomprojekt. Diebner bat Werner Heisenbergs Assistenten Erich Bagge, der ihm bereits aus dem Vorfeld bekannt war, um Unterstützung bei der Suche nach geeigneten Personen zur Mitarbeit im *Uranverein*.[147]

So kam es, dass Heisenberg, der zu diesem Zeitpunkt eine Professur in Leipzig innehatte, zu einer weiteren zentralen Person im deutschen *Uranverein* wurde. Bagge teilte Heisenberg am 25. September 1939 mit, dass er am folgenden Tag in Berlin an einer Konferenz unter Leitung des HWA in dessen Forschungszentrale in der Hardenbergstraße teilzunehmen habe. Heisenberg reiste noch in der Nacht nach Berlin, um an der Konferenz teilzunehmen. In den folgenden zweieinhalb Monaten erstellte er ein Gutachten mit dem Titel „Die Möglichkeit der technischen Energiegewinnung aus der Uranspaltung"[148] und machte sich damit zum führenden Spezialisten

---

147 Walker, „Waffenschmiede", S. 353-356.
148 Archiv des Deutschen Museums München, G-39, online einsehbar unter http://www.deutsches-museum.de/archiv/archiv-online/geheimdokumente/forschungszentren/leipzig/energie-aus-uran/dokument-24/, eingesehen am 8. Juni 2014.

im Bereich der Kernspaltung in Deutschland. Zwischen ihm und Diebner sollte fortan ein scharfes Konkurrenzverhältnis bestehen.[149]

Zielsetzung Heisenbergs in diesem Gutachten war, die Fragen in Flügges Artikel[150] detaillierter zu evaluieren. Dazu nahm er an, dass die Deutung des Spaltungsprozesses von Niels Bohr und dem amerikanischen Physiker John A. Wheeler auf Basis des Tröpfchenmodells vom Juni 1939 richtig war, und insbesondere das Uranisotop $^{235}_{92}$U für die Spaltprozesse mit thermischen Neutronen verantwortlich ist.[151] Ebenso zog er eine Anfang Juli 1939 in der *Physical Review* publizierte Arbeit von Herbert L. Anderson, Enrico Fermi und Leo Szílard zur Produktion und Absorption von Neutronen in Uran für seine Machbarkeitsstudie heran.[152]

Darin gaben die drei Physiker der Columbia University, New York, eine Abschätzung der beim Spaltprozess frei werdenden Neutronen. Sie hatten in einen zylindrischen Tank mit einem Volumen von 540 Litern 52 Zylinder mit einem Durchmesser von 5cm und 60cm Länge, die mit Uranoxid gefüllt waren, eingebracht. Im Zentrum befand sich eine Ra+Be-Neutronenquelle, umgeben waren die Zylinder mit einer 10%igen $MnSO_4$-Lösung. Dabei ging es um eine Abschätzung der Neutronenvermehrung, des Einfangs der thermischen Neutronen in Wasserstoff und Uran 238 sowie den Resonanzeinfang von Neutronen in Uran 238, also der Größen, die Flügge noch auf theoretischem Niveau diskutierte.

Darauf aufbauend schätzte Heisenberg ab, wie groß die Anzahl der Neutronen ist, die pro absorbiertem thermischen Neutron entsteht. Dazu war notwendig, zunächst die Wahrscheinlichkeit für einen Resonanzeinfang zu bestimmen, bevor ein schnelles Neutron den thermischen Bereich erreicht. Zielsetzung musste sein, eine Konstruktion so zu wählen, dass der Resonanzeinfang minimiert wird. Heisenberg unterschied in seinen Abschätzungen zwei Fälle: Uran oder eine Uranverbindung in einer Lösung mit einem anderen Stoff (homogen) oder räumlich in größeren Stücken getrennt vom umgebenden Stoff (heterogen). Aus den allgemeinen theoretischen Betrachtungen konnte er zeigen, dass eine homogene Lösung günstiger war als die

---

149 David C. Cassidy. *Werner Heisenberg. Leben und Werk.* Heidelberg, Berlin, Oxford, 1995, S. 512-516.

150 Flügge, „Energieinhalt der Atomkerne".

151 Niels Bohr und John Archibald Wheeler. „The Mechanism of Nuclear Fission". In: *Physical Review* 56 (1939), S. 426–450.

152 Herbert L. Anderson, Enrico Fermi und Leo Szilard. „Neutron Production and Absorption in Uranium". In: *Physical Review* 56 (1939), S. 284–286.

von Anderson, Fermi und Szílard gewählte Geometrie (vgl. Abbildung 3.1 auf Seite 57).

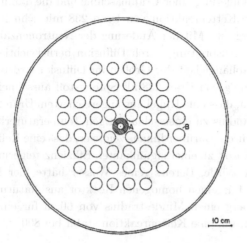

Abbildung 3.1: Die von Anderson, Fermi und Szilard gewählte Versuchsgeometrie, die Heisenberg als Grundlage für seine Abschätzungen diente. Am Punkt A befand sich die RaBe-
Neutronenquelle, B ist einer der mit Uranoxid befüllten
Zylinder. Nach Anderson, Fermi und Szilard 1939, S. 284.

Er wies aber zugleich auf einen Vorschlag von Paul Harteck hin, dass durch eine günstig gewählte Geometrie der Resonanzeinfang weiter herabgesetzt werden kann. Anschließend betrachtete er Lösungen in Wasser und in schwerem Wasser D_2O. Dabei wies er nach, dass eine Lösung in Wasser stets zu einer Neutronenverminderung führen muss und ein Uran-Wasser-Gemisch für die Kernspaltung ungeeignet ist. Als sicherste Methode erschien ihm eine Anreicherung von Uran 235. Ab einem Anreicherungsgrad von 30% wäre eine selbsterhaltende Kettenreaktion äußerst wahrscheinlich, ab 50% Anreicherungsgrad wäre sie sicher. Aufgrund des zu erwartenden Kostenaufwands einer Anreicherung schlug er die Verwendung einer Bremssubstanz vor, die ähnliche Bremseigenschaften wie H_2O besitzt, aber weniger Neutronen absorbiert.

Heisenberg stellte in einer Tabelle die verschiedenen experimentell ermittelten oder theoretisch abgeschätzten Wirkungsquerschnitte für Wasserstoff, Deuterium, Kohlenstoff, Sauerstoff und Uran zusammen. Dabei zeigte sich, dass ein Gemisch aus schwerem Wasser und Wasser als Moderator zu einer Neutronenvermehrung führen würde. Aufgrund der großen freien Weglängen bis zum Eintreten eines Ereignisses wies er auf die notwendige große Dimensionierung einer Uranmaschine und die damit verbundenen Kosten hin. Eine Kettenreaktion von Uran 238 mit schnellen Neutronen schloss Heisenberg aus. Mit der Änderung der Neutronenzahl musste Heisenberg auch die Ausbreitung durch Diffusion berücksichtigen. Aufgrund der Temperaturabhängigkeit der Größen im Diffusionsprozess konnte Heisenberg die Eignung von Uran 238 als Sprengstoff ausschließen. Vielmehr wies er darauf hin, dass eine Kugel aus angereichertem Uran 235 mit einem ausreichendem Radius zu einer schlagartigen Temperaturerhöhung auf ca. 10^{12} °C führen würde. Darüber hinaus zeigte er, dass eine Reflexionsschicht, aus einem Moderator, zu einer signifikanten Effizienzsteigerung einer Uranmaschine führen würde. Bereits reines Wasser hätte hier klare Vorzüge gegenüber Luft. Für einen homogenen Reaktor aus Natururan und D_2O schätzte Heisenberg einen Mindestradius von 60cm für eine von Wasser umgebene Kugel, um eine Kettenreaktion stabil bei 800° C in Betrieb zu halten.

Im nächsten Schritt untersuchte Heisenberg eine räumlich getrennte Anordnung von Uran und Moderator in allgemeinster Form. Dabei stellte er fest, dass auch hier reines H_2O als Moderator ungeeignet ist und nur zu einer geringen Neutronenverminderung führt. Anschließend gab er eine Abschätzung für D_2O als Moderator und die Abmessungen für einen zu erwartenden Reaktor: Als günstigste Plattendicken ergaben sich 4 cm mit Zwischenräumen von 11,5 cm, die mit D_2O aufgefüllt sind, mit einer Komplettgröße von $1,2m^3$. Durch eine geometrisch noch zweckmäßigere Lösung hoffte Heisenberg, die Größe noch um den Faktor 2-3 reduzieren zu können. Für Graphit als Moderator erhöhte sich der Plattenabstand auf 33 cm, und es ergab sich ein notwendiges Volumen von 3 m^3, um eine selbsterhaltende Kettenreaktion zu erreichen. Dazu waren dann etwa 30 t Graphit und 25 t Uranoxid nötig. Abschließend betrachtete er noch eine Mischung von schwerem Wasser und Graphit als Moderator, bei der das Volumen und der Materialbedarf deutlich geringer ausfielen .[153]

In seiner Zusammenfassung stellte Heisenberg nochmals die ihm am wichtigsten erscheinenden Punkte zusammen:

---

153 Archiv des Deutschen Museums München, G-39, online einsehbar unter http://www.deutsches-museum.de/archiv/archiv-online/geheimdokumente/ forschungszentren/leipzig/energie-aus-uran/dokument-24/, eingesehen am 8. Juni 2014.

- Die Anreicherung von Uran 235 stellt den sichersten Weg hin zu einer funktionsfähigen Uranmaschine dar. Je höher der Anreicherungsgrad ist, umso kleiner kann die Maschine gebaut werden.

- Die Anreicherung von Uran 235 stellt den einzigen Weg hin zu neuen Explosivstoffen dar, „die die Explosionskraft der bisher stärksten Explosivstoffe um mehrere Zehnerpotenzen übertreffen."

- Zur Energiegewinnung kann auch Uran 238 in Verbindung mit schwerem Wasser oder Graphit als Moderator genutzt werde.

- Es ist unabdingbar für eine erfolgreiche Konstruktion, sämtliche Streu-, Wirkungs-, und Einfangquerschnitte experimentell exakt nachzuprüfen.

Heisenbergs Gutachten ist deshalb von zentraler Bedeutung, weil es die nächsten grundlegenden Arbeitsschritte, ebenso wie erste konkrete Abschätzungen hin zur Konstruktion einer Uranmaschine gab. Die noch im März und April 1940 in der Physical Review publizierten experimentellen Ergebnisse von amerikanischen Physikern wiesen eindeutig nach, dass Uran 235 für die Spaltung mit thermischen Neutronen verantwortlich war. Die US-Gruppe hatte in einem Massenspektrographen Uran 238 und 235 getrennt und die Proben mit Neutronen unterschiedlicher Geschwindigkeit beschossen.[154]

Die Annahmen, auf die Heisenberg sich stützte, schienen also korrekt zu sein. Dementsprechend gestaltete sich auch das Arbeitsprogramm der am *Uranverein* beteiligten Physiker: Bevor die ersten Reaktortests anliefen, wurden Versuche zu möglichen Moderatoren und auch zur Anreicherung von Uran 235 unternommen. Der Hamburger Physikochemiker Paul Harteck bestellte kurzerhand im Februar 1940 bei der I.G. Farben Trockeneis, Kohlendioxid in Festform, das zur Kühlung von Lebensmitteln verwendet wurde, und beim HWA 100-300kg Uran, sowie einen Eisenbahnwaggon, um das Trockeneis zu transportieren. Zu diesem Zeitpunkt waren die Uranvorräte des Deutschen Reichs allerdings knapp. Auch am KWI in Berlin und in Leipzig waren Reaktorversuche geplant. Schließlich erhielt Harteck ein Drittel der KWI-Bestände (50kg Uranoxid) sowie 150kg Uranoxid direkt von der *Auergesellschaft*. Die Menge war allerdings nicht ausreichend, um zu brauchbaren Ergebnissen zu gelangen. Abbildung 3.2 auf Seite 60 zeigt Hartecks Gruppe beim Versuchsaufbau in Hamburg.

---

154 Alfred O. Nier u. a. „Nuclear Fission of Separated Uranium Isotopes". In: *Physical Review* 57 (1940), S. 546; A. O. Nier u. a. „Further Experiments on Fission of Separated Uranium Isotopes". In: *Physical Review* 57 (1940), S. 748.

Abbildung 3.2: Paul Harteck beim Versuchsaufbau mit Trockeneis, um Kohlenstoff als Moderator zu testen. NL Thieme Universität Hamburg.

Kohlenstoff als Moderator wurde ebenfalls von Walther Bothe am KWI für medizinische Forschung in Heidelberg untersucht. Er verwendete Elektrographit der Firma Siemens, das die größte im Handel verfügbare Reinheit aufwies. Bothes Resultate waren aber negativ, Graphit schied nach seinen Messungen und Heisenbergs Überlegungen aus. Als Wilhelm Hanle in Göttingen von Bothes Ergebnissen erfahren hatte, begann er selbst Versuche durchzuführen, obwohl er, nachdem das HWA die Kontrolle über das Projekt erhalten hatte, in anderen Forschungsbereichen eingesetzt war. Hanle konnte zeigen, dass Bothes Graphit Spuren von Bor und Cadmium enthielt. Beide Elemente weisen einen hohen Absorptionsquerschnitt für Neutronen auf und verfälschten die Messergebnisse erheblich. Die Heidelberger Gruppe hatte das Graphit nach der Messung verbrannt, um die Verunreinigungen in den Rückständen zu untersuchen. Allerdings verflüchtigten sie sich dabei ebenfalls, wie Hanle zeigen konnte, und somit konnten sie von der Heidelberger Gruppe nicht nachgewiesen werden. Hanle leitete seine Ergebnisse an das HWA weiter, wo sie geprüft wurden. Dort sah man Kohlenstoff als möglichen Moderator an, verwarf ihn aber aufgrund von Heisenbergs Gutachten, da der Reaktor wesentlich größere Dimensionen aufweisen müsste, damit mehr Uran benötigen und mehr Kosten verursachen würde als ein mit D_2O moderierter.[155]

So konzentrierte sich der weitere Verlauf auf die Frage der Produktion und Beschaffung von schwerem Wasser. Die Amerikaner Edward Washburn und Harold Urey hatten kurz nach Ureys Entdeckung des Deuteriums gezeigt, dass bei der Elektrolyse von Wasser D_2O aufgrund der – in heutigen Worten gesprochen – im Vergleich zu H_2O niedrigeren Nullpunktsschwingungsenergie die Bindung wesentlich schwerer aufzubrechen ist und deshalb D_2O bei der Elektrolyse zurückbleibt.[156] Der Leipziger Physikochemiker Karl Friedrich Bonhoeffer hatte die Eigenschaften von schwerem Wasser bereits seit 1933 untersucht und schlug die norwegische Norsk Hydro als D_2O Produzent vor. Kurt Diebner versuchte über die I.G. Farben die kompletten Schwerwasservoräte (190 l) der Norsk Hydro zu erwerben. Diese lehnte jedoch ab. Darüber hinaus hatten Karl Wirtz während seiner Leipziger Zeit als Bonhoeffers Assistent, Paul Harteck bei Rutherford und der Münchner Physikochemiker Klaus Clusius zu schwerem Wasser und Produktionsmethoden geforscht. Harteck schlug ein katalytisches Verfahren vor, nahm Kontakt zu Bonhoeffer auf, der wiederum die I.G. Farben kontaktierte, die an einem solchen Verfahren Interesse zeigte. Nach dem deutschen Angriff auf Norwegen und der folgenden Besetzung im April 1940 beschloss das HWA, aus Kostengründen auf eine Produktion in Deutschland zu verzichten. Die Norsk Hydro wurde der I.G. Farben angegliedert und gezwungen, ihre Schwerwasserproduktion auszuweiten. Kurz vor dem deutschen Überfall war es den Norwegern jedoch gelungen, die kompletten Vorräte an D_2O Joliots Gruppe in Paris zu überlassen. Von dort gelangte das schwere Wasser nach Großbritannien und war so dem Zugriff NS-Deutschlands entzogen.[157]

Der zweite Weg, um zu einer funktionsfähigen Uranmaschine zu gelangen, war die Verwendung von angereichertem Uran 235. Hier wurden unterschiedliche Verfahren ausgetestet: das Clusius-Dickelsche Trennrohr, Thermodiffusionsverfahren, die Ultrazentrifuge, massenspektroskopische Verfahren. Keines der Verfahren schien in angemessener Zeit mit angemessenem

155 Walker, *Die Uranmaschine*, S. 39-41.
156 Edward W. Washburn und Harold C. Urey. „Concentration of the H^2 Isotope of Hydrogen by the Fractional Electrolysis of Water". In: *Proceedings of the National Academy of Sciences of the United States of America* 18 (1932), S. 496–498.
157 Karlsch, *Hitlers Bombe*; Walker, *Die Uranmaschine*, S. 41f.

Aufwand Erfolg zu versprechen. So fiel Ende 1941 der Entschluss des Heeres-waffenamtes, dass die Produktion von Kernenergie und Kernsprengstoffen über einen mit D_2O und $^{238}_{92}U$ betriebenen Reaktor erfolgen sollte.[158]

Bereits 1934 hatte Enrico Fermi in Rom die Umwandlung von Elemen-ten in solche mit der nächst höheren Ordnungszahl des Periodensystems beobachtet. Ein Element X mit der Kernladungszahl Z und der Massen-zahl A fängt ein Neutron ein und verwandelt sich unter Aussendung eines β-Teilchens in das neue Element Y mit der Ordnungszahl Z+1. Das heisst,

$$^{A}_{Z}X + ^{1}_{0}n \rightarrow ^{A+1}_{Z}X^* \xrightarrow{\beta} ^{A+1}_{Z+1}Y \qquad (3.1)$$

oder für Uran und die vermutete Halbwertszeit des angeregten Uran 239 Kerns von 23 Minuten

$$^{238}_{92}U + ^{1}_{0}n \rightarrow ^{239}_{92}U^* \xrightarrow[23,5min]{\beta} ^{239}_{93}Np. \qquad (3.2)$$

In der Folge beobachtete man, dass das Element 93 (heute: Neptunium) ebenfalls β-Strahlen aussandte, und vermutete nun das Element 94, dem, wie wir heute wissen, der folgende Prozess zugrunde liegt:

$$^{239}_{93}Np \xrightarrow[2,36d]{\beta} ^{239}_{94}Pu. \qquad (3.3)$$

Der exakte Nachweis von Plutonium gelang erstmals den amerikanischen Chemikern Glenn T. Seaborg, Arthur C. Wahl und Joseph W. Kennedy. Die im Januar 1941 eingereichte Arbeit wurde erst 1946 mit dem Zusatz „This letter was received for publication on the date indicated but was voluntarily withheld from publication until the end of the war" in der Physical Review publiziert.[159]

Auch im deutschen *Uranverein* konzentrierte man sich auf die Möglichkei-ten eines neuen Elements. Josef Schintlmeister in Wien beobachtete einen α-Strahler mit einer Reichweite von 1,8 cm. Seine Experimente ließen die begründete Vermutung zu, dass es sich um das neue Element 94 handelte. Die chemischen Eigenschaften, verbunden mit theoretischen kernphysika-lischen Abschätzungen, führten zwar zu keiner exakten Bestimmung des Elements, allerdings war klar, dass das neue Element durch Neutronen-

---

158 Walker, *Die Uranmaschine*, S. 42-48.
159 Glenn T. Seaborg, Arthur C. Wahl und Joseph W. Kennedy. „Radioactive Element 94 from Deuterons on Uranium". In: *Physical Review* 69 (1946), S. 367.

beschuss spaltbar war – in Abhängigkeit von seiner Massenzahl entweder durch schnelle oder thermische Neutronen. Schintlmeister betonte am Ende seines Berichts:

> Welche praktische Bedeutung es hätte, mehrere Kilogramm einer Substanz rein zu besitzen, die mit thermischen Neutronen sich spaltet, brauche ich nicht näher ausführen. Ich glaube, es ist gerechtfertigt, allein um dieser Aussicht willen, die Versuche intensiv weiterzuführen.[160]

Der Vorteil lag auf der Hand: Plutonium ist wesentlich leichter auf chemischem Weg von anderen Substanzen zu isolieren, als eine Isotopentrennung von Uran. Letzteres wurde im Rahmen des *Uranvereins* zwar auf verschiedenen Wegen versucht, konnte aber zu keinen positiven Ergebnissen führen. Die Aussicht, Plutonium in einem Uranbrenner auszubrüten, eröffnete nun neue Perspektiven, die auch die Berliner Gruppe am KWI erkannte, allen voran Carl Friedrich von Weizsäcker. Er meldete im Frühjahr 1941 ein Patent an, in dem er neben der Betonung der einfachen Herstellungsverfahren von Plutonium und dessen Einsatzmöglichkeit in einem Kernreaktor auch klar auf die mögliche Verwendung in einer Atombombe verwies.[161]

Die Produktion von Plutonium erschien nach den zahlreichen Problemen mit den ersten Vorversuchen zur Trennung der beiden Uranisotope als eine alternative Möglichkeit. Insbesondere Korrosionsprobleme, verursacht durch das aggressive Uranhexafluorid, verhinderten die Entwicklung eines wirksamen Trennverfahrens. Als im Winter 1941/42 festgestanden hatte, dass aufgrund von Materialproblemen eine Isotopenanreicherung im industriellen Maßstab in absehbarer Zeit nicht umzusetzen war, beschloss das Heereswaffenamt, die Ressourcen auf die Entwicklung einer Uranmaschine mit schwerem Wasser als Moderator und natürlichem Uran zu konzentrieren.[162]

Mit dem Angriff auf die Sowjetunion 1941 und den schnellen Erfolgen NS-Deutschlands schien es zunächst, als wäre der Krieg in Kürze auf kon-

---

160 ADMM, FA 002 / Vorl. Nr. 0159 (Alt-Sig. G-186), Schintlmeister, Josef „Die Aussichten für eine Energieerzeugung durch Kernspaltung des 1,8 cm Alphastrahlers" Bericht vom 26.02.1942, S. 11.
161 Reinhard Brandt und Rainer Karlsch. „Kurt Starke und das Element 93: Wurde die Suche nach den Transuranen verzögert?" In: *Für und Wider „Hitlers Bombe" – Studien zur Atomforschung in Deutschland*. Hrsg. von Rainer Karlsch und Heiko Petermann. Bd. 29. Cottbuser Studien zur Geschichte von Technik, Arbeit und Umwelt. Münster, 2007, S. 293–326; Walker, „Waffenschmiede".
162 Walker, *Die Uranmaschine*, S. 44-49.

ventionelle Weise entschieden. Das Interesse des Heereswaffenamtes an der Kernspaltung schwand zunehmend. Zudem band der Russlandfeldzug einen großen Teil der Ressourcen, so dass man im Gegensatz zu den USA von einem Ausbau des deutschen *Uranvereins* zu einem Großprojekt absah. In der Folge wurde der *Uranverein* wieder dem Reichsforschungsrat und dem Leiter der Fachsparte Physik, Abraham Esau, unterstellt. Es entspann sich ein Wettkampf der konkurrierenden Forschergruppen um die knappen Bestände von Uran und schwerem Wasser. Als Vertreter des Reichsforschungsrats gelang es Esau nur eingeschränkt, die Forschung zwischen den einzelnen Forschungsgruppen zu steuern und Querverbindungen zur Industrie und zum Militär herzustellen.[163]

An den Möglichkeiten der Kernspaltung hatten zahlreiche Gruppen Interesse.[164] Aus der akademischen Wissenschaft war das bereits mehrfach genannte Berliner KWI für Physik unter Leitung von Werner Heisenberg die zentrale Gruppe. Sie war die größte Gruppe akademischer Wissenschaftler, die am deutschen Uranprojekt arbeitete. Zu ihr zählten unter anderem die Physiker Carl Friedrich von Weizsäcker, Karl Wirtz, Horst Korsching, Karl-Heinz Höcker und Emil Fischer.[165] Weitere akademische Forschergruppen existierten am KWI für Chemie in Berlin, am KWI für medizinische Forschung/Institut für Physik in Heidelberg, am KWI für physikalische Chemie und Elektrochemie in Berlin. Heisenbergs Leipziger Universitätsinstitut nahm mit dem Experimentalphysiker Robert Döpel bis zur Zerstörung des Labors 1942 ebenfalls eine zentrale Rolle ein. Hinzu kamen weitere Universitätsinstitute, wie die Universitäten Hamburg, Wien, Berlin (TH), Straßburg, Göttingen und München.

Die akademischen Gruppen konkurrierten unterschiedlich intensiv mit anderen Gruppen. Hier ist zuerst das Heereswaffenamt zu nennen: Kurt Diebner baute ab September 1939 eine eigene Gruppe in der Versuchsstelle Gottow des Heereswaffenamtes auf. Diese Versuchsstelle lag südlich von Berlin, bei der Heeresversuchsstelle Kummersdorf. Zum Aufbau seiner Arbeitsgruppe nutzte er seine Verbindungen zur Universität Halle, wo er 1931 promoviert wurde. Er warb die Physiker Ernst Rexer und Friedrich Pose an, die er noch aus seiner Hallenser Zeit kannte. Darüber hinaus vergrö-

---

163 Walker, *Die Uranmaschine*, S. 77–116.
164 Das Archiv der Max-Planck-Gesellschaft hat eine umfangreiche Übersicht der beteiligten Gruppen und Institutionen erstellt. Diese ist unter https://www.archiv-berlin.mpg.de/79110/uranprojekt_uebersichten.pdf abrufbar (eingesehen am 13.11.2018).
165 Walker, „Waffenschmiede".

ßerten Werner Czulius, ein Doktorand von Georg Stetter aus Wien, der
Astronom Georg Hartwig und Friedrich Berkei, Diebners Stellvertreter, die
Gruppe.[166]

Neben den akademischen Gruppen engagierte sich das Militär. Diebners
Forschungsgruppe beim Heereswaffenamt blieb nicht die einzige militärische
Forschungsgruppe, sie wurde ergänzt von einer Gruppe des Marinewaffen-
amts am Berliner Wannsee. Der Mathematiker Helmut Haase übernahm
die Leitung. Pascual Jordan, Otto Haxel und Fritz Houtermans zählten
zu den Physikern der Gruppe, die Arbeiten zu Reaktoren für Schiffe und
U-Boote durchführte und mit dem KWI für Physik kooperierte.[167]

Auch das Amt für physikalische Sonderfragen der Deutschen Reichspost
unter dem Minister Wilhelm Ohnesorge betrieb eine Forschungsanstalt in
Zeuthen-Miersdorf, die sich mit der Kernspaltung beschäftigte. Geleitet
wurde sie von Georg Otterbein. Prominente Physiker im Amt für physikalische Sonderfragen waren Siegfried Flügge und Kurt Sauerwein. Sie arbeiteten mit Manfred Baron von Ardenne und seinem privaten Forschungslabora-
torium für Elektronenphysik in Berlin-Lichterfelde zur Isoptopentrennung
von Uran zusammen. Seit dem Frühjahr 1942 stimmte die Reichspost ihre
Forschungsarbeiten mit dem Reichsforschungsrat ab.

In der Industrie zeigte insbesondere die Firma Siemens Interesse an der
Kernforschung und der Technologie von Teilchenbeschleunigern. Die Degussa bzw. die Auergesellschaft konzentrierten sich auf die Verarbeitung von
Uran, während das Hauptinteresse der I.G. Farben an der Produktion von
schwerem Wasser lag.[168]

Inwieweit die Koordinierung dieser verschiedenen Gruppen gelang, lässt
sich durch einen Blick auf die „Alltagspraktiken" der Gruppen und die von
ihnen durchgeführten Arbeiten untersuchen. Zunächst diskutiere ich dazu
die verschiedenen Modellversuche und analysiere anschließend die Beiträge
der Wiener Forschergruppe zum Uranverein.

3.2 Von der Theorie zum Modellversuch

Die gewonnene Theorie galt es nun, wie in Heisenbergs Gutachten gefordert,
durch experimentelle Bestimmung und Verfeinerung der Kernkonstanten,
ebenso wie durch das Austesten verschiedener geometrischer Anordnungen,

---

166 Karlsch, *Hitlers Bombe*, S. 43f.
167 Karlsch, *Hitlers Bombe*, S. 46-48.
168 Karlsch, *Hitlers Bombe*, S. 50-52.

zu spezifizieren. Dies geschah in den sogenannten Modellversuchen. Diese Modellversuche trugen in ihrer Dimension der Knappheit an Materialien Rechnung. Aus Anordnungen in verkleinertem Maßstab sollten Erkenntnisse gewonnen werden, die Rückschlüsse auf den Aufbau eines Reaktors zuließen. Zugleich waren diese Versuche essenziell, um das praktische Handlungswissen zu gewinnen, das über die theoretischen Arbeiten hinaus notwendig war, um einen Reaktor aufzubauen und zu betreiben. Die Modellversuche zogen in der Literatur bereits große Aufmerksamkeit auf sich. Sie sind zweifelsohne zugleich die spektakulärsten nach außen hin sichtbaren Arbeiten des deutschen *Uranvereins*. Dennoch bleibt anzumerken, dass die Mehrzahl der Physiker im deutschen Uranprojekt sich mit der Messung von Konstanten, wie Streuquerschnitten von Neutronen in unterschiedlichen Materialien, beschäftigte. Hier sollen nun insbesondere die Handlungspraktiken, der an den Modellversuchen beteiligten Wissenschaftler und Assistenten, untersucht werden. Dazu werden Interviews, die Mark Walker im Rahmen seines Projekts mit Zeitzeugen führte und die am American Institute of Physics einsehbar sind, genutzt. Vor allem aber werden bisher unbeachtete Dokumente aus dem Nachlass des Experimentalphysikers Robert Döpel an der Universität Leipzig herangezogen.

Für den geometrischen Aufbau der Uranmaschine im Modellversuch galt es einige grundlegende Überlegungen zu beachten, die bereits von Flügge in seiner Machbarkeitsstudie angeschnitten wurden:

> 1. Ein Neutron kann bei höheren Energien in ^{238}U und bei beliebiger Energie in ^{235}U einen Spaltungsprozess hervorrufen und dabei Neutronen frei machen.
> 2. Es kann an einer Resonanzstelle von ^{238}U eingefangen werden und den Kern ^{239}U bilden, der dann weiter durch Betazerfall in ^{238}Np und ^{239}Pu übergeht.
> 3. Es kann im Bremsmittel eingefangen werden.
> 4. Es kann durch die Oberfläche des Brenners entweichen.[169]

Damit eine Kettenreaktion erfolgreich stattfinden kann, müssen die Neutronen, die im Spaltprozess (1) produziert werden, die Verluste aus den Prozessen (2, 3, 4) zahlenmäßig übertreffen. All den unterschiedlichen Anordnungen, die im Verlauf der Modellversuche gewählt wurden, ist gemeinsam, dass sich in der Mitte der Anordnung eine Neutronenquelle umgeben von Bremssubstanz befand, und um diese herum war das Uran ebenfalls von einer Bremssubstanz umgeben. Diese Anordnung war zumeist in kugel-

---

169 Heisenberg und Wirtz, „Großversuche", S. 143.

förmigen oder zylindrischen Behältern aus Aluminium untergebracht, die ihrerseits wieder in einem Wasserbecken gelagert wurden. Um nun eine Bilanz zwischen den Prozessen 1, 2 und 3 aufzustellen, waren drei Messungen notwendig: Zunächst bestimmte man die Zahl der Neutronen, die von der Neutronenquelle ausgehen, indem man diese in das Wasserbecken einbrachte und mithilfe von Indikatoren ausmaß. Die Gesamtzahl dieser Neutronen wird im Folgenden als N_0 bezeichnet. Anschließend brachte man die Uranmaschine in das Becken ein und bestimmte die Neutronenverteilung N_i im Inneren und die Neutronenverteilung N_a außen im Bremsmittel des Mantels der Anordnung. Weiterhin ist die Absorption von Neutronen zu berücksichtigen. Bezeichnet man den Absorptionskoeffizienten für thermische Neutronen im äußeren Bremsmittel mit ν_0, dann ergibt sich die Gesamtzahl der Neutronen, die von der Quelle pro Zeiteinheit ausgesandt wurden, als $N_0\nu_0$. Berücksichtigt man die Zahl der Neutronen $N_a\nu_0$, die beim Vollversuch absorbiert werden, dann ergibt sich $(N_a - N_0)\nu_0$ für die Zahl der Neutronen, die im Inneren der Uranmaschine produziert wurden. Somit ergibt sich für den Neutronenproduktionskoeffizienten $\bar{\nu}$:

$$\bar{\nu} = \frac{N_a - N_0}{N_i}\nu_0, \qquad (3.4)$$

und somit für $\bar{\nu} > 0$ ein Überwiegen der durch Kernspaltung entstandenen Neutronen, und bei $\bar{\nu} < 0$ ein Überwiegen der Verlustneutronen aus den Prozessen 2 und 3. Damit waren allerdings erst die Spaltungen von ^{238}U berücksichtigt. Um auch die Neutronen zu berücksichtigen, die bei der Spaltung von ^{238}U durch schnelle Neutronen entstehen, muss ein Korrekturfaktor Y in Gleichung 3.4 eingeführt werden, der den Anteil schneller Neutronen, die von der Neutronenquelle ausgehen, berücksichtigt. Der Faktor Y wurde in der Wiener Gruppe um Georg Stetter und Karl Lintner bestimmt. Darüber hinaus muss man berücksichtigen, dass bei der Spaltung schnelle Neutronen entstehen, die im Zuge des Bremsvorganges ebenfalls in ^{238}U eingefangen werden können. Deshalb ist die Anzahl der Neutronen im Innern N_i mit einem Faktor $\exp(w)$ zu multiplizieren, wobei w die Wahrscheinlichkeit für den Einfang eines schnellen Neutrons während des Bremsvorganges in ^{238}U angibt. Dieser Faktor wurde experimentell von der Gruppe um Helmut Volz und Otto Haxel in Berlin, sowie von Kurt Sauerwein und Siegfried Flügge ebenfalls in Berlin ermittelt. Damit ergibt sich für die korrigierte Gleichung 3.4:

$$\bar{\nu} = \frac{N_a - N_0 Y}{N_i} \exp\left(-w\right) \nu_0. \tag{3.5}$$

Hieraus ergibt sich $\bar{\nu}$ als Maß für die Güte eines Reaktors. Da bei den Versuchen des *Uranvereins* nicht nur Uran in Form von Platten oder Würfeln verwendet wurde, sondern auch in Pulverform bzw. als Uranoxidpulver, ist noch die Dichte ϱ der Anordnung zu berücksichtigen, und die Güte der Anordnung kann am besten durch den Quotienten $\bar{\nu}/\varrho$ abgeschätzt werden. Des Weiteren wurde noch der Vermehrungsfaktor $Z = N_a/N_0$ als weiteres Kriterium für die Güte der Apparatur angeführt.[170]

Hier wird zugleich deutlich, wie essenziell die genaue Bestimmung der Konstanten für die Durchführung der Modellversuche war. Ihre Bestimmung beschäftigte weit mehr Arbeitsgruppen als die Durchführung der Modellversuche. Zahlreiche kleinere Arbeiten trugen zu dem großen Gesamtkomplex *Uranverein* bei. Hier sei nur beispielsweise die Wiener Dissertation von Karl Undesser genannt.[171] Er versuchte α-Strahlen bzw. Protonen bei der Bestrahlung von ^{238}U mit einer Ra+Be-Neutronenquelle nachzuweisen. Diese Strahlen können als Nachweis für den Einfang eines schnellen Neutrons in einen angeregten ^{238}U-Kern genutzt werden. Sie trugen damit zur genaueren Bestimmung der obigen Wahrscheinlichkeit w bei. In Abbildung 3.3 auf Seite 69 ist der Versuchsaufbau von Undesser dargestellt.

Undesser blieb, wie die Mehrzahl der Experimentatoren im *Uranverein*, der traditionellen physikalischen Laborforschung verhaftet. Die Betrachtung der Durchführung der Modellversuche, und insbesondere ihrer Fehlschläge, wird zeigen, dass diese ebenfalls weit von Großforschung entfernt waren und dem traditionellem akademischen Labor verwurzelt blieben. Ein Hauptproblem für die Durchführung der Modellversuche waren die knappen Rohstoffe. Erst mit der Besetzung Belgiens im Mai 1940 und der Beschlagnahme mehrerer Tonnen Uranverbindungen standen dem deutschen Projekt mehr Rohstoffe zur Verfügung.[172] Die Aufbereitung dieser Verbindungen in metallisches Uran setzte eine industrielle Unterstützung voraus. Hier kam die *Auergesellschaft* ins Spiel. Gemeinsam mit der deutschen *De-*

---

170 Heisenberg und Wirtz, „Großversuche", S. 143–145.
171 Karl Undesser. „Über Versuche eines Nachweises von α- und H-Strahlen während der Bestrahlung von Uran mit langsamen und schnellen Neutronen". Diss. Wien: Universität Wien, 1944.
172 Walker, *Die Uranmaschine*, S. 54.

Abbildung 3.3: Versuchsaufbau Karl Undessers im Rahmen seiner Dissertation an der Universität Wien. Uranfolie und Neutronenquelle befanden sich in dem zylindrischen Gefäß oberhalb des Tisches. Aus: Undesser, 1944, S. 9.

gussa verfügte sie über die notwendigen chemischen und auch metallurgischen Erfahrungen zur Reindarstellung von Uran. Allerdings werden zur Reduktion von Uranoxid mit Calcium hohe Temperaturen und spezielle Öfen benötigt. Der Physiker und Chemiker Nikolaus Riehl, der damals bei der *Auergesellschaft* beschäftigt war, erinnerte sich in einem Interview mit Mark Walker an die Probleme, die er hatte, das für die Öfen notwendige Kupfer zu besorgen. Während des Krieges herrschte extreme Kupferknappheit im Deutschen Reich, und so musste Riehl acht Monate warten, bis er das Kupfer für die Öfen erhielt. Aufgrund dieser Verzögerungen wurden die ersten Modellversuche mit Uranoxid ausgeführt. Erst in den späteren Versuchen wurde metallisches Uran eingesetzt.[173]

---

173 Interview mit Nikolaus Riehl geführt von Mark Walker am 13. Dezember 1984, AIP, http://www.aip.org/history-programs/niels-bohr-library/ oral-histories/4844-1

3.2.1 Die Berliner Modellversuche

Die ersten Versuche des Berliner Kaiser-Wilhelm-Instituts für Physik fanden im Dezember 1940 statt. Um die Laboratorien des Instituts nicht mit dem giftigen Uranoxid zu verseuchen, wurden die Versuche in ein externes Gebäude, zur Abschreckung „Virushaus" genannt, ausgelagert.[174] Zunächst untersuchte man Schichtenanordnungen von Uranoxid mit Paraffin als Moderator. Ein ca. 1,4 m hoher zylindrischer Aluminiumkessel mit einem Durchmesser von ebenfalls 1,4 m wurde abwechselnd mit einer Paraffinschicht der Dicke von 2,1 cm und einer Schicht Uranoxid der Dicke 7 cm befüllt. Im Zentrum des Kessels befand sich eine Ra+Be-Neutronenquelle, die die Kettenreaktion in Gang setzen sollte. Die Schichtdicke des Uranoxids ergibt sich aus der mittleren freien Weglänge von Spaltneutronen in Uranoxid, so dass es diesen möglich war, die Schicht zu verlassen und in den Moderator einzutreten, um dort durch elastische Stöße abgebremst zu werden. Dadurch konnte der Spaltungsquerschnitt für die Neutronen beim Wiedereintritt in die Uranschicht erhöht werden. Dieser Bottich wurde in ein 2 m tiefes Wasserbecken im Boden des Virushauses eingelassen. Durch den umgebenden Wassermantel sollten Neutronen, die aus dem Kessel austreten, zurückreflektiert werden.[175] Abbildung 3.4 auf Seite 71 zeigt den Querschnitt des ersten Berliner Versuchs B-I.

Für die folgenden Versuche B-III bis B-V standen 1941/42 größere Mengen an pulverförmigem Uran zur Verfügung, so dass dieses anstelle des Uranoxids eingesetzt werden konnte. In eine Aluminiumkugel von 56 cm Durchmesser wurden abwechselnd Schichten von Uran und Paraffin als Moderator eingebracht. In der Versuchsserie wurden dann die Schichtdicken variiert. Eine Neutronenvermehrung konnte bei keinem der Versuche festgestellt werden. Abbildung 3.5 auf Seite 72 zeigt die Aluminiumkugel, die in horizontalen Schichten mit Paraffin und Uranpulver befüllt war. Der Schacht in der Mitte der Kugel diente zum Einführen der Neutronenquelle.[176]

Für die Versuche B-VI und B-VII verwendete die Berliner Gruppe nun eine Kombination aus schwerem Wasser als Moderator und Uranmetall. Zwar hatten die Versuche von Kurt Diebners Gruppe in Gottow bereits gezeigt, dass eine Würfelanordnung günstigere Ergebnisse erzielte, aber Heisenberg hielt an der Schichtenanordnung fest. Warum er das tat, ist unklar.

---

174 Walker, *Die Uranmaschine*, S. 54.
175 Heisenberg und Wirtz, „Großversuche", S. 151f.
176 Heisenberg und Wirtz, „Großversuche", S. 152f.

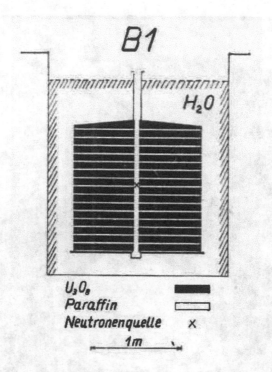

Abbildung 3.4: Schnitt durch den Aluminiumkessel des Versuchs B-I.
Aus: Heisenberg und Wirtz, 1953, S. 152.

Schichten waren zwar mathematisch einfacher zu behandeln, experimentell war aber erwiesen, dass die Gottower Anordnung klare Vorzüge bot. Vermutlich trieben ihn das Konkurrenzverhältnis zu Diebner und sein eigener Ehrgeiz zu diesem Festhalten an den Schichten. Später schrieb er dazu wenig überzeugend: „Obwohl die Vorzüge der Würfel damals schon bekannt waren, wurden um der Systematik willen zunächst wiederum Schichten untersucht."[177]

In einem zylindrischen Bottich aus einer Magnesiumlegierung mit einem Durchmesser und einer Höhe von 124 cm wurden die Uranplatten aufeinander angeordnet. Als Abstandhalter zwischen den Uranplatten wurden Magnesiumblechstücke eingesetzt. Anschließend wurde der Kessel mit schwerem Wasser gefüllt. Im Zentrum des Kessels befand sich wieder die Neutronenquelle. Innerhalb der Versuchsserien B-VI und B-VII wurden insgesamt

---

[177] Heisenberg und Wirtz, „Großversuche", S. 153.

Abbildung 3.5: Die aus zwei Halbkugeln verschraubte Aluminiumkugel
im Wasserbecken wurde für die Serien B-III–B-V genutzt.
Aus: UAL NA Döpel 35

fünf Versuche durchgeführt, bei denen zumeist die Schichtdicke des Moderators variiert wurde. Lediglich im Schritt von B-VIc zu B-VId wurde die Dicke der Uranschicht verdoppelt, was allerdings zu einer Verminderung des Vermehrungsfaktors Z führte. Am erfolgreichsten zeigte sich der Versuch B-VII, mit einer Schichtdicke von 1 cm Uranmetall abwechselnd mit 18 cm Schichten D_2O. Die Besonderheit bei diesem Versuch bestand darin, dass der Magnesiumtank nochmals mit einer Schicht von etwa 40 cm Graphit umgeben wurde. Diese Anordnung befand sich wiederum in einem Aluminiumkessel, der in das Wasserbecken eingebracht wurde. Der erzielte Vermehrungsfaktor von $Z = 3,6$ liegt darin begründet, dass Graphit einen wesentlich geringeren Einfangquerschnitt für Neutronen aufweist als Wasser und somit mehr Neutronen in die Versuchsanordnung zurückreflektiert werden als von einem Wassermantel. Insgesamt wurden fünf Vermehrungsfaktoren zwischen $Z = 1,56$ und $Z = 3,6$ erzielt. Die Variation der Dicken der einzelnen Schichten zeigt ein systematisches Herantasten an die günstigste Versuchsgeometrie für einen Schichtaufbau aus Uran und schwerem Wasser D_2O. Für den letzten Versuch der Berliner Serie B-VIII wurden die Ressourcen aller Gruppen zusammengezogen und ein Aufbau aus Würfeln gewählt. Durchgeführt wurde er in Hechingen, wohin das Kaiser-Wilhelm-Institut für Physik stufenweise ab 1943 ausgelagert wurde, um es vor Bombenangriffen zu schützen und dem Zugriff sowjetischer Truppen zu entziehen.[178]

3.2.2 Die Leipziger Modellversuche

Bei der Berliner Anordnung war das Ziel, die Schichtdicken möglichst leicht variieren zu können. Deshalb wählte man für die Berliner Versuchsserien zunächst ebene Platten. Der Nachteil dieser Anordnung bestand darin, dass man viel Material benötigte, um eine hohe Genauigkeit zu erzielen. Somit stand für die Versuchsserien der anderen Gruppen nur mehr wenig Material zur Verfügung, und die Herausforderung für die Leipziger Serie lag darin, eine Geometrie zu wählen, bei der mit geringen Substanzmengen eine hohe Genauigkeit erzielt werden konnte. Der erste Leipziger Versuch kann damit als Vorversuch für die späteren Versuchsserien mit schwerem Wasser D_2O angesehen werden, das im Jahr 1940 nur in sehr knappen Mengen zur Verfügung stand. Deshalb wurden für die Leipziger Versuche[179] ausschließlich kugelsymmetrische Anordnungen gewählt, denn diese waren am genauesten zu messen und am einfachsten auszuwerten. Werner Heisenberg leitete sie

---

178 Heisenberg und Wirtz, „Großversuche", S. 153-156.
179 Zu den Leipziger Versuchen siehe insbesondere (Dietmar Lehrmann und Christian Kleint. „Rekonstruktion der damals geheimen Leipziger Uranmaschinenarbeiten aus den Versuchsprotokollen (=Abhandlungen der Sächsischen Akademie der Wissenschaften zu Leipzig, Math.-naturw. Klasse, Bd. 58, Heft 2)". In: *Werner Heisenberg in Leipzig 1927–1942*. Hrsg. von Christian Kleint und Gerald Wiemers. Berlin, 1993, S. 53–61), sowie (Werner Heisenberg. *Gesammelte Werke/Collected Works, Original Scientific Papers/Wissenschaftliche Originalarbeiten Abt. A. Bd. II.* Hrsg. von Walter Blum, Hans-Peter Dürr und Helmut Rechenberg. Berlin, 1989), Group 9: Papers on the Uranium Project (1939-1945), S. 365–609.

gemeinsam mit dem Experimentalphysiker Robert Döpel, der letztlich für
die Durchführung der Versuche verantwortlich war.

Die Vorarbeiten zum ersten Leipziger Versuch L-I begannen im Juni 1940.
Die Anordnung war in der Praxis allerdings schwieriger realisierbar als ein
einfaches Schichtsystem. Ein Trägersystem musste die Schichten in kugel-
förmiger Anordnung bei hinreichender Stabilität halten. Das geschätzte Gesamtgewicht des Aufbaus betrug 450 kg und wurde mithilfe eines Krans in
einen Wasserbottich aus Zinkblech gehoben. Das Wasser im Bottich diente
wieder als Rückstreumantel. Hier durfte es zu keinerlei Verschiebung des
Aufbaus kommen, die gegebenenfalls Undichtigkeiten hervorgerufen hätte. Als Material für die Kugelschichten wurde aufgrund seines geringen
Einfangquerschnitts für Neutronen Aluminium gewählt. Das Kugelsystem
wurde aus zwei Halbkugelsystemen aufgebaut, die jeweils auf einer 4 mm
dicken Aluminiumplatte montiert waren. Diese Platten dienten wiederum
als Lager auf einem Holzgestell. Im Zentrum dieser Platten befand sich eine
kugelförmige Ausbuchtung, die das Einbringen der Neutronenquelle ermöglichte. Verschraubt wurde das System mit Aluminiumschrauben, und mit
dazwischenliegenden Gummiringen abgedichtet. Gefüllt wurden die Schalen durch Schraublöcher in der Aluminiumplatte, die dann wiederum durch
Aluminiumschrauben verschließbar waren. Die oberen Kugelhälften gingen
in den zylindrischen Hals der Anordnung über, und wurden vor dem Auf-
bringen der jeweils nächsten Halbkugel über einen ringförmigen Schlitz befüllt. Im Zentrum befand sich die Ra+Be-Neutronenquelle umgeben von
einer Schicht aus 5,7 cm Uranoxid, 2 cm Wasser H_2O, dann wieder 5,7 cm
Uranoxid, 2 cm Wasser, 5,7 cm Uranoxid.[180] Als Indikator wurde Dysprosiumoxid verwendet, das in Spritus auf Aluminium-Trägerplättchen aufgeschwemmt und mit etwas Schellack fixiert wurde. Gemessen wurde dann die
β-Strahlung des durch Neutronen aktivierten Dysprosiums entweder mithilfe einer Druckionisationskammer oder mit einem Zählrohr. Das Ergebnis
dieser Messungen ergab, dass keine Neutronenvermehrung eintrat und somit die gewählte Versuchsgeometrie mit H_2O als Moderator auch bei einer
Vergrößerung nicht zum Bau einer Uranmaschine geeignet war.[181]

---

180 In dem späteren Bericht von Heisenberg und Wirtz ist die Rede von einer 7,5
    cm dicken Uranoxidschicht. Physikalisch erscheinen 5,7 cm wie im Original-
    bericht sinnvoller. Vgl. (Heisenberg und Wirtz, „Großversuche", S. 149.)
181 Robert und Klara Döpel und Werner Heisenberg, Versuche mit einer Schich-
    tenanordnung von Wasser H_2O und Präparat 38. UAL, NA Döpel 86, P. 1-15
.

Für den zweiten Leipziger Versuch stand erstmals auch eine geringe Menge, nämlich 150 l, schweres Wasser D_2O zur Verfügung. Dies hatte eine Veränderung der Versuchsgeometrie zur Folge. Die Neutronenquelle im Zentrum der Kugel war von einer etwa 12,5 cm dicken Schicht D_2O umgeben. Darauf folgte eine 3,5 cm dicke Schicht Uranoxid und eine 15,5 cm dicke Schicht D_2O, abgeschlossen von einer letzten Schicht aus 3,5 cm Uranoxid. Eine weitere Schicht ließ die geringe Menge an schwerem Wasser nicht zu. Der Versuchsaufbau ist in Abbildung 3.6 auf Seite 76 dargestellt. Sehr schön sind darin die beiden Aluminiumhalbkugeln und die zentral eingebettete Neutronenquelle zu erkennen.

Ein Problem der Versuche mit schweren Wasser D_2O bestand darin, dass die γ-Strahlung der Neutronenquelle in D_2O ebenfalls Neutronen herauslöst und somit bei der Messung die Zahl der durch Kernspaltung frei gewordenen Neutronen verfälscht. Um die Produktion dieser Neutronen zu verhindern, umgab Döpel die Ra+Be-Neutronenquelle mit einem Bleimantel. Damit wurde die Gammastrahlung weitestgehend abgeschirmt. Mithilfe von Kontrollmessungen an der lediglich mit der Neutronenquelle und D_2O, ohne Uran, gefüllten Apparatur ließen sich dann auch unerwünschte Effekte durch (n,2n)-Prozesse in D_2O bei der Auswertung berücksichtigen.

Die beiden Aluminiumhalbkugeln wurden auf zwei Aluminiumplatten montiert, um dem System genügend Halt zu geben (vgl. Abb. 3.6 auf S. 76). Die mit D_2O gefüllten Halbkugeln C_1 und C_2 wurden bis auf kleinere verschraubte Füllöcher verschweißt, um Undichtigkeiten und damit den Verlust des kostbaren D_2O zu verhindern. Die beiden inneren UranbehälterB_1 und B_2 wurden mit einem Flansch, der an den Halbkugeln angebracht war, an den Aluminiumgrundplatten verschraubt. Diese Behälter wurden durch verschraubbare Löcher von der Aluminiumgrundplatte aus befüllt, die Behälter D_1 und D_2 durch besondere Füllstutzen von außen. Dabei musste die Füllung „unter dauerndem Stopfen und Rütteln erfolgen, um eine möglichst große Schüttdichte des „,38' Oxyds zu erreichen."[182] Die Dichtungen bestanden aus Gummi und Hartwachs. Das System lagerte wieder auf einem Holzgestell und wurde mit diesem zusammen in einen 1,5 m hohen Wasserbottich versenkt. Als Indikatoren wurden wieder solche aus Dysprosiumoxid verwendet. Die Versuchsanordnung ließ aber noch keine Neutronenvermehrung erkennen. Ein Problem des Versuchsaufbaus lag in dem verwendeten Aluminium, welches die abgebremsten langsamen Neutronen

---

182 Robert und Klara Döpel und Werner Heisenberg, Versuche mit einer Schichtenanordnung von D_2O und Präp. 38. UAL, NA Döpel 86, P. 23.

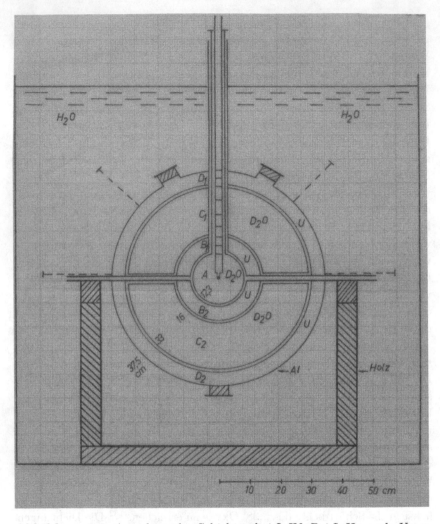

Abbildung 3.6: Anordung der Schichten bei L-IV. Bei L-II wurde Uranoxid anstelle von Uran verwendet. Aus: UAL NA Döpel 75, P. 69.

absorbierte. So kam Döpel zu dem Schluss, dass bei einem Verzicht auf Aluminium im Versuchsaufbau eine Neutronenvermehrung und damit der Bau einer Uranmaschine mit dieser Versuchsgeometrie möglich wäre.[183]

Für den Versuch L-III stand der Leipziger Gruppe nun erstmals metallisches Uran in Pulverform zur Verfügung. L-III kann als ein Vorversuch für den Versuch L-IV verstanden werden. Die Versuchsgeometrie von L-III ist in Abbildung 3.7 auf Seite 78 dargestellt. Eine Aluminiumkugel mit einem Durchmesser von ca. 30 cm war mit pulverförmigem Uran 238 gefüllt, im Zentrum befand sich wieder die Ra+Be-Neutronenquelle. Ziel des Versuchs war es, die Spaltung von Uran 238 mit schnellen Neutronen zu untersuchen. Dazu wurde die Aluminiumkugel mit einem Cadmium-Mantel umgeben, der eine Rückstreuung von langsamen Neutronen in das Uran ausschloss. So versuchte Döpel eine Spaltung des in geringen Teilen vorhandenen Isotops Uran 235 innerhalb der Kugel durch langsame Neutronen zu verhindern. Erst als die Messungen zu diesen Versuchen liefen, wurden die Arbeiten von Bothe und Arnold Flammersfeld in Heidelberg zu schnellen Neutronen in Uran sowie jene von Georg Stetter und seinem Assistenten Karl Lintner in Wien publiziert. Da diesen jedoch geringere Mengen Uran zur Verfügung standen, schien es Döpel sinnvoll zu sein, den Versuch abzuschließen.

Die Versuchsergebnisse waren wenig spektakulär, sie bestätigten im Wesentlichen die Ergebnisse der anderen Gruppen. Allerdings ließen sie auch vermuten, dass das Anbringen einer weiteren äußeren Uranschicht, und zwischen Schichten von schwerem Wasser als Moderator, eine positive Neutronenvermehrung zulassen werden. Im Rahmen dieses Versuchs kam es auch zum ersten kleineren Uranbrand beim Befüllen der Kugel mit pulverförmigem Uran. Dieser Unfall wird nach Beschreibung des Versuchs L-IV ausführlich dargestellt.[184]

Der Versuch L-IV stellt den Abschluss der Leipziger Versuchsserie dar und zwar ist dies in zweierlei Hinsicht der Fall: Erstens trägt er den vielversprechenden Titel „Der experimentelle Nachweis der effektiven Neutronenvermehrung in einem Kugel-Schichten-System aus D_2O in Uran-Metall,"[185] zweitens — etwas ernüchternder — kam es bei der Durchführung des Ver-

183 Robert und Klara Döpel und Werner Heisenberg, Versuche mit einer Schichtenanordnung von D_2O und Präp. 38. UAL, NA Döpel 86, P. 21-33.
184 Robert und Klara Döpel und Werner Heisenberg, Neutronenvermehrung in 38-Metall durch rasche Neutronen. UAL, NA Döpel 86, P. 35-37.
185 Robert und Klara Döpel und Werner Heisenberg, Der experimentelle Nachweis der effektiven Neutronenvermehrung in einem Kugel-Schichtensystem aus D_2O und Uran-Metall. UAL, NA Döpel 86, P. 40-50.

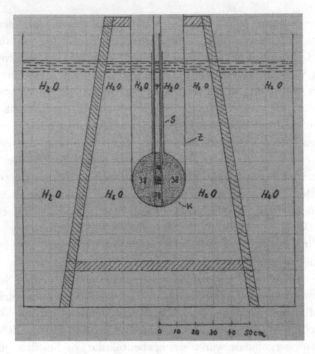

Abbildung 3.7: Versuchsaufbau von L-III zur Untersuchung schneller Neutronen in Uran. Aus: UAL NA Döpel 75, P. 12.

suchs zu einem weiteren Brand, der das komplette Leipziger Labor vernichtete. Der Versuchsaufbau ist in Abbildung 3.6 auf Seite 76 dargestellt.

Im Zentrum des Kugelsystems befand sich eine Ra+Be-Neutronenquelle. Diese war umgeben von einer ca. 12 cm dicken Schicht aus schwerem Wasser, dann folgte eine 4 cm dicke Schicht aus Uranmetall, eine 17 cm dicke Schicht aus schwerem Wasser und als letzte Schicht 4,5 cm Uranmetall. Die komplette Anordnung war wieder zur Rückstreuung der Neutronen in einen mit Wasser gefüllten Bottich eingebettet. Die Schichtdicken ergaben sich aus den mittleren freien Weglängen der Neutronen in Uranmetall und schwerem Wasser einerseits und andererseits aus „technischen Gründen der Kugelherstellung", die Döpel jedoch nicht weiter ausführt. Mit dieser Anordnung gelang es Döpel zum ersten Mal, einen Vermehrungsfaktor von $Z = 1,1$ zu erzielen und damit den experimentellen Nachweis für die Machbarkeit einer Uranmaschine zu liefern. Er hoffte, dass sich die Ergebnisse bei Verwendung von gegossenen Urankugeln ohne Aluminium-Zwischenschichten noch wei-

Abbildung 3.8: Aufbau von L-IV mit unbekanntem Kind. Aus: UAL NA Döpel 35

ter verbessern würden. Dies zeigten seine Abschätzungen zu den Störeffekten, die durch die Absorption von Neutronen in Aluminium auftraten.[186] Abbildung 3.8 auf Seite 79 veranschaulicht deutlich die Größenverhältnisse der Leipziger Modellversuche.

3.2.3 Unfälle mit Uranmetall in Leipzig

Uranmetall in Pulverform ist hochgradig pyrophor, d.h. verwirbelt Uranpulver mit Sauerstoff oder Luft, so führt dies zu einer unmittelbaren Entzündung. Diese Eigenschaft hatte man Robert Döpel auch 1941 kurz mitgeteilt, als ihm von der *Auergesellschaft* für den Versuch L-III Uranpulver überlassen wurde. Der erste Leipziger Unfall ereignete sich, als der Labortechniker Friedrich Paschen die Aluminiumkugel mit Uranpulver befüllte.

---

186 Robert und Klara Döpel und Werner Heisenberg, Versuche mit einer Schichtenanordnung von D$_2$O und Präp. 38. UAL, NA Döpel 86, P. 40-50.

Dabei handelte er, wie in der mitgegebenen Vorschrift angegeben: Die zu befüllende Aluminiumkugel war ebenso geerdet, wie die Büchse, in der sich das Uran befand, und der Löffel, mit dem das Uranpulver aus der Büchse in den Kugelhals gefüllt wurde. Waren die erste Füllung und der erste Entleerungsvorgang noch ohne Komplikationen verlaufen, so kam es bei der zweiten Befüllung zum Brand. Beim Einfüllen des dritten oder vierten Löffels schoss eine 3-4 m hohe Stichflamme aus dem Hals der Aluminiumkugel und hielt für ca. 1-2 Sekunden an, bis das bereits eingefüllte Uran vollständig verbrannt war. Der Werkstattmeister Paschen erlitt schwere Verbrennungen an der Hand, versuchte aber dennoch – wenn auch – erfolglos, die in Brand geratene Uranbüchse mit einem Kleidungsstück zu ersticken. Inzwischen war Robert Döpel in das Labor gekommen und trug die Büchse gemeinsam mit Paschen ins Freie, wo die beiden sie mit Sand bedeckten. Am nächsten Morgen musste Döpel feststellen, dass der Brand nicht gelöscht war. Die Büchse war durchgeschmolzen, das Holz der Kiste verkohlt, das Uranpulver hatte sich zu einer rotglühenden Masse gewandelt. Döpel entnahm kleine Teile des brennenden Urans und warf es in Wasser. Dies ließ ihn annehmen, dass brennendes Uran mit Wasser zu ersticken sei. Die nächste Füllung der Aluminiumkugel nahm Döpel selbst vor, wobei er mit Unterstützung seines Laboranten kontinuierlich Kohlendioxid in die Aluminiumkugel strömen ließ. Diese und alle weiteren Füllungen verliefen ohne Zwischenfälle.[187]

In einem autobiographischen Brief aus dem Jahr 1979 erinnerte sich Döpel an den Unfall und dessen Konsequenzen:

> Mit U-Metallpulver hatte damals in Leipzig niemand eigene Erfahrungen, auch keiner der Leipziger Chemiker. Nach dem ersten Unfall (Entzündung des U-Pulvers beim Umfüllen — mit relativ harmlosen Folgen) fragte ich bei der Geschäftsleitung der Auergesellschaft an, ob es dort auch schon solche Unfälle gegeben habe, und ob sie gegebenenfalls nicht nähere Auskunft geben könnten. Die Antwort eines mir unbekannten Mitarbeiters der Auergesellschaft war verblüffend: ‚Ja, wir haben von solchen Unfällen auch schon gehört; *man spricht aber natürlich nicht gern darüber.* Außerdem wird das U-Metallpulver gar nicht bei uns, sondern bei der Degussa-Gesellschaft in Frankfurt/Main hergestellt.‘ Ich fuhr nach Frankfurt und erhielt dort bereitwillig beliebige, sachliche Beschreibung der dort erfolg-

---

187 Robert Döpel, Bericht über zwei Unfälle beim Umgang mit Uranmetall, UAL NA Döpel 76, P. 26-27.

ten U-Pulver-Entzündungen. Der ausführende Chemiker konnte aber abschließend nur raten: ‚Keine zu großen U-Pulver-Mengen auf einmal verwenden, Tür offen lassen, beim kleinsten Funken sofort ‚abhauen'.' Daraufhin machte ich in Leipzig selbst Zünd- und Löschversuche mit U-Pulver. Resultat: CO_2 löschte stets; H_2O je nach den Mengenverhältnissen. Damals war ich in dieser Spezialfrage innerhalb des ‚U-Vereins' wohl der am besten orientierte Mann. Wir nahmen nun die Umfüllung von U-Pulver stets unter einem CO_2-Strom vor, und alles verlief glatt.[188]

Dieses Zitat ist in mehrerer Hinsicht interessant. Einmal zeigt es, dass an den Hochschulen bis zu Beginn der Modellversuche im Rahmen des *Uranvereins* keine Kenntnisse im Umgang mit Uran vorlagen. Lediglich die Industrie, d.h. ausschließlich die *Degussa*, verfügte über Erfahrungen im Umgang mit diesem Element. Es ist bezeichnend für den deutschen *Uranverein*, dass diese Erfahrungen nur hochgradig unzureichend mit den experimentierenden Wissenschaftlern kommuniziert wurden. Zum anderen handelt es sich bei den Berichten zum Unfall um einige der wenigen Stellen, aus denen sich tatsächlich die Handlungspraktiken der Wissenschaftler im Laboralltag erschließen lassen.

Der zweite, weitaus schwerwiegendere Unfall ereignete sich bei der Durchführung des Versuches L-IV. Die Versuchsanordnung befand sich seit 20 Tagen im Wasserbottich, als die Leipziger Wissenschaftler aufsteigende Gasblasen an Dichtungsstellen der oberen und der unteren Halbkugel beobachteten. Bei diesem Gas handelte es sich um Wasserstoff, von dem etwa $100 \text{ cm}^3/h$ aus der Kugel entwichen. Aufgrund dieser Menge schloss Döpel eine Radiolyse, d.h. die Zersetzung von Wasser mithilfe ionisierender Strahlung, weitestgehend aus. Es musste sich um eine direkte Wechselwirkung des Urans mit Wasser handeln. Uran kann hier katalytisch wirken und so die Zersetzung von Wasser in Sauerstoff und Wasserstoff befördern. Dafür sprach auch, dass die Gasentwicklung nach einiger Zeit beendet war. Die Feuchtigkeit im Inneren des Urans schien aufgebraucht zu sein. Durch diesen Prozess war allerdings ein Unterdruck innerhalb des Aluminiumkugelsystems entstanden.[189]

---

[188] Robert Döpel an Fritz Straßmann vom 29. Juli 1979, UAI, abgedruckt in: (Heinrich Arnold. *Zu einem autobiographischen Brief von Robert Döpel an Fritz Straßmann*. Ilmenau, 2012. URL: www.tu-ilmenau.de/ilmedia), S. 4-16.

[189] Robert Döpel, Bericht über zwei Unfälle beim Umgang mit Uranmetall, UAL NA Döpel 76, P. 28-30.

Als nach Abschluss der Versuche am 23. Juni 1942 das Wasser aus dem Bottich entfernt wurde, öffnete der Labortechniker Paschen einen der Füllstutzen. Ein paar Sekunden später vernahmen Döpel und Paschen das Zischen einströmender Luft. An einer Stelle zeigten die Dichtungen einen 15 mm langen Riss, durch den Luft in das Innere einströmte. Dort entwickelte sich sofort ein Glühen innerhalb der Kugel, und ein paar Sekunden später ging das Glühen in eine 20 cm hohe Stichflamme mit dem charakteristischen Uran-Funkensprühen über. Löschversuche mit Wasser und Kohlendioxid blieben nur begrenzt erfolgreich, Wärme- und Rauchentwicklung hielten an. Deshalb kühlten die Mitarbeiter weiterhin mit Wasser und versenkten die Aluminiumkugel bis auf die Öffnung wieder in Wasser. Nach 1 Stunde schien das System wieder unter Kontrolle zu sein. Döpel und Paschen entnahmen das schwere Wasser und füllten die leeren Schalen mit gewöhnlichem Wasser zur Kühlung. Gegen 18:00 Uhr bemerkte das Forscherteam einen Temperaturanstieg auf 60-70 °C im Inneren der Kugel. Damit wuchs der Druck und die Gefahr einer Explosion der Aluminiumkugeln. Deshalb beschlossen Döpel und Heisenberg, die Kugel unter Wasser aufzumeißeln. Doch bevor dieser letzte Rettungsschritt erfolgen konnte, kam es zu massivem Gasaustritt aus dem Füllstutzen und an den Stellen, an denen die Aluminiumhalbkugeln mit den Aluminiumplatten verschraubt waren. Unmittelbar darauf schossen Flammen aus dem Wasser und schleuderten das brennende Uranmetall bis an die 6 m hohe Decke des Labors. Daraufhin wurde die Feuerwehr zu Hilfe geholt. Mit Löschschaum und Decken konnte der Brand eingedämmt werden, bis die Reaktion schließlich am 25. Juni 1942 abklang. Ein Behälter mit schwerem Wasser blieb unbeschädigt, aber das Uranpulver war vollständig oxidiert.[190]

In seinem Bericht zog Döpel daraus mehrere Konsequenzen:[191]

1. Als Schutzmaßnahme empfahl er das Arbeiten mit Sauerstoffmaske unter einer Argon-Atmosphäre. So ließen sich Unfälle dieser Art zu 100 % ausschließen. Auch eine CO_2-Atmosphäre würde das Risiko für einen solchen Unfall stark herabsetzen. Weitaus zielführender erschien ihm aber, das Uranpulver durch Gussstücke aus Uran zu ersetzen. Mit Uranpulver wäre kein geregelter oder gar ökonomischer Betrieb einer Uranmaschine möglich.

---

190 Robert Döpel, Bericht über zwei Unfälle beim Umgang mit Uranmetall, UAL NA Döpel 76, P. 30-31.
191 Robert Döpel, Bericht über zwei Unfälle beim Umgang mit Uranmetall, UAL NA Döpel 76, P. 32-34.

2. Als essenziell sah Döpel eine Verbesserung des Austausches der verschiedenen Gruppen und ihrer mit Uran gesammelten Erfahrungen an. Damit meinte er auch die *Auergesellschaft* und die *Degussa*: „Insbesondere muss es als höchst sachwidriges und fahrlässiges Gebaren erscheinen, wenn die Herstellerfirmen solche Erfahrungen gewissermassen als besser zu verschweigendes Geschäftsgeheimnis behandeln."[192]

3. Weiter forderte Döpel einen Ausbau der Forschungen im Bereich der Uranchemie. Es sei ihm unklar, ob die bisherigen Kenntnisse ausreichten, um das Verhalten von größeren Mengen Uran beim Betrieb einer Uranmaschine zu kontrollieren. Insbesondere sprach er Reaktionen bei bestimmten Temperaturen, Katalysatoren, großen Oberflächen, sowie elektrochemische Kräfte, an.

4. Im letzten Punkt forderte Döpel schließlich eine Klärung der Haftungsfrage, auch in Hinblick auf Punkt 2.

Die Reaktionen von Wasser mit Brennelementen im Reaktorkern wurden lange Zeit unterschätzt. So kam es beim Reaktorunfall 1979 in Three Mile Island zur Reaktion von Zirconium aus den Hüllen der Brennstäbe mit Wasser, so dass Wasserstoff entstand. Beim Super-GAU 1986 in Tschernobyl reagierte ebenfalls Wasser mit den Brennstäben und dem als Moderator eingesetzten Graphit. Hier schleuderte eine Knallgasreaktion den etwa 1000 t schweren Deckel vom Reaktordruckgefäß und beschädigte das Dach des Reaktors, so dass größere Mengen radioaktiver Substanzen in die Umwelt und die Atmosphäre gelangen konnten. Die katalytischen Eigenschaften von Uran sind bis heute Gegenstand der Forschung.[193]

Doch zurück zum *Uranverein*: Döpels Bericht zeigt, dass zum einen der Austausch zwischen den einzelnen Forschergruppen nur sehr begrenzt vonstatten ging, aber der Austausch zwischen Industrie und Wissenschaft völlig unzureichend war. Weitaus harmlosere Erfahrungen mit Uran-Funkenflug machte die Arbeitsgruppe in Gottow. Auch hier zeigen sich allerdings wieder die unzureichenden Kenntnisse bezüglich der Eigenschaften von Uran.

---

192 Robert Döpel, Bericht über zwei Unfälle beim Umgang mit Uranmetall, UAL NA Döpel 76, P. 34.
193 Dominik P. Halter u. a. „Uranium-mediated electrocatalytic dihydrogen production from water". In: *Nature* 530 (2016), S. 317–321.

3.2.4 Die Gottower Modellversuche

Nachdem die Leitung des *Uranvereins* vom Heereswaffenamt an den Reichsforschungsrat zurück übertragen wurde, wurde auch Diebners Position am
Kaiser-Wilhelm-Institut für Physik deutlich geschwächt. Mit der Übernahme der Leitung des Kaiser-Wilhelm-Instituts durch Werner Heisenberg
musste Diebner das Institut verlassen. Seine Arbeiten konzentrierten sich
fortan auf die Modellversuche in der Versuchsstelle des Heereswaffenamtes in Gottow/Kummersdorf bei Berlin. Im Gegensatz zu den Berliner und
Leipziger Modellversuchen verwendete die Arbeitsgruppe in Gottow von Beginn an eine Anordnung von Uranwürfeln, eingebettet in einen Moderator.
In einem Interview aus dem Jahr 1985 erinnerte sich Diebners Mitarbeiter
Georg Hartwig an die Anfänge der Arbeiten der Gruppe:

> Etwa so um 1941 herum, als es um G-I ging, kam das erste
> Metall von der Degussa. Das habe ich selbst erlebt. Da kam ein
> Stück Uran, das wurde auf den Tisch gelegt, Diebner sagte nun:
> ‚Seht mal zu, was das für ein Zeug ist,‘ Dichtebestimmung usw.
> Ich nahm also das Metall, wollte wissen was los ist, spannte es
> in den Schraubstock, nahm eine Eisensäge und fing an zu sägen,
> es kam ein unwahrscheinliches Feuerwerk. Natürlich, das Uran
> oxidiert sofort [...] Also: Finger weg davon. Wir haben uns
> überlegt, wir können das Labor nicht verseuchen oder die Zähl
> rohre, also das darf nicht wieder passieren. Wir wissen ja nicht,
> wie es sich benimmt. Und dann war eine Überlegung, man kann
> natürlich nicht sagen zu der Uhrzeit war das, aber wir saßen ja
> jeden Mittag zusammen und tranken unsere Gesundheitsmilch
> und einmal so um diese Zeit, war Pose dabei, Czulius, Herr
> mann und ich. Hier wurde darüber diskutiert, über Schichten
> und – Sie wissen ja selbst – in der Physik ist plötzlich eine Idee
> da, man weiß nicht genau wer sie geäußert hat, warum neh
> men wir nicht Würfel. Denn, das kann man sich überlegen, die
> Wahrscheinlichkeit, dass ein Spaltneutron, wenn es den Wür
> fel verlässt, im Paraffin gebremst wird und dann wieder einen
> Würfel trifft, ist größer, als wenn das Spaltneutron etwa in eine
> Schicht hineindiffundiert und sich in der Schicht tot läuft. Dann
> kommt es unter Umständen gar nicht wieder heraus.[194]

In diesem Zitat finden sich zwei bemerkenswerte Punkte: Der erste Punkt
betrifft den sorglosen Umgang mit Uran und die Unkenntnis der histori

---

194 Interview mit Georg Hartwig, geführt von Mark Walker am 23. November
     1985, AIP, S. 9.

schen Akteure über die Eigenschaften des Metalls. Dies ist ein weiterer Hinweis für die mangelnde Kommunikation als Ausdruck einer unzureichenden Interaktion der an dem Projekt beteiligten Akteursgruppen, der *Degussa* und der wissenschaftlichen Forschergruppen. Der zweite Punkt betrifft die Idee einer Anordnung von Uranwürfeln eingebettet in einen Moderator. Da Diebners Gruppe nicht ausreichend Uranmetall zur Verfügung stand, wählte man das pulverförmige Uranoxid U_3O_8 eingebettet in eine Matrix aus Paraffin für das Experiment.

In der Theorie lassen sich am einfachsten kugelförmige Geometrien berechnen, eine Anordnung von Würfeln ist weitaus schwieriger zu handhaben. Deshalb ging die Gruppe zunächst theoretisch von Uranoxidkugeln aus, die als räumliches Punktgitter in Paraffin als Moderator eingebettet waren. Die Größe der Kugeln wurde so gewählt, dass ihr Radius mit der Diffusionslänge von thermischen Neutronen in Uranoxid übereinstimmt. Damit sollte es den Spaltneutronen in jedem Fall möglich sein, die Kugel zu verlassen und im Moderator abgebremst zu werden. In der Praxis wurden dann beim Versuch G-I die theoretischen Uranoxidkugeln durch Würfel mit gleichem Volumen ersetzt. Aus einer Diffusionslänge von 6 cm ergab sich ein Volumen von 910 cm^3 und damit eine Länge der Würfelkanten von 9,7 cm. Zwischen den Uranwürfeln wurde dann eine Schicht von 2 cm Paraffin eingebracht. Schematisch ist dies in der Abbildung 3.9 auf Seite 86 dargestellt.[195]

Diese Würfelanordnung wurde in einem eigens dafür gebauten Versuchsstand untergebracht. Dieser bestand aus – in moderner Bezeichnung – einem „Swimmingpool" aus Beton mit 4×4 m Grundfläche und einer Höhe von 3,50 m. In diesen wurde ein zylindrischer Kessel aus Aluminium mit einem Radius von 1,25 m und einer Höhe von 2,30 m zur Aufnahme der Würfelanordnung eingebracht. Dieser Kessel wurde mit einem Rückstreumantel aus Wasser umgeben. Um Auftrieb bei der Leermessung auszuschalten, wurde er am Boden des Swimmingpools fest mit Teer vergossen. Zunächst hatte Diebner geplant, würfelförmige Presslinge aus Uranoxid zu verwenden. Dies hätte zum einen eine größere Dichte der Anordnung, zum anderen einen schnelleren und saubereren Aufbau ermöglicht. Allerdings war die *Auergesellschaft* nicht in der Lage, die Presslinge in der gewünschten Anzahl herzustellen. Somit mussten Waben aus Paraffin mit Uranoxidpulver befüllt

195 Versuchsstelle Gottow des Heereswaffenamtes: Bericht über einen Würfelversuch mit Uranoxyd und Paraffin, UAL, NA Döpel 143e, p. 3–4.

Abbildung 3.9: Anordnung der Uranoxidwürfel in Paraffin als Moderator.
Aus: UAL NA Döpel 143e, p. 21.

werden.[196] In der Erinnerung von Georg Hartwig stellt sich das Befüllen des Kessels wie folgt dar:

> Wir haben also die Waben aufgebaut, dann Gasmaske über, als Staubmaske, dann Uranoxyd reingeschüttet, das gab einen furchtbaren Schmutz, dann kam die nächste Paraffinschicht darauf, wieder die Waben, so haben wir also wochenlang das Ding von ungefähr 2,10 m oder 2,20 aufgebaut. In der Mitte wurde dann der Meßkanal gelassen und da kamen dann die Dysprosiumindikatoren hinein...[197]

Hartwig war im Rahmen der Gottower Gruppe auch für Strahlen- und Staubschutz zuständig. So sorgte er für die Beschaffung von Staubmasken und Schutzanzügen, ebenso wurden Duschen eingerichtet, um nach dem Befüllen der Waben Verschmutzungen der Anzüge abzuspülen. Befürchtungen vor Schäden durch Radioaktivität bestanden aber nicht. Zunächst wurde der Boden des Kessels mit Paraffin ausgegossen, um eine ebene Fläche zu erzielen. Für die kreisförmigen Zwischenflächen wurden Sektoren mit jeweils 30° gegossen. Die Kreisflächen wurden dann aus zwölf dieser Sektoren

---

196 Versuchsstelle Gottow des Heereswaffenamtes: Bericht über einen Würfelversuch mit Uranoxyd und Paraffin, UAL, NA Döpel 143e, p. 4.
197 Interview mit Georg Hartwig, geführt von Mark Walker am 23. November 1985, AIP, S. 7.

zusammengesetzt und die Zwischenfugen mit Paraffin vergossen. Zur Herstellung der würfelförmigen Waben wurden mit einer elektrischen Bandsäge Streifen von 1 m Länge, einer Breite von 9,7 cm und einer Stärke von 2 cm geschnitten bzw. mit einem Elektrohobel geglättet. Für die Zwischenwände wurden die Streifen in Stücke von 9,7 × 9,7 cm zerschnitten. Mithilfe von Holzlehren in der Größe der gewünschten Würfel wurden die Streifen und Zwischenstücke in den Kessel eingebracht und mithilfe von Lötkolben fixiert. Abbildung 3.10 auf Seite 88 zeigt diesen Arbeitsschritt. Anschließend wurden die Waben mit Uranoxid befüllt, das Pulver verdichtet und die nächste kreisförmige Paraffinschicht aufgebracht. Insgesamt fasste der Kessel 19 Schichten.[198]

Ebenso wie der handwerklich aufgebaute Reaktor wurden auch die Messinstrumente und Indikatoren von den Wissenschaftlern bzw. ihren Werkstätten selbst gebaut. Die Indikatoren zum Nachweis der Spaltneutronen bestanden aus Dysprosiumoxid, einem weißen Pulver, das auf Aluminiumplättchen der Abmessungen von ca. 2 x 4 cm aufgeschwemmt und anschließend mit Zaponlack fixiert wurde. Durch die Bestrahlung mit Neutronen wurde das Dysprosium künstlich aktiviert, d.h. der Dysprosiumkern fängt das Neutron ein und zerfällt unter Aussendung von γ- und β-Strahlen, die mithilfe eines klassischen Geiger-Müller-Zählrohres nachgewiesen werden können. Die Intensität der ausgesandten Strahlung gibt dann ein Maß für die Zahl der freigesetzten Neutronen. Auch die Zählrohre wurden in der Gottower Werkstatt hergestellt. Sie wurden aus Aluminium mit einer Wanddicke von 0,1 mm gedreht. Nur jedes dritte der Zählrohre hielt dem Luftdruck beim Evakuieren stand.[199] Der Messstand (Abb. 3.11, S. 89) zeigt zum einen die Plättchen mit Indikatoren, zum anderen die Bleikästen, mit denen die Umgebungsstrahlung von den Zählrohren abgeschirmt wurde.

Die Ergebnisse stimmten die Gottower Gruppe positiv. Die Auswertung der Messung ergab für die mittleren Neutronenabsorptionskoeffizienten $\bar{\nu} = +1410 \cdot 1/s$ einen Wert, der die bisherigen Schichtanordnungen deutlich übertraf. Aus diesem Grund wurde die geometrische Anordnung von in eine Bremssubstanz eingebetteten Würfeln in den weiteren Versuchen beibehalten. Das dargestellte methodische Vorgehen der Gruppe macht deutlich, dass es sich zwar um einen Großversuch handelt, der sich von gewöhnlicher

---

198 Versuchsstelle Gottow der Heereswaffenamtes: Bericht über einen Würfelversuch mit Uranoxyd und Paraffin, UAL, NA Döpel 143e, p. 4–5.
199 Interview mit Georg Hartwig, geführt von Mark Walker am 23. November 1985, AIP, S. 7.

Abbildung 3.10: Der Kessel von G-I bei der Konstruktion der Waben.
Deutlich sind die Holzlehren zum Aufbau der Waben
zu erkennen, ebenso wie Säge und Hobel. Aus: UAL
NA Döpel 143e, p. 23.

Abbildung 3.11: Der Messstand von G-I zum Ausmessen der Aktivität der Dysprosium-Indikatoren. Aus: UAL NA Döpel 143e, p. 24.

akademischer Forschung lediglich in der Menge des eingesetzten Materials, nämlich knapp 25 t Uranoxid und 4,4 t Paraffin, unterschied. Das gleiche gilt auch für die Folgeversuche der Gottower Gruppe.[200]

Nach dem ersten Versuch wurde auch die Gottower Gruppe vom Heereswaffenamt abgezogen und der Physikalisch-Technischen Reichsanstalt unter Leitung von Abraham Esau unterstellt. Dieser ließ als Bevollmächtigter für Kernphysik 600 l schweres Wasser von Heisenbergs Berliner Institut zur Chemisch-Technischen Reichsanstalt abtransportieren. In deren Labor plante die Gottower Gruppe einen weiteren Modellversuch mit metallischem Uran und schwerem Wasser. Theoretische Berechnungen hatten ergeben, dass Würfel aus metallischem Uran mit einer Kantenlänge von 6,5 cm ideal für die Durchführung des Versuches wären. Zur Herstellung

---

200 Versuchsstelle Gottow des Heereswaffenamtes: Bericht über einen Würfelversuch mit Uranoxyd und Paraffin, UAL, NA Döpel 143e, p. 18f.

der Würfel mussten allerdings bestehende Uranplatten zerschnitten werden. Um diese maximal auszunutzen, wurde eine Kantenlänge der Würfel von 5 cm gewählt. 108 dieser Würfel wurden nun kugelsymmetrisch in eine Gitterstruktur aus schwerem Eis bei einer Temperatur von -12 °C eingebettet. Diese Gitterstruktur war umgeben von einer Paraffinkugel mit einem Durchmesser von 75 cm, die zugleich den äußeren Streumantel darstellte. Der Versuch G-II zeigte einen Vermehrungsfaktor $Z = 1,37$ und übertraf damit den Leipziger Versuch L-IV, der bis dahin den höchsten Vermehrungsfaktor von $Z = 1,1$ erzielt hatte.[201]

Im Versuch G-IIIa wurde dieselbe Paraffinkugel verwendet, allerdings umgeben von einem weiteren Streumantel von 13,5 cm schwerem Wasser und Paraffin. Die Anordnung im Inneren war ähnlich wie bei G-II, nur mit flüssigem schweren Wasser anstelle von gefrorenem. Dadurch konnte der Vermehrungsfaktor erneut auf $Z = 1,65$ gesteigert werden. Übertroffen wurde der Versuch schließlich noch von G-IIIb. Eine Aluminiumkugel mit einem Durchmesser von 102 cm enthielt 240 Uranwürfel (540 kg) mit 5 cm Kantenlänge und 525 l schweres Wasser. Diese Kugel war erneut vom Paraffin umgeben. Mit einem Vermehrungsfaktor von $Z = 2,1$ konnte die Gottower Gruppe die Vorzüge der Würfelanordnung nun eindeutig nachweisen.[202] Diebners Gruppe wurde kurz vor Kriegsende nach Stadtilm in Thüringen ausgelagert. Aufgrund von Materialmangel konnten jedoch keine Versuche mehr durchgeführt werden.

Der Historiker Rainer Karlsch spekuliert über einen weiteren Versuch Gottow IV. Bei diesem Versuch wäre leicht angereichertes Uran 235 genutzt worden, um Plutonium aus Uran 238 auszubrüten. Karlsch beruft sich vor allem auf Bodenproben am Gottower Versuchsstand. Nachdem aber bisher keine von Karlschs Bodenproben verifiziert werden konnte, ist diese These mit einem großen Fragezeichen zu versehen.[203]

3.2.5 Der Modellversuch in Hechingen/Haigerloch

Der letzte Modellversuch, der im Rahmen des deutschen *Uranvereins* durchgeführt wurde, war von der Mangelsituation geprägt, die alliierte Bombenangriffe hervorgerufen hatten. Der Nachschub an schwerem Wasser war durch britische Bombenangriffe auf das norwegische Werk der *Norsk Hydro* unterbunden. Im September 1944 zerstörten zudem Bombenangriffe

---

201 Walker, *Die Uranmaschine*, S. 124f.
202 Heisenberg und Wirtz, „Großversuche", S. 151.
203 Karlsch, *Hitlers Bombe*, S. 133-137.

das Frankfurter Werk der *Degussa*, so dass an eine weitere Produktion von metallischem Uran nicht mehr zu denken war. Den Mitgliedern des ausgelagerten Kaiser-Wilhelm-Instituts in Hechingen blieb somit nur übrig, die noch vorhandenen Reste zu nutzen. Walther Gerlach ließ im Januar 1945 als Nachfolger Abraham Esaus als Leiter der Fachsparte Physik im Reichsforschungsrat die letzten in Berlin verbliebenen Mitglieder von Heisenbergs Arbeitsgruppe ebenso wie das in Berlin noch vorhandene Uran und schwere Wasser nach Hechingen evakuieren.[204]

Alles andere schwere Wasser, Uran, Schmelzöfen für Uran, Produktionsanlagen für schweres Wasser im Labormaßstab, insbesondere die Materialien von Diebners Gottower Versuchen, waren in das thüringische Stadtilm verbracht worden. Ein weiterer Modellversuch wurde vorbereitet, konnte aber nicht mehr durchgeführt werden. Über die Arbeiten der Gruppe um Diebner ranken sich zahlreiche Mutmaßungen, die bis hin zur Zündung einer unterkritischen Atombombe bei der thüringischen Stadt Ohrdruf reichen. All dies ist weder durch Quellenmaterial noch durch Bodenproben hinreichend belegt und wird aufgrund des spekulativen Charakters hier nicht weiter verfolgt.[205]

Kurz vor Kriegsende war es allen Beteiligten offenkundig, dass nur mehr ein Versuch durchgeführt werden konnte. Werner Heisenberg wollte diesen letzten Versuch selbst durchführen und intervenierte bei Walther Gerlach, der seit Ende 1943 die Fachsparte Physik im Reichsforschungsrat leitete und als Bevollmächtigter für Kernphysik für das Projekt verantwortlich war. Daraufhin wurden Material und Personal aus Stadtilm ins schwäbische Haigerloch abgezogen.[206]

Als Standort für den letzten Versuch wurde ein Felsenkeller in Haigerloch in der Nähe von Hechingen ausgewählt. Da die gewünschten Zylinder aus metallischem Uran mit 7 cm Höhe und 7 cm Durchmesser nicht mehr geliefert werden konnten, musste sich die Gruppe mit den vorhandenen Uranwürfeln einer Kantenlänge von 5 cm begnügen. Wie in Abbildung 3.12 auf Seite 92 dargestellt, wurden 680 dieser Uranwürfel an Aluminiumdrähten am Deckeleinsatz des Kessels befestigt. Insgesamt wurden 78 Ketten mit acht bzw. neun Würfeln verwendet. Als Kessel wurde der Magnesiumkessel der Berliner Versuche B-VI bzw. B-VII eingesetzt. Die Gitteranordnung befand sich in diesem Kessel aus einer Magnesiumlegie-

---

204 Walker, *Die Uranmaschine*, S. 182f.
205 Karlsch, *Hitlers Bombe*; Physikalisch-Technische Bundesanstalt. *Jahresbericht 2006*. 2007, S. 126.
206 Karlsch, *Hitlers Bombe*, S. 137.

rung umgeben von 40 cm Graphit in einem Aluminiumkessel, der in ein
Betonbecken im Boden des Felsenkellers eingelassen war. Bei dem Deckel
handelte es sich um eine Spezialkonstruktion aus 1 cm starken Magnesium-
platten, die mit einem eisernen Tragegerüst stabilisiert wurden und nach
Aufhängung der Uranketten (insgesamt ca. 1,5 t) ebenfalls mit einer Koh-
leschicht befüllt wurden. Im Zentrum der Anordnung befand sich wieder
eine Ra+Be-Neutronenquelle.[207]

Abbildung 3.12: Das Foto zeigt die Uranwürfel an der Deckelkonstruk-
tion hängend vor Einführen in den Kessel. Im Hinter-
grund sind die Tanks für das schwere Wasser zu erkennen. Copyright akg-images.

Nachdem die Deckelanordnung mit den Würfelketten in den Kessel mithilfe eines Deckenkrans eingeführt worden war, füllte man zunächst das
Tankbecken mit gewöhnlichem Wasser als Rückstreumantel auf, und als
sich die Apparatur als dicht erwies, wurde das schwere Wasser in das Innere des Kessels eingefüllt. Durch ein Rohr ins Zentrum führte man anschlie-

---

207 Heisenberg und Wirtz, „Großversuche", S. 158–159.

ßend die Neutronenquelle ein und beobachtete mithilfe von Indikatoren aus Silber und Dysprosiumoxid die Aktivität des Reaktors. Eine selbsterhaltende Kettenreaktion kam nicht zustande, dennoch wurde der höchste bisher erzielte Vermehrungsfaktor $Z = 6,7$ erreicht. Berechnungen Heisenbergs zeigten, dass eine Vergrößerung des Volumens um 50 % den Reaktor hätte kritisch werden lassen. Da jedoch kein weiteres schweres Wasser zur Verfügung stand, plante man, weitere Uranwürfel in den Rückstreumantel aus Graphit einzulagern. Dazu kam es jedoch nicht mehr. Im April 1945 rückten französische Truppen nach Haigerloch vor, und die amerikanische Alsos-Mission beschlagnahmte das Uran, ebenso wie die wissenschaftlichen Berichte. Der Felsenkeller wurde durch mehrere kleine Sprengungen zerstört.[208]

3.3 Wiener Forschungsalltag jenseits der Modellversuche

Die strukturellen und institutionellen Umbrüche der Wiener Physik sind bereits exzellent und ausführlich dargelegt.[209] Deshalb widme ich mich in der folgenden Analyse dem physikalischen Hintergrund der in Wien im Rahmen des *Uranvereins* durchgeführten Arbeiten. Exemplarisch werden nun drei zentrale Bereiche der Wiener Arbeiten im Rahmen des *Uranvereins* analysiert:

1. die Identifikation von Plutonium durch Josef Schintlmeister von 1940 bis Anfang 1942,[210]

2. die Untersuchung schneller Neutronen in Uran durch Georg Stetter und Karl Lintner ab ca. 1941/42, und in anderen Elementen von Friedrich Prankl,

3. die Untersuchung der Energien und Reichweiten der Urankernbruchstücke durch Willibald Jentschke mit verschiedenen Mitarbeitern.

3.3.1 Identifikation von Plutonium

Zunächst diskutierte Schintlmeister in seinen Berichten die chemischen Eigenschaften des neuen Elements. Aufgrund der bisherigen Forschungsarbei-

208 Heisenberg und Wirtz, „Großversuche", S. 159–164.
209 Fengler, *Kerne, Kooperation und Konkurrenz*, S. 236–306.
210 Vgl. Seite 62 dieser Arbeit.

ten konnte er Elemente mit kleinerer Ordnungszahl als Uran ausschließen, obwohl noch Lücken im Periodensystem bei Elementen mit den Ordnungszahlen 43, 61, 85 und 87 bestanden. Somit musste es sich bei dem neuen Element um ein Transuran mit einer Ordnungszahl größer als 92 handeln. Aus Analogiebetrachtungen über mögliche Elektronenkonfigurationen der äußeren Schalen und chemischen Versuchen, insbesondere Fällungsreaktionen mit Schwefelwasserstoff H_2S, und den flüchtigen Eigenschaften von Verbindungen, die in Salpeter- und Schwefelsäure (HNO_3 und H_2SO_4) entstehen, folgerte er, dass das neue Element die Ordnungszahl 93 oder 94 besitzen müsse. Aus den α-Zerfallseigenschaften, der Energie der α-Teilchen und einem fehlenden β-Zerfall folgerte er, dass das neue Element die Ordnungszahl 93 besitzen muss. Als Massenzahl schätzte er am wahrscheinlichsten 244, ebenso könne aber 242 möglich sein. Er betonte in seinem Bericht, dass nach der Theorie von Bohr und Wheeler bei einer Massenzahl von 244 oder 242 eine Spaltung mit thermischen Neutronen möglich ist, bei einer Massenzahl von 246 eine Spaltung erst unter Einwirkung schneller Neutronen eintritt.[211]

In einem weiteren Bericht wandte sich Schintlmeister der Frage der Energieerzeugung durch Kernspaltung des 1,8 cm Alphastrahlers (= Plutonium) zu. Hierin diskutiert er zunächst die Gewinnung von Plutonium aus Zinkblende. Unter Berücksichtigung der chemischen Verfahren bei der Verhüttung, einer groben Abschätzung der Halbwertszeit und einer Annahme eines Atomgewichts von 244 für das neue Element schätzte Schintlmeister, dass in 1 t Eisenstein (einem Produkt des Verhüttungsprozesses) etwa 0,1 g Plutonium enthalten sein müssten. Dies erschien zunächst wenig, Schintlmeister wies jedoch darauf hin, dass 40 % der Weltproduktion von Platin als Nebenprodukt bei der Aufarbeitung von Sulfiderzen in Kanada hergestellt werden und die technische Chemie nicht unterschätzt werden darf. Aus kernphysikalischen Abschätzungen bekannter Zerfalls- und Spaltreaktionen kam Schintlmeister auch hier wieder zu dem Schluss, dass das neue Element durch thermische Neutronen spaltbar ist.

---

211 Josef Schintlmeister und Friedrich Hernegger, Über ein bisher unbekanntes, alphastrahlendes chemisches Element, Juni 1940, ADMM FA 002 / Vorl. Nr. 0055; dies., Weitere chemische Untersuchungen an dem Element mit Alphastrahlen von 1,8 cm Reichweite (II. Bericht), Mai 1941, ADMM, FA 002 / Vorl. Nr. 0108, Schintlmeister, Die Stellung des Elements mit Alphastrahlen von 1,8 cm Reichweite im periodischen System (III. Bericht) 20.05.1941, ADMM, FA 002 / Vorl. Nr. 0107.

Kurz zusammengefasst, kann man festhalten, dass Schintlmeister mithilfe chemischer Laboranalysen versuchte, die Eigenschaften des neuen Elements zu identifizieren. Hinzu kamen noch Reichweitenbestimmungen der Alphastrahlen mithilfe einer Ionisationskammer. Er bewegte sich mit seinen Arbeiten damit im klassischen Rahmen der Tätigkeit eines Radiochemikers der Zeit.[212]

3.3.2 Schnelle Neutronen in Uran

Friedrich Prankl, während des Krieges Assistent am Institut für Radiumforschung in Wien, fasste nach Kriegsende die Untersuchungen von Wirkungsquerschnitten von schnellen Neutronen in verschiedenen Elementen zusammen. Ziel war es, sowohl genauere Angaben über die Größe der Absorption, als auch die Größe des Zuwachses an Neutronen durch (n,2n)-Prozesse zu erhalten. Der Versuchsaufbau ist in Abbildung 3.13 auf Seite 95 dargestellt.

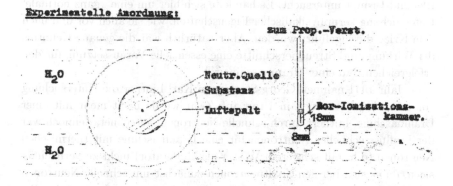

Abbildung 3.13: Versuchsanordnung zur Bestimmung von Wirkungsquerschnitten von schnellen Neutronen. Der Durchmesser der Kugel betrug weniger als 20 cm. Aus: Prankl, ADMM, FA 002 / Vorl. Nr. 0744.

Bei diesem Versuch wurden zwei unterschiedliche Neutronenquellen eingesetzt, um unterschiedliche Energiespektren der Neutronen abzudecken. Zum einen eine Rn+CaF-Neutronenquelle mit einer maximalen Energie der erzeugten Neutronen von 2-3 MeV und einmal eine Rn+Be-Neutronenquelle

---

212 Schintlmeister, Die Aussichten für eine Energieerzeugung durch Kernspaltung des 1,8 cm Alphastrahlers, 26.02.1942, ADMM FA 002 / Vorl. Nr. 0159.

mit einer maximalen Energie der Neutronen von etwa 14 MeV. Die Neutronenquelle, die in eine dünnwandige Glaskugel von 8 mm Durchmesser eingeschmolzen war, befand sich in der Mitte einer Hohlkugel der zu untersuchenden Substanz. Diese Substanzen wurden entweder in fester, geschmolzener oder pulverisierter Form untersucht. Die Hohlkugeln hatten Wandstärken von 2-4 cm. Die von der Neutronenquelle ausgesandten schnellen Neutronen traten durch die Testsubstanz und wurden in einem Wassertank verlangsamt, wo sie dann mithilfe einer Bor-Ionisationskammer als thermische Neutronen nachgewiesen wurden. Um die Effekte durch rückgestreute thermische Neutronen aus dem Wasserbottich zu verhindern, wurde die Hohlkugel der Testsubstanz mit einer weiteren dünnwandigen Hohlkugel umgeben, in der Absorber mit einem großen Einfangquerschnitt für thermische Neutronen enthalten waren, wie Cadmium und Quecksilber. Im Rahmen der Versuchsserie wurden Kohlenstoff, Aluminium, Schwefel, Eisen, Kupfer, Zink, Cadmium, Antimon, Wolfram, Quecksilber, Thallium, Blei und Bismut untersucht. Es handelte sich hier um eine „ganz normale" Untersuchung kernphysikalischer Eigenschaften, wie sie auch vor und nach dem Krieg durchgeführt wurden. Aber natürlich war die genaue Kenntnis der Wirkung und Streuquerschnitte eine essenzielle Voraussetzung für den erfolgreichen Bau einer Uranmaschine.[213]

Im Jahr 1941 nahmen Georg Stetter um Karl Lintner die Untersuchung von schnellen Neutronen in Uran auf. Zwar wurde nicht mehr mit einer Uranmaschine, initiiert durch schnelle Neutronen, gerechnet, dennoch war der Einfluss schneller Neutronen für eine Uranmaschine mit thermischen Neutronen (d.h. mit schwerem Wasser als Moderator) nicht zu vernachlässigen, da es sich bei den Spaltneutronen zunächst um schnelle Neutronen handelt. In einer ersten Arbeit untersuchten Stetter und Lintner den Zuwachs schneller Neutronen durch den Spaltprozess und den Abfall durch unelastische Streuung. Dazu wählten sie die in Abbildung 3.14 auf Seite 97 dargestellte Anordnung.

Diese Anordnung bestand aus einem System konzentrischer Kugeln. In deren Mitte befand sich entweder eine Rn+Be-Neutronenquelle oder eine Ra+Be-Neutronenquelle. Nach außen hin folgten drei Kugelschalen: eine innere Kugelschale K_1 mit einem Durchmesser von 5 cm, eine mittlere Kugelschale K_2 mit 14,8 cm und eine äußere Kugelschale mit 28 cm Durchmesser. Die Kugeln K_1 und K_2 wurden entweder wechselweise oder beide

213 Friedrich Prankl, Absorption und Vermehrung schneller Neutronen, [1945], ADMM, FA 002 / Vorl. Nr. 0744.

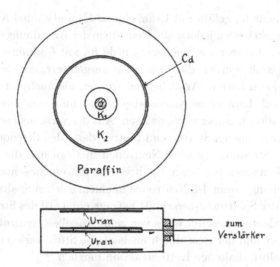

Abbildung 3.14: Versuchsanordnung von Stetter und Lintner zur Unter-
suchung von schnellen Neutronen in Uran, sowie Uran-
Ionisationskammer zum Nachweis der Neutronen. Aus:
ADMM, FA 002 / Vorl. Nr. 0240.

mit Uran gefüllt, die ersten Versuche wurden ohne Cadmium oder Paraffin
durchgeführt.

Zum Nachweis der Neutronen diente eine Ionisationskammer mit vier
großflächigen Uranschichten und einem Durchmesser von 13,4 cm. Sie wurden durch Elektrolyse von Uranylnitrat in Wasser „homogen durch Unter-
brechen und Umrühren" aufgebracht. Ihre Dicke entsprach einem Luftäquivalent von 0,5 mm. Ein thermisches Neutron, das in die Ionisationskammer eintritt, durchläuft die Uranschicht und führt einen Spaltprozess aus.
Aufgrund der Dünne der Schicht ionisieren die Spaltprodukte das Gas in
der Ionisationskammer, was zu einem Ausschlag führt, der am Verstärker
deutlich sichtbar wird. So konnten selbst Einzelprozesse nachgewiesen werden.[214]

Zunächst wurden die Versuche ohne Cadmium und Paraffin durchgeführt.
Dabei wurden unterschiedliche Füllkombinationen durchprobiert. Zunächst
wurde eine Leermessung mit der Neutronenquelle durchgeführt, anschlie-

---

214 Georg Stetter und Karl Lintner, Schnelle Neutronen in Uran (I): Der Zuwachs
durch den Spaltprozeß und der Abfall durch unelastische Streuung, Januar
1942, ADMM, FA 002 / Vorl. Nr. 0240, Paginierung fehlt.

ßend einmal nur K_1 gefüllt mit Uran, einmal K_2 und einmal K_1 und K_2 mit Uran gefüllt. So treffen jedoch alle Neutronen der Anordnung auf die Ionisationskammer. In einer zweiten Serie wurde K_2 mit Cadmium und Paraffin umgeben. Damit wurden die Neutronen ausgefiltert, die durch Streuung Energie verloren hatten. Anschließend wurden die austretenden schnellen Neutronen auf thermisches Niveau abgebremst und so in ihrer Gesamtheit in der Ionisationskammer nachgewiesen. Aus der verschiedenen Anzahl der Ereignisse berechneten Stetter und Lintner dann den Streuquerschnitt für unelastische Streuung schneller Neutronen in Uran und die Zahl der freigesetzten Neutronen bei einem Spaltprozess mit einem schnellen Neutron. Zwar werden insgesamt 4-5 Neutronen in einem solchen Spaltprozess freigesetzt, aber der Spaltungsquerschnitt beträgt nur 1/10 des Streuquerschnittes. Dies bedeutet, dass nur eines von zehn schnellen Neutronen eine Spaltung ausführt und der Rest durch unelastische Stöße verloren geht. Damit war keine selbsterhaltende Kettenreaktion möglich.[215]

Der zweite Bericht der Serie von Stetter und Lintner trägt den Untertitel: „Genaue Bestimmung des unelastischen Streuquerschnitts der Neutronenzahl bei ‚schneller' Spaltung." Die erhöhte Genauigkeit wurde zum einen durch eine veränderte Versuchsgeometrie erreicht, die in Abbildung 3.15 dargestellt ist, zum anderen über ein verändertes Messverfahren. Vom alten Versuchsaufbau unterscheidet sich der neue insbesondere durch die dünnere Uranschicht, die die Strahlungsquelle in größerem Abstand umgibt. Mithilfe einer Uran-Ionisationskammer bestimmten Stetter und Lintner wieder die Zahl der spaltfähigen Neutronen. Die Zahl der Neutronen, die durch die Spaltungen erzeugt wurden, maßen sie diesmal mit Dysprosiumoxidindikatoren in einer Wasserwanne. Die β-Aktivität der Indikatoren betimmten sie anschließend mit einem Zählrohr mit Verstärker.[216]

Der Versuch ergab einerseits eine genauere Bestimmung des unelastischen Streuquerschnitts für Ra+Be-Neutronen in Uran und einen raschen Abfall der spaltungsfähigen Neutronen mit wachsender Urandicke, während die Gesamtzahl der Neutronen mit wachsender Urandicke zunächst schnell, dann aber nur mehr sehr langsam anstieg. Die Details des Verlaufs dieser

---

215 Georg Stetter und Karl Lintner, Schnelle Neutronen in Uran (I): Der Zuwachs durch den Spaltprozeß und der Abfall durch unelastische Streuung, Januar 1942, ADMM, FA 002 / Vorl. Nr. 0240, Paginierung fehlt.
216 Georg Stetter und Karl Lintner, Schnelle Neutronen in Uran (II.): Genaue Bestimmung des unelastischen Streuquerschnittes und der Neutronenzahl bei „schneller" Spaltung, ADMM, FA 002 / Vorl. Nr. 0243.

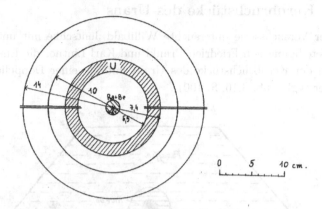

Abbildung 3.15: Verbesserte Versuchsanordnung von Stetter und Lintner zur Untersuchung von schnellen Neutronen in Uran.
Aus: ADMM, FA 002 / Vorl. Nr. 0243.

Zuwachskurve konnten die Autoren zum damaligen Zeitpunkt noch nicht
klären.[217]

In weiteren Streuexperimenten untersuchten Stetter und Lintner den elas-
tischen Streuquerschnitt und den totalen Wirkungsquerschnitt, und sie in-
terpolierten aus einer Untersuchung des (n,2n)-Prozesses in Blei auf den
analogen Prozess in Uran und schlossen daraus auf die Zahl der Spaltneutronen.[218] Sämtliche dieser Versuche wurden in den Labors des zweiten
physikalischen Instituts der Universität Wien in der Boltzmanngasse durchgeführt. Dimensionierung, Materialeinsatz und Personaleinsatz weisen klar
den Charakter akademischer Laborwissenschaft auf. Ebenso blieben diese
Experimente den traditionellen Methoden verhaftet.

---

217 Georg Stetter und Karl Lintner, Schnelle Neutronen in Uran (II.): Genaue
Bestimmung des unelastischen Streuquerschnittes und der Neutronenzahl bei
„schneller" Spaltung, ADMM, FA 002 / Vorl. Nr. 0243.
218 Georg Stetter und Karl Lintner, Schnelle Neutronen in Uran (III.): Streuver-
suche, September 1942, ADMM, FA 002 / Vorl. Nr. 0243; sowie Georg Stetter
und Karl Kaindl, Schnelle Neutronen in Uran (VI): Der (n,2n)-Prozess in Blei
und die Deutung der Vermehrung schneller Neutronen in Uran, ADDM, FA
002 / Vorl. Nr. 0743.

3.3.3 Kernbruchstücke des Urans

In einer Versuchsserie untersuchte Willibald Jentschke mit unterschiedlicher Beteiligung von Friedrich Prankl und Karl Lintner die Energien und Massen der Kernbruchstücke des Urans mithilfe einer Doppelionisationskammer (vgl. Abb. 3.16, S. 100) .

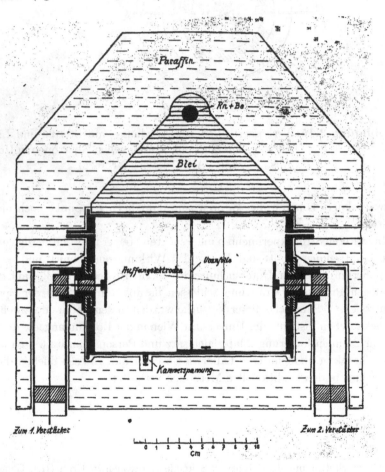

Abbildung 3.16: Doppelionisationskammer zur Bestimmung der Energien und der Masse der Kernbruchstücke. Aus: ADMM, FA 002 / Vorl. Nr. 0044, S. 5.

Zwischen den beiden Ionisationskammern ist eine Uranfolie so aufgespannt, dass bei einer Kernspaltung eines der Bruchstücke in die linke

Kammer fliegt, das andere in die rechte Kammer. Dort ionisieren die Bruchstücke das Füllgas Argon, und durch eine sehr hohe angelegte Spannung setzen diese Elektronen weitere Elektronen frei. Diese Lawinen treten nur nahe
der Anoden auf, so dass man sich in einem Bereich bewegt, in dem der am
Verstärker gemessene Stromimpuls proportional zur Energie der eingefalle-
nen Kernbruchstücke ist. Die von der Ra+Be-Neutronenquelle ausgehende
γ-Strahlung wurde durch einen Bleimantel abgeschirmt. Neutronenquelle
und die gesamte Anordnung waren von einem Paraffinmantel umgeben, so
dass vor allem thermische Neutronen auf die Uranfolie trafen. Ein Koinzi-
denzzähler registrierte nur gleichzeitige Ereignisse.[219]

Mit der Ionisationskammer hatten die Wiener Physiker bereits Erfahrungen gesammelt. Das Problem bei diesem Experiment bestand insbesondere
in der Herstellung einer Uranschicht, die so dünn sein musste, dass eine Ab-
bremsung der Kernbruchstücke in der Schicht zu vernachlässigen war. Der
einfachste Weg zur Herstellung einer solchen Schicht war ähnlich der Herstellung der Dysprosiumoxidindikatoren. Metallisches pulverförmiges Uran
wurde mit Alkohol aufgeschwemmt, eingedampft und mit Zaponlack fixiert.
Aus diesem Gemisch wurden dünne Folien hergestellt und durch Kathoden-
bestäubung leitend gemacht. Die Körner des Uranpulvers waren jedoch zu
grob und führten deshalb zu einer Streuung der austretenden Kernbruchstücke, was eine genaue Messung ihrer Energie unmöglich machte.

Der zweite Weg bestand in einem elektrolytischen Verfahren. Auf eine
Acetyl-Zellulose-Unterlage wurde eine Goldschicht mit einem Luftäquivalent von 0,2 mm aufgedampft. Anschließend wurde elektrolytisch Uran aus
einer wässrigen Uranylnitratlösung auf die Goldschicht aufgetragen. Die
Acetyl-Zellulose-Unterlage wurde in mehreren Acetonbädern aufgelöst und
die Uran-Goldfolie an einer Aluminiumfolie mit einer runden Öffnung mit
3 cm Durchmesser befestigt. So entstanden dünne und homogene Uran-
Goldfolien, die allerdings den Nachteil hatten, dass ein Teil der Kernbruchstücke erst die Goldfolie passieren musste und dadurch inelastische Streuung erleiden konnte. Deshalb wurde nach einem weiteren Verfahren ge-
sucht.[220]

Zunächst wurde auf eine Platinscheibe eine vergleichsweise dicke Schicht
Uran elektrolytisch aufgebracht. Diese wurde dann kathodisch auf eine
Acetyl-Zellulose-Unterlage gedampft. Die fertige Uranschicht wurde dann

---

219 Willibald Jentschke und Friedrich Prankl, Energien und Massen der Uran-
      kernbruchstücke, August 1940, ADMM, FA 002 / Vorl. Nr. 0044.
220 Willibald Jentschke und Friedrich Prankl, Energien und Massen der Uran-
      kernbruchstücke, August 1940, ADMM, FA 002 / Vorl. Nr. 0044.

wieder an einer Aluminiumfolie befestigt, die Acetyl-Zellulose-Unterlage in Acetonbädern aufgelöst. Die fertige Uranschicht erwies sich trotz ihrer Dicke von nur 6 μm und einem Luftäquivalent von nur 0,03 mm als überaus stabil und konnte so für den Versuch eingesetzt werden. Damit ließen sich die Massen der entstehenden Bruchstücke bestimmen. Gleichschwere Bruchstücke kamen so gut wie nie vor, die schweren Bruchstücke schwankten zwischen einem Atomgewicht von 127 und 162, die Massen der leichten zwischen 109 und 174, so Jentschke und Prankl.[221]

Dieser Versuchsaufbau wurde für die nächsten Experimente modifiziert. Für die Reichweitenbestimmung wählten Jentschke und Karl Lintner die in Abbildung 3.17 auf Seite 102 dargestellte Anordnung.

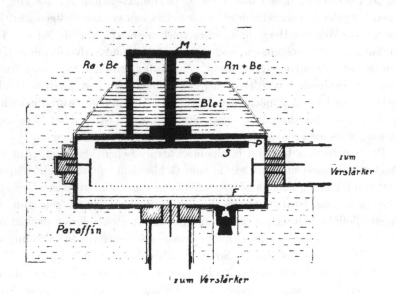

Abbildung 3.17: Doppelionisationskammer zur Bestimmung der Reichweite der Kernbruchstücke. Aus: ADMM, FA 002 / Vorl. Nr. 0096, S. 4.

---

221 Mir ist unklar, wie aus der Spaltung eine Urankernes mit einer Masse von 232-239, je nach Isotop, das leichtere Kernbruchstück eine Masse von 174 besitzen soll. Dies geht auch aus keinem der Diagramme oder der Diskussion der Versuchsergebnisse hervor. Letzlich ist dies aber für die Fragestellung dieser Arbeit irrelevant.

Es musste eine Methode gewählt werden, bei der die Ionisation der α-Strahlen von Uran und anderen zufällig vorhandenen radioaktiven Stoffen nicht störend wirkte. Die Kernbruchstücke durchliefen deshalb zwei Ionisationskammern, die durch eine dünne Folie (F) getrennt waren. Die verwendete Doppelionisationskammer hatte einen Durchmesser von ca. 10 cm. Die Teilchen, die in jeder Kammer auftraten, wurden nach geeigneter Verstärkung mithilfe mechanischer Zählwerke getrennt registriert. Ein drittes Zählwerk gewährleistete, dass nur Kernbruchstücke gezählt wurden, die in beiden Kammern auftraten.[222]

Die wirksame Tiefe der großen Ionisationskammer konnte mit einer Mikrometerschraube (M) variiert werden. Die größte Tiefe der großen Kammer betrug 26 mm, die der kleinen 6 mm. An der Mikrometerschraube ist der Präparatträger (P) befestigt, auf den durch Elektrolyse eine Uranschicht mit einem Luftäquivalent von 1 mm aufgebracht wurde. In jeder der beiden Kammern befanden sich Netzelektroden, die aus Messingringen bestanden, auf die ein feiner Messingdraht mit 0,2 mm Durchmesser aufgespannt war. Diese waren mit einem Verstärker und einem Zählwerk verbunden. Das Zählwerk der großen Kammer wurde dabei so eingestellt, dass es nur auf schwere Kernbruchstücke ansprach. Das andere Zählwerk, das die Teilchen in der kleinen Kammer zählte, wurde dagegen möglichst empfindlich eingestellt. Ein drittes Zählwerk sorgte dafür, dass nur jene Impulse gezählt wurden, die in der großen und in der kleinen Kammer gleichzeitig auftraten. So war gewährleistet, dass die gezählten Koinzidenzen nur von schweren Teilchen ausgelöst wurden.[223]

Die Bestrahlung des Urans erfolgte wieder mit Ra+Be-Neutronenquellen, deren austretende Gammastrahlung mit Blei von der Uranschicht abgeschirmt wurde. Die komplette Anordnung war mit Paraffin umgeben, so dass im Wesentlichen langsame Neutronen auf die Uranschicht trafen. Insgesamt maß man in über 905 Stunden zwei wesentliche Serien, einmal mit einer Argonfüllung und einmal mit einer Stickstofffüllung der Kammer. In jeder dieser Serien wurde die Empfindlichkeit des Zählwerkes der kleinen

222 Willibald Jentschke und Karl Lintner, Über die Reichweitenverteilung der schweren Kernbruchstücke aus Uran bei Bestrahlung mit langsamen Neutronen, März 1941, ADMM, FA 002 / Vorl. Nr. 0096.
223 Willibald Jentschke und Karl Lintner, Über die Reichweitenverteilung der schweren Kernbruchstücke aus Uran bei Bestrahlung mit langsamen Neutronen, März 1941, ADMM, FA 002 / Vorl. Nr. 0096.

Kammer zusätzlich variiert. Die Ergebnisse wurden anschließend auf Luft umgerechnet und miteinander verglichen.[224]

Zur Durchführung des Versuchs brachte man den Präparatträger mit der Mikrometerschraube nah an die kleine Kammer heran und zählte die Koinzidenzen pro Zeiteinheit. Dann entfernte man ihn in 0,5 mm Schritten und zählte weiterhin die Koinzidenzen pro Zeiteinheit, bis diese schließlich bei ca. 25 mm auf Null gesunken waren. Daraus ließen sich dann differenzielle Reichweitenkurven wie in Abbildung 3.18 auf Seite 104 ermitteln.

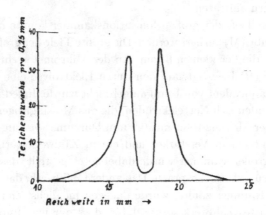

Abbildung 3.18: Abgeleitete Reichweitenverteilung der Kernbruchstücke von Uran in Stickstoff. Aus: ADMM, FA 002 / Vorl. Nr. 0096, S. 16.

3.4 Der Uranverein — eine Bilanz

„Money, Manpower, Machines, Media, and the Military"[225] – das amerikanische Manhattan Project zum Bau der Atombombe gilt als der Ausgangspunkt der Großforschung in der Physik. Großforschung meint dabei nicht nur „groß" im Sinne von Großgeräten und großen finanziellen Aufwendungen, auch wenn dies zu ihren entscheidenden Kennzeichen zählt.

---

224 Willibald Jentschke und Karl Lintner, Über die Reichweitenverteilung der schweren Kernbruchstücke aus Uran bei Bestrahlung mit langsamen Neutronen, März 1941, ADMM, FA 002 / Vorl. Nr. 0096.

225 James H. Capshew und Karen A. Rader. „Big Science: Price to the Present". In: *Osiris* 7 (1992), S. 3–25, S. 4.

Großforschung charakterisiert sich durch neue Formen der Wissensproduktion, nämlich eine klare Projektorientierung und hochgradige Interdisziplinarität. Nicht mehr fundamentale Probleme ihrer Wissenschaft beschäftigten die Physiker im *Manhattan Project*, sondern die praktische Lösung von Problemen im Umgang mit bis dahin unbekannten Materialien. Über die spezifischen Arbeitsweisen hinaus weist Großforschung zumeist eine Finanzierung durch den (Zentral-) Staat auf, ggf. auch mit industrieller Kooperation. Damit einher geht häufig auch ein Dualismus von politischen Vorgaben und Vorstellungen und dem Bestreben der Wissenschaftler nach Selbststeuerung.[226]

Beim amerikanischen Manhattan Project war es unter der militärischen Leitung des US Army Corps of Engineers gelungen, Wissenschaft, Industrie und Militär zum Bau der Atombombe in einem bis dahin noch nicht bekanntem Maßstab zu vereinen. Die Kommunikation zwischen den einzelnen Gruppen und Standorten war durch die militärische Geheimhaltung stark eingeschränkt. Dennoch gelang es J. Robert Oppenheimer als wissenschaftlichem Leiter und Brigadegeneral Leslie Groves als militärischem Leiter, die Arbeiten zentral zu koordinieren. Diese reichten von der wissenschaftlichen Forschung zur Kernspaltung, Neutronendiffusion, Bombenphysik über Anreicherungsverfahren im industriellen Maßstab bis hin zum Betrieb von Atomreaktoren zum Ausbrüten von Plutonium. Etwa 130.000 Menschen waren gegen Kriegsende am Manhattan Project beteiligt.[227]

Im Gegensatz dazu fehlte es an jedem der *five M* der Großforschung im Rahmen des deutschen *Uranvereins*. Es ist unstrittig, dass es sich beim deutschen *Uranverein* um keine Großforschung handelte. Von den Anfängen der Radioaktivitätsforschung über die Entdeckung des Neutrons und der Kernspaltung bis hin zum Versuch, eine Uranmaschine zu bauen, blieb die Wissensproduktion in der akademischen Tradition und deren Handlungspraktiken verortet. So wurden die Detektoren zur Messung der Neutronenaktivität in den jeweiligen Labors selbst hergestellt. Das Dysprosiumoxid wurde mit Spiritus auf Aluminiumplättchen aufgeschwemmt und mit Lack fixiert. Standards gab es dazu innerhalb des *Uranvereins* keine:

---

226 Peter Galison und Bruce Hevly, Hrsg. *Big Science. The Growth of Large-Scale Research*. Stanford, 1992; Margit Szöllösi-Janze und Helmuth Trischler. *Großforschung in Deutschland. Bd. 1. Studien zur Geschichte der deutschen Großforschungseinrichtungen*. Frankfurt am Main, 1990.

227 Richard Rhodes. *The Making of the Atomic Bomb*. New York, 1986; Thomas P. Hughes. *American Genesis: A Century of Invention and Technological Enthusiasm, 1870-1970*. Chicago, 1989.

Jede der einzelnen Gruppen fertigte sie in der Tradition des eigenen Labors an. Manchmal waren sie noch mit einer Aluminiumfolie umgeben, wie in Leipzig[228], oder es wurde darauf verzichtet, weil man mit dem Messergebnis nicht zufrieden war wie in Gottow. Hierzu stellte Georg Hartwig fest:

> Es gab ja nichts, wir mussten alles selbst entwickeln, manchmal habe ich versucht eine Aluminiumfolie [um die Indikatoren] herumzuwickeln, das hat sich auch nicht bewährt, die Absorption war zu groß.[229]

Auch die Zählrohre zum Ausmessen der aktivierten Detektoren wurden in den eigenen Werkstätten hergestellt. Der Aufbau der Modellversuche kann als handwerklich bezeichnet werden, sei es bei Döpel in Leipzig, der das Uranpulver mit einem geerdeten Löffel unter einem CO_2-Strom in die Anordnung einfüllte, oder in Gottow, wo mit Säge und Hobel das Paraffingerüst für den Modellversuch aufgebaut wurde. Jenseits der spektakulären Modellversuche beschäftigte sich die Mehrzahl der Physiker mit dem Ausmessen von Streuquerschnitten und Absorptionskonstanten. Dazu kommen noch die Arbeitsgruppen, die sich mit der Isotopentrennung auseinandersetzten. Alle diese Untersuchungen verließen nie den Rahmen des akademischen Labors. Vielmehr blieben zahlreiche von ihnen der traditionellen Methodik verhaftet, wie beispielsweise die Wiener Versuche zur Streuung von schnellen Neutronen in Uran zeigen. Die Physiker taten nichts anderes als das, was sie zu Beginn des 20. Jahrhunderts mit den Röntgenstrahlen oder α-Teilchen und später mit den neu entdeckten Neutronen getan hatten: Sie beschossen oder bestrahlten mit den neuen Teilchen verschiedene Elemente, beobachteten die Reaktionen und werteten diese aus. Methodisch brachte der *Uranverein* hier keine Fortschritte.

Noch deutlicher wird dies, wenn man einen genaueren Blick auf die Arbeiten der Gruppen wirft, wie hier am Beispiel der Wiener Gruppe ausgeführt wurde. Schlagworte wie Plutonium oder schnelle Neutronen in Uran klingen zwar zunächst spektakulär, aber bei einem genaueren Blick auf die durchgeführten Arbeiten stellt man fest, dass es sich hier um relativ unspektakuläre Messungen im physikalischen oder chemischen Labor handelt. Die Analyse der von Willibald Jentschke durchgeführten Versuche

---

228 Robert und Klara Döpel und Werner Heisenberg, Der experimentelle Nachweis der effektiven Neutronenvermehrung in einem Kugel-Schichtsystem aus D_2O und Uran-Metall. UAL, NA Döpel 86, P. 46.

229 Interview mit Georg Hartwig, geführt von Mark Walker am 23. November 1985, AIP, S. 7.

zur Reichweite und Energie der Urankernbruchstücke zeigte dies besonders klar. Hier war hochgradiges experimentelles Geschick im Aufbau der Zähleranordnung, der Herstellung dünner Schichten und der Anordnung der Ionisationskammer gefragt. Ganz klassisch wurde die Anordnung je nach Fragestellung modifiziert und umgestaltet.

Ein Schwerpunkt in diesem Kapitel war die Umsetzung der Kernspaltung als naturwissenschaftliche Entdeckung in eine technische Innovation, nämlich die Uranmaschine zur Energiegewinnung. Die militärische Nutzung der Kernspaltung blieb als eine Option im Hintergrund bestehen. Dabei ist umstritten, wie intensiv diese Option tatsächlich verfolgt wurde.[230] Für die Mehrzahl der historischen Akteure stellte sich die Frage während des Krieges nicht. Eine Uranmaschine dagegen wurde ohne Zweifel mit Nachdruck angestrebt. Die historischen Akteure traten an die neuen Machthaber heran, wiesen diese auf die Möglichkeiten hin und akquirierten Ressourcen für ihre Zwecke. Insbesondere Materialknappheit und niedrige Prioritätsstufen verzögerten ein schnelleres Vorankommen der verschiedenen Arbeitsgruppen, die in Konkurrenz um die bestehenden Ressourcen mehr gegeneinander als miteinander arbeiteten. Die fehlende Kommunikation innerhalb der verschiedenen Arbeitsgruppen zeigt sich beispielsweise am Umgang mit Uran. Döpel kritisierte dies zwar, dennoch ging kurze Zeit nachdem sein Labortechniker Paschen Verbrennungen an der Hand erlitten hatte, Diebners Mitarbeiter Georg Hartwig mit einer Eisensäge auf ein Stück gegossenes Uran los. Noch schwerwiegender fällt die mangelhafte Kommunikation zwischen Industrie und Wissenschaft aus. Die *Auergesellschaft* und die *Degussa* hatten zwar Kenntnisse im Umgang mit Uran, verzichteten aber darauf, diese Kenntnisse den beteiligten Wissenschaftlergruppen zu vermitteln. Eine Kooperation zwischen Wissenschaft und Militär kann mit der Rückgabe des Projektes an den Reichsforschungsrat Ende 1941 als ebenso gescheitert betrachtet werden.

Der Reichsforschungsrat versuchte Kommunikationsräume für den *Uranverein* zu schaffen. Es ist zu bedenken, dass die Ergebnisse der Forschungsarbeiten nicht offen kommuniziert wurden, sondern als Geheimberichte an den Reichsforschungsrat weitergegeben wurden. So erscheinen Fachkonferenzen als einer der Hauptkommunikationsräume, die den Wissenschaftlern zur damaligen Zeit zur Verfügung standen. Es fanden im Februar und Juni 1942 solche Konferenzen statt, sowie im Mai 1943 auf Drängen Heisenbergs

---

230 N. P. Landsman. „Getting even with Heisenberg. Essay review". In: *Studies in History and Philosophy of Modern Physics* 33 (2002), S. 297–325; Karlsch, *Hitlers Bombe*.

und nochmals Oktober 1943. Dabei handelte es sich um die letzte Konferenz, die Esau einberief, bevor er im Dezember 1943 von Walther Gerlach abgelöst wurde. Die komplette Heisenberg-Gruppe blieb der Konferenz im Oktober 1943 demonstrativ fern. Walther Gerlach berief nur mehr im März und im Mai 1944 zwei Konferenzen zur Isotopentrennung ein.[231]

Der Reichsforschungsrat wurde nach dem Tode des Präsidenten Karl Becker reorganisiert, eine stärkere Einbeziehung der Industrie war das Ziel. Als Walther Gerlach die Aufgabe als Leiter der Fachsparte Physik übernahm, war die Reform weitgehend abgeschlossen. Die Fachsparte selbst untergliederte er in Arbeitsgruppen, denen neben Wissenschaftlern auch Militärs angehörten. Das Ziel war die Koordinierung der gesamten physikalischen Forschung in Deutschland, in Wissenschaft, Industrie und Militär. Der Historiker Sören Flachowsky konnte in seiner Untersuchung zum Reichsforschungsrat zeigen, dass Gerlach dieses Programm erfolgreich umsetzen konnte. Ebenso ist Gerlach ein Beispiel für die multifunktionale Einbindung der Bevollmächtigten in Militär und in staatliche Stellen. Mit dem zweiten Reichsforschungsrat war es nach Ansicht Flachowskys gelungen, eine Koordinierungs- und Verwaltungsinstanz der Forschung in Deutschland zu schaffen.[232]

Im Jahr 1944 war es aufgrund der alliierten Bombenangriffe, Rohstoffknappheit und der Versorgungsschwierigkeiten nicht mehr möglich ein Projekt wie den *Uranverein*, das Großforschung erfordert hätte, erfolgreich zu Ende zu führen. In anderen Bereichen militärischer Forschung war Gerlach erfolgreicher. Das führt an dieser Stelle zu weit und in Bezug auf den *Uranverein* zur Spekulation. Fest steht, dass der Reichsforschungsrat ein Versuch war, die Forschung in Deutschland zentral zu koordinieren, Wissenschaft, Wirtschaft und Militär in diesem Bereich zusammenzubringen. Wie gezeigt wurde, lässt sich der Erfolg in anderen Bereichen aber nicht auf den *Uranverein* übertragen. Er scheiterte.

Dies mussten auch die beteiligten deutschen Wissenschaftler feststellen, als sie nach Kriegsende gefangen genommen und in Farm Hall, einem englischen Landsitz, interniert wurden. Während ihrer Internierung wurden die Gespräche der deutschen Physiker abgehört, um Informationen zu den Fortschritten des deutschen *Uranvereins* und Klarheit über die Rolle der einzelnen Wissenschaftler im *Uranverein* zu erhalten. Die Aufnahmen wurden ins Englische übersetzt und in die USA an den Leiter des Manhattan Projects Brigade General Leslie Groves weitergeleitet. Dies war Bestandteil

231 Karlsch, *Hitlers Bombe*, S. 84, 103, 121.
232 Flachowsky, *Reichsforschungsrat*, S. 305-315, 357, 365.

der sogenannten Alsos-Mission, deren Ziel es war, nachrichtendienstliche Informationen über das deutsche Atomprojekt zu sammeln. Die Gründung der Alsos-Mission war im September 1943 mit der Invasion der Alliierten in Italien erfolgt und markiert den Anfang der unmittelbaren Nachkriegsstrategie des „Hortens und Abschottens" der USA, die im folgenden Kapitel dargelegt wird.[233]

---

[233] Dieter Hoffmann. *Operation Epsilon. Die Farm-Hall-Protokolle oder Die Angst der Alliierten vor der deutschen Atombombe.* Reinbek bei Hamburg, 1993.

4 Der Wandel der Nachkriegspolitik der USA

4.1 Eine zivile Kontrolle der Atomforschung

Nicht nur für die Großforschung stellte das amerikanische Manhattan Project einen Startpunkt dar, sondern auch für eine neue Form des zivilen Engagements von Wissenschaftlern in einer engen Verzahnung mit anderen gesellschaftlichen Gruppen. Nach Kriegsende rechtfertigten Wissenschaftler ihre Beteiligung am Bau der Atombombe mit dem Argument, dass auch Gruppen in Nazi-Deutschland an einem ähnlichen Projekt arbeiteten und die US-Physiker darauf abzielten, eine Atombombe noch vor Nazi-Deutschland fertigzustellen. Neben dieser Hauptargumentationslinie lässt sich in der historischen Analyse ein weiteres Argument feststellen: das der Trennung zwischen technischer Entwicklung und gesellschaftlicher Verantwortung für den Einsatz dieser Technik. Exemplarisch zeigt sich dies deutlich am späteren Physik-Nobelpreisträger Richard P. Feynman. So erinnerte er sich in seinen autobiographischen Notizen, während gemeinsamer Spaziergänge mit dem Emigranten John von Neumann ein Konzept „sozialer Unverantwortlichkeit" entwickelt zu haben. Feynman sah sich nicht als verantwortlich für die Dinge, die um ihn in der Welt geschahen.[234] Diese Haltung wurde von zahlreichen seiner Kollegen geteilt und erfuhr nach den Bombenabwürfen auf Hiroshima und Nagasaki einen drastischen Wandel. Feynman beteiligte sich zwar nicht organisatorisch am Aufbau der Federation of Atomic Scientists, aber er unterstützte die Aufklärungsarbeit seiner Kollegen mit Vorträgen über die Atombombe im Rahmen verschiedenster sozialer Gruppen. In einem späteren Interview beschrieb er dies wie folgt:

> Because I felt, as many of us did, that we knew something about the bomb, and that citizens should know more, because the decisions are made (idealistically) by people, which the citizens

---

[234] Richard P. Feynman. *The Pleasure of Finding Things Out*. Cambridge, 1999, S. 86.

© Springer Fachmedien Wiesbaden GmbH, ein Teil von Springer Nature 2019
C. Forstner, *Kernphysik, Forschungsreaktoren und Atomenergie*,
https://doi.org/10.1007/978-3-658-25447-6_4

> are. So whenever I was invited, I would give talks on the ato-
> mic bomb, and I would accept every invitation of this kind... I
> limited myself to giving lectures to citizens and other groups
> whenever I was asked.[235]

Zu diesen sozialen Gruppen zählten der *Women's Club* von Cornell, das La-
borpersonal der *Goodrich Rubber Co.* und die jüdische Gemeinde in Feynmans Geburtsort Far Rockaway, vor der er in der örtlichen Synagoge einen
Vortrag hielt. Die FBI-Akte Feynmans ergänzt diese Liste um Vorträge
im *Faculty Club* von Cornell und im Radio über Atomwaffen und deren
Kontrolle im Rahmen einer von der *Association of Scientists of Cornell
University* organisierten Reihe.[236]

Die *Association of Scientists* in Cornell war eine der kleineren Gruppen,
in der sich die am Manhattan Project beteiligten Wissenschaftler organisierten. Unmittelbar nach Kriegsende entstanden die Bewegung *Atomic Scientists of Chicago*, die *Association of Oak Ridge Scientists* und die *Association
of Los Alamos Scientists*. Bereits während des Manhattan Projects waren
an diesen Orten zentrale Einheiten des gesamten Projekts untergebracht:
In Chicago wurde zum ersten Mal im Dezember 1942 ein Kernreaktor unter der Leitung von Enrico Fermi kritisch, in Oak Ridge führte man die
Isotopentrennung von Uran im industriellen Maßstab durch und in Los
Alamos befand sich ab Jahresbeginn 1943 das wissenschaftliche Zentrum
des Projekts. Die drei Gruppen wirkten als Keimzellen und vorantreibende
Einheiten für die Bewegung in der Nachkriegszeit. Gemeinsam war allen
Gruppen ein Konsens darüber, dass eine langfristige Sicherheit nicht durch
den Besitz von Atomwaffen gewährleistet, Sicherheit nur durch eine internationale Kontrolle der Atomforschung erzielt werden kann, und eine Nach-
kriegskooperation auf der Basis internationaler Kooperation anzustreben
ist.[237]

Diese Zielsetzungen standen im massiven Widerspruch zur *May-Johnson
Bill*, die am 3. Oktober 1945 von Vertretern des *War Departments* in den
Kongress eingebracht wurde und die Atomforschung in der Nachkriegszeit
regeln sollte. Dieser Gesetzentwurf sah vor, dass alle Bereiche der Atomforschung wie zu Kriegszeiten weiterhin einer strikten militärischen Kontrolle und Geheimhaltung unterworfen sein sollten. Gleichzeitig wurden hohe

---

235 Interview mit Richard Feynman, geführt von Charles Weiner, 1966, AIP, S.
     68f.
236 Interview mit Richard Feynman, geführt von Charles Weiner, 1966, AIP, S.
     69.
237 Rhodes, *The Making of the Atomic Bomb*; Wang, *Anxiety*, S. 12f.

Strafen bei einer Verletzung der Geheimhaltung angedroht. Dieser Gesetzentwurf wurde von den wissenschaftlichen Administratoren des Manhattan Projects unterstützt, unter ihnen Vannevar Bush und J. Robert Oppenheimer. Im Gegensatz zu den Wissenschaftsorganisatoren stieß der Entwurf, der die amerikanischen Sicherheitsinteressen durch eine Aufrechterhaltung des Atomwaffenmonopols gewährleisten sollte, auf massiven Widerspruch an der wissenschaftlichen Basis, wo die einzelnen Forscher gezwungen waren, unter diesen Bedingungen ihre Forschungsarbeiten auszuführen. Waren strikte Geheimhaltung und die damit verbundenen Einschränkungen während des Krieges noch akzeptiert worden, so stießen sie in der Nachkriegszeit auf deutliche Ablehnung. Was auf den Gesetzentwurf folgte, war klassischer Lobbyismus: Vertreter der regionalen Gruppen des Atomic Scientists Movement reisten nach Washington, dinierten mit Kongressmitgliedern und wirkten in verschiedenen Anhörungen als Experten. Diese Kampagne wurde begleitet von massiver Öffentlichkeitsarbeit: In zahllosen Interviews, Artikeln und Vorträgen sprachen sich die Atomphysiker für eine zivile Kontrolle der Forschung aus. Mit der Gründung des *Senate Special Committee on Atomic Energy* (SCAE) fanden die Wissenschaftler einen Ort direkter Partizipation. Der Ausschuss wurde von Senator Brien McMahon geleitet, und mit der Ernennung des Physikers Edward U. Condon zum wissenschaftlichen Berater des Ausschusses erhielt das Atomic Scientists Movement eine Repräsentation im Ausschuss. Die Wissenschaftler waren sich darin einig, dass es keine fundamentalen Geheimnisse um die Atombombe gab und dass es deshalb leichtfertig wäre, die US-Sicherheitsinteressen lediglich an dem Atombombenmonopol und dessen Aufrechterhaltung auszurichten. Andere Staaten würden über kurz oder lang ebenfalls die Fähigkeiten erlangen, Atomwaffen zu bauen. Ohne eine internationale Kontrolle, so waren die Atomic Scientists der Meinung, werde eine Politik der nationalen Geheimhaltung unweigerlich zu einem Wettrüsten führen. Dadurch, so argumentierten die Wissenschaftler, würde die Welt auf das Risiko einer nuklearen Katastrophe zusteuern.[238]

Als eine Folge der öffentlichen Kampagne stellte der Kongress fest, dass die May-Johnson Bill zu starke Opposition erfahren hatte und deshalb ein neuer Anlauf in der Gesetzgebung notwendig war. Am 20. Dezember reichte Senator McMahon die nach ihm benannte *McMahon Bill* in den Senat ein. In den neuen Gesetzentwurf gingen wesentliche Aspekte der Anhörungen mit ein, darunter als zentraler Punkt die Kontrolle der Atomforschung,

---

238 Wang, *Anxiety*, S. 13–17.

die einer zivilen *Atomic Energy Commisson* (AEC) unterstellt werden sollte. Der Entwurf hob hervor, dass die von der AEC koordinierte Forschung
explizit zur friedlichen Nutzung dieser und konsistent in Verbindung mit
internationalen Abkommen angelegt sein sollte. Darüber hinaus enthielt
die *McMahon Bill* auch Elemente, die einen freien wissenschaftlichen Austausch gewährleisten sollten und drohte weit weniger schwerwiegende Konsequenzen im Falle der Verletzung von Sicherheitsvorschriften an als die
May-Johnson Bill. In dem neuen Gesetzentwurf sind deutliche Elemente
alter New Deal Politik zu erkennen, beispielsweise in der staatlichen Kontrolle der Patente und des Spaltmaterials sowie in der Vision rationaler
Planbarkeit.[239]

Die bislang locker zusammengeschlossenen lokalen Wissenschaftlergruppen gaben sich am 11. November 1945 eine festere organisatorische Struktur
und schlossen sich zur *Federation of Atomic Scientists* zusammen. Bereits
im Januar 1946 kam es zur Umbenennung in *Federation of American Scientists* (FAS), um das schnelle Anwachsen der Mitglieder, deren Kreis nun
weit über die am Manhattan Project beteiligt gewesenen Wissenschaftler
hinausreichte, auch im Namen der Organisation zu reflektieren. Als Publika-
tionsorgan der neuen Organisation wirkte das Bulletin of Atomic Scientists.
Nur fünf Tage nach der Gründung der FAS fand eine gemeinsame Konferenz von mehr als 50 amerikanischen Berufs- und Standesorganisationen,
nationalen Ausbildungsverbänden, Arbeitervertretungen und religiösen Organisationen statt, um über die verschiedenen Informationsmöglichkeiten
und -wege der Öffentlichkeit hinsichtlich der Atomenergie zu diskutieren.
Fünf der an dieser Konferenz beteiligten Gruppen trafen sich nach etwas
mehr als einem Monat wieder, um das *National Committee on Atomic Information* (NCAI) zu gründen. Zu diesen Organisationen zählten die FAS,
die *American Bar Association,* der *American Council of Education,* und mit
der *American Federation of Labor* und dem *Congress Industrial Organizati-
ons* die beiden größten Gewerkschaftsorganisationen des Landes. Insgesamt
verfügten alle Organisationen in der Summe über 10 Millionen Mitglieder.
Mit der Gründung der NCAI entwickelte sich die anfängliche Bewegung
der Atomic Scientists zu einer breiten Massenbewegung, quer durch alle
gesellschaftlichen Schichten.[240]

Damit verwundert es auch nicht weiter, dass sich zunächst eine sehr breite Unterstützung für den Gesetzentwurf von Senator McMahon fand, selbst
innerhalb der Truman-Regierung bildete nur das War Department eine Aus-

239 Wang, *Anxiety*, S. 17f.
240 Wang, *Anxiety*, S. 18–20.

nahme. Doch der Kalte Krieg begann seine ersten Schatten zu werfen, die auch zu einer Änderung des politischen Klimas in den USA führten. Am 16. Februar 1946 wurde ein kanadischer Spionagering aufgedeckt, am 9. Februar 1946 verkündete Stalin den neuen Fünfjahresplan, der im Westen als eine expansive Strategie verstanden wurde, und am 5. März antwortete der britische Premierminister Winston Churchill mit seiner berühmten *Iron Curtain*-Rede. Unter diesen Bedingungen bekamen die Gegner einer öffentlichen Kontrolle neuen Zulauf, die Angst vor weiterer Spionage stärkte die Befürworter strikter Geheimhaltung. Darunter war Senator Arthur Vandenberg, der einen Zusatz zur McMahon Bill einbrachte, der die militärischen Befugnisse stark erweiterte. Die Vertreter des Atomic Scientists Movement reagierten mit Publikationen, in denen sie die enge Verknüpfung von ziviler und internationaler Kontrolle mit der Sicherheit Amerikas und der Freiheit der Forschung betonten. Das NCAI initiierte eine öffentliche Kampagne gegen das Vandenberg Amendment, übte Druck auf den Senatsausschuss und auf Vandenberg in seinem Heimatstaat aus. Insgesamt gingen 71.000 Briefe und Telegramme ein, es folgten Vortragskampagnen, Interviews, Zeitungsartikel etc. Die Wissenschaft hatte nun wie Brechts Galilei die Marktplätze erreicht. Durch die Kampagne konnte ein Kompromiss mit teilweiser Zurücknahme der Befugnisse des Militärs, aber auch mit einer verstärkten Kontrolle des Wissens gegenüber dem ersten Entwurf erzielt werden. Schließlich stimmte der Senat am 1. Juni 1946 dem Entwurf zu. Im Kongress folgte eine kontroverse Diskussion. Insbesondere Republikaner und Demokraten aus den Südstaaten lehnten den Gesetzentwurf ab, sprachen von Staatssozialismus und verhasster New Deal Politik. Vor allem wurde die zivile Kontrolle der Atomforschung abgelehnt. Es galt, „das Geheimnis des Atoms" zu sichern, was nur unter militärischer Kontrolle möglich schien. Trotz aller Kritik passierte schließlich der Entwurf den Kongress und wurde am 1. August 1946 von Präsident Truman als Atomic Energy Act unterzeichnet.[241]

Was blieb von dem ersten Entwurf? Die ursprünglich angestrebte freie Kommunikation und Weitergabe des Wissens auf Basis internationaler Abkommen wichen Restriktionen und Geheimhaltung. Der US-Atomic Energy Act entzog die Kernforschung zwar einer rein militärischen Kontrolle, führte aber im Kontext der Atomforschung erstmals den Begriff der *restricted data* und des *born secret* in die amerikanische Gesetzgebung ein, also Wis-

---

241 David Kaiser. „The Atomic Secret in Red Hands? American Suspicions of Theoretical Physicists During the Early Cold War". In: *Representations* 90 (2005), S. 28–60; Wang, *Anxiety*, S. 20–25.

sen, das von Beginn an als sicherheitsrelevant klassifiziert war und dessen
Weitergabe massiven Strafen unterlag. Was blieb, war die zivile Kontrolle
der Atomforschung mit der *Atomic Energy Commission* an der Spitze.

4.2 Transnationale Wissensströme

Die Untersuchung des militärisch-industriellen Komplexes in der Wissenschaft, Big Science und die Ideologierung der Wissenschaft bildeten die drei Säulen der traditionellen Wissenschaftsgeschichte zum Kalten Krieg. Ihr Verdienst ist es, das Themenfeld eröffnet zu haben und qualitativ neue Interaktionsformen von Wissenschaft, Staat und Militär, staatliche Patronage der Forschung, die Institutionalisierung militärischer Forschung, die Rolle der Geheimhaltung wissenschaftlicher Forschung, ebenso wie neue Formen der Wissensproduktion beschrieben zu haben. Europa spielte in der Mehrzahl der Publikationen, die auf die hier genannten Vorreiterarbeiten folgten, nur in wenigen Ausnahmen eine Rolle.[242] Ebenso können transnationale Wissenstransfers nur äußerst bedingt erklärt werden. Hierzu bedurfte es einer neuen Perspektive.

Diese neue Perspektive hin zu einer transnationalen Geschichtsschreibung lieferte der amerikanische Wissenschaftshistoriker John Krige im Jahr 2006. In seinem Buch *American Hegemony and the Postwar Reconstruction of Science in Europe* untersuchte Krige an mehreren ausgewählten Fallbeispielen die US-Wissenschaftspolitik in Europa.[243] Dabei stellte er fest, dass eben diese Wissenschaftspolitik ein wesentliches Instrument zur Durchsetzung und Aufrechterhaltung der US-Hegemonie in Europa während des Kalten Krieges war. In einem späteren Aufsatz[244] erweiterte er diese These. Die USA nutzten in der Nachkriegszeit ihre wissenschaftliche und technologische Führung, um die Hegemonie des amerikanischen Modells zu sichern. In der unmittelbaren Nachkriegszeit verfolgten die USA eine Strategie des Hortens und Abschottens von Wissen. Deutsche Wissenschaftler wurden im Rahmen der *Operation Paperclip* in die USA transferiert, das Wissen der Kriegsgegner wurde in zahllosen Berichten gesammelt und als sicherheitsrelevant unter Verschluss gestellt. Mit der Entscheidung, (West-)Deutschland und Westeuropa als Bollwerk im Kalten Krieg einzusetzen, ging auch ein

---

242 David Kaiser und Hunter Heyck. „Introduction. New Perspectives on Science and the Cold War". In: *Isis* 101 (2010), S. 362–366.
243 Krige, *American Hegemony*.
244 Krige, „Arsenal of Knowledge".

Wandel der Wissenschaftspolitik einher. Dabei wurde die schwache europäische Wissenschaft nicht einfach nur als ein wieder zu errichtendes Objekt angesehen, sondern zugleich als eine Quelle, aus der eine starke proaktive US-Wissenschaft schöpfen konnte. Die Etablierung einer kontrollierten Wechselwirkung zwischen den beiden Wissenschaftssystemen sieht Krige als eine essenzielle Voraussetzung für die Etablierung der amerikanischen Hegemonie. Ein solchermaßen kontrollierter Wissenstransfer trug maßgeblich zur Sicherung der US-Hegemonie bei.

Hier sind zwei Punkte zentral, die beide auf eine Initiative des US-Präsidenten Dwight D. Eisenhower zurückgehen und erstmals in seiner berühmten Rede mit dem Titel „Atoms for Peace" vor der Generalversammlung der Vereinten Nationen am 8. Dezember 1953 angekündigt wurden: erstens die Gründung der (IAEA) mit ihrem Hauptsitz in Wien ab 1957 und zweitens das nach der Rede benannte *Atoms for Peace*-Programm. Die essenzielle Voraussetzung dafür war ein Wandel der US-Nachkriegspolitik. Im Rahmen des *Atoms for Peace*-Programms stellten die USA ab Mitte der 1950er Jahre befreundeten Nationen Kerntechnologie, d.h. Forschungsreaktoren, zur Verfügung. Dieses Programm zielte darauf ab, nationale Alleingänge im Bereich der Nukleartechnologie zu unterbinden, wie beispielsweise die Anreicherung von Uran, und eine Führungsposition der USA zu sichern. Ebenso sollte die IAEA die friedliche Nutzung der Kernenergie fördern, eine militärische aber weitestgehend unterbinden.[245] Die USA sicherten sich in bilateralen Abkommen den Zugriff auf die gewonnenen Forschungsergebnisse.

Die Forschungsreaktoren waren für zahlreiche Staaten der erste Schritt hin zu einer friedlichen Nutzung der Kernenergie. Diese schließt aber stets die Möglichkeit einer militärischen Nutzung mit ein: Betreibt man einen Reaktor mit natürlichem Uran 238 und schwerem Wasser oder Graphit als Moderator, so fällt das waffenfähige Plutonium als Abfallprodukt in den Kernbrennstäben an. Die andere Möglichkeit, einen Reaktor mit angereichertem Uran 235 zu betreiben, impliziert als notwendige Voraussetzung die Verfügbarkeit von Anreicherungstechnologie, die bei einem höheren Anreicherungsgrad für den Bau einer Bombe genutzt werden kann. Dies zeigte sich in den letzten Jahren an der immer wieder aufflammenden Debatte um die Nutzung der Kernenergie im Iran. Diese Problematik macht aber auch deutlich, dass die beiden oben genannten Aspekte, Nationalstaatlich-

---

245 David Fischer. *History of the International Atomic Energy Agency. The First Forty Years.* Wien, 1997.

Abbildung 4.1: Der amerikanische Präsident Eisenhower während der Atoms for Peace-Rede vor der Generalversammlung der Vereinten Nationen am 8. Dezember 1953. Copyright UN media.

keit, internationale und transnationale Organisationen zur Förderung und Kontrolle der Atomenergie, nicht losgelöst von Forschungsstrukturen, den zugehörigen Programmen, sowie physikalischen und technischen Fragen betrachtet werden können. Zugleich kann Kernenergie hier exemplarisch für andere Dual-Use-Technologien[246] betrachtet werden, wie zum Beispiel die Laser- und Raketentechnologie, aber auch die Chemie, und in den letzten Jahren zunehmend die Biotechnologie, die mit vergleichsweise einfachen Mitteln die Produktion von biologischen Waffen möglich macht.[247]

Das *Atoms for Peace*-Programm setzte einen Politikwechsel der USA in der Nachkriegszeit voraus. Während des Zweiten Weltkrieges dominierte die militärische Geheimhaltung die wissenschaftliche Forschung. In der Nachkriegszeit setzten die USA auf eine Strategie des Hortens und Abschottens. Die bekanntesten Beispiele hierfür waren die Projekte Overcast und Paperclip, in deren Rahmen wissenschaftliches und technisches Wissen und

---

246 Alex Rowland. „Science, Technology, and War". In: *The Modern Physical and Mathematical Sciences. The Cambridge History of Science.* Hrsg. von Mary Jo Nye. Bd. 5. Cambridge, 2003, S. 561–578.

247 Jonathan B. Tucker. *Innovation, Dual Use, and Security. Managing the Risks of Emerging Biological and Chemical Technologies.* Cambridge, 2012.

Personal aus den Besatzungszonen in die USA transferiert wurde.[248] Die Sowjetunion verfolgte mit der Operation Osoaviakhim ein ähnliches Ziel.[249] Mit dem amerikanischen McMahon Act (Atomic Energy Act) von 1946 wurde die Kernforschung zwar einer zivilen Kontrolle unterstellt, dennoch stand die Weitergabe dieses Wissens unter der Androhung hoher Strafen. Diese Strategie hatte zur Folge, dass ehemalige Verbündete wie Frankreich und insbesondere Großbritannien vom amerikanischen Wissen ausgeschlossen wurden. Das während des Zweiten Weltkrieges geschlossene Hydepark-Abkommen zwischen dem britischen Premierminister Winston Churchill und dem US-Präsidenten Franklin D. Roosevelt, das eine Teilung dieses Wissens vorsah, wurde mit dem McMahon Act stillschweigend aufgekündigt. Großbritannien beschritt daraufhin eigene Wege zur Entwicklung von Nukleartechnik und Kernwaffen. Erst als der erste britische Test einer Wasserstoffbombe im Jahr 1958 erfolgte, schlossen die USA mit Großbritannien ein Verteidigungsabkommen, in dessen Rahmen die USA den Briten auch als sicherheitsrelevant klassifiziertes Wissen zur Verfügung stellten.[250]

Erste Anzeichen zur Lockerung der frühen Strategie des Hortens und Abschottens kündigten sich bereits Ende der 1940er Jahre an, am deutlichsten sichtbar mit der Initiierung des *European Recovery Programs* (Marshall-Plan) im April 1948. Die Wiedererrichtung der im Krieg stark beschädigten europäischen Infrastruktur stand von nun an im Vordergrund der US-Politik als ein Bollwerk gegen eine Ausdehnung des sowjetischen Einflussbereichs und nicht mehr das Ziel, die Ressourcen der ehemaligen Kriegsgegner abzuschöpfen. Gleichzeitig sollte ein politisches und ökonomisches Modell nach dem Vorbild der USA unter deren Vorherrschaft in Europa installiert werden. Wissenschaftspolitik war in dieser politischen Strategie nicht nur ein Mittel, sondern ein aktiver Bestandteil der US-Außenpolitik.[251] Mit einer Revision des Atomic Energy Act im Jahr 1954 wurde nun auch US-amerikanischen Firmen der Export von Kerntechnologie möglich, ebenso

---

248 John Gimbel. *Science, Technology, and Reparations. Exploitation and Plunder in Postwar Germany.* Stanford, 1990; Ciesla, „Paperclip"; Judt und Ciesla, *Technology transfer out of Germany after 1945.*
249 Norman M. Naimark. *The Russians in Germany. A History of the Soviet Zone of Occupation, 1945-1949.* Cambridge, 1995; Burghard Ciesla. „Der Spezialistentransfer in die UdSSR und seine Auswirkungen in der SBZ und DDR". In: *Aus Politik und Zeitgeschichte* 49-50 (1993), S. 24–31.
250 Jeff Hughes. „What is British Nuclear Culture? Understanding Uranium 235". In: *The British Journal for the History of Science* 45 (2012), S. 495–518.
251 Krige, „Arsenal of Knowledge"; Krige, *American Hegemony.*

wie die notwendige Ausbildung ausländischer Reaktorbetreiber in den USA erfolgen konnte.[252]

4.3 Exkurs: Ozeanographie und transnationale Wissensströme

Weitaus weniger öffentlich wahrgenommen als Kerntechnik und Atomwaffen wurde und wird die Rolle der Ozeanographie. Auch hier lassen sich die kontrollierten Wissensströme als ein Element der Außenpolitik der USA im Kalten Krieg festmachen, und der Zweite Weltkrieg bildet ebenfalls den Ausgangspunkt für ein enges Kollaborationsverhältnis der Ozeanographen und der US-Navy. War anfangs das Interesse der Navy an maritimer Forschung noch gering, so wandelte sich dies im Kriegsverlauf schnell, als man erkannte, welche große Bedeutung der Wissenschaft bei der Lösung militärischer Probleme zukam. Ein erster zentraler Forschungsbereich konzentrierte sich auf die maritime Akustik zur Detektion von U-Booten. In der Nachkriegszeit wurde diese Zusammenarbeit ausgebaut, beispielsweise trugen Daten zur thermoklinen Schichtung des Nordatlantiks dazu bei, die Ortung feindlicher U-Boote zu verbessern.[253]

Fehlende politische Grenzen auf den Weltmeeren machten eine transnationale Kooperation ebenso notwendig wie die Komplexität der atmosphärischen und ozeanographischen Prozesse. Die US-Navy unterstützte die wachsende Disziplin in Form von Assistenzprogrammen in Südamerika und Asien, sowie durch Finanzierung großangelegter Expeditionen und ozeanografischer Kongresse. So war beispielsweise im Rahmen des sogenannten *Point-IV*-Programms der Versuch unternommen worden, das Wachstum ozeanographischer Wissenschaftlergemeinschaften in Asien und Südamerika zu fördern. Damit verbunden war ähnlich dem *Atoms for Peace*-Programm der USA die Übermittlung von Daten und Forschungsergebnissen in die USA ebenso wie eine enge ideologische Bindung der Länder an die USA.[254]

---

252 Hewlett und Holl, *Atoms for Peace and War.*
253 Naomi Oreskes. „A Context of Motivation. US Navy Oceanographic Research and the Discovery of Sea-Floor Hydrothermal Vents". In: *Social Studies of Science* 33 (2003), S. 697–742; Jacob D. Hamblin. *Oceanographers and the Cold War. Disciples of Marine Science.* Seattle, 2005; Ronald E. Doel. „Constituting the Postwar Earth Sciences. The Military's Influence on the Environmental Sciences in the USA after 1945". In: *Social Studies of Science* 33 (2003), S. 635–666.
254 Hamblin, *Oceanographers*, S. 13.

Auch für die Ozeanographie lässt sich ähnlich der Kernforschung ein Dualismus zwischen dem Bedürfnis nach freier wissenschaftlicher Kommunikation und den Sicherheitsbedürfnissen des Militärs feststellen. Um das *Arsenal des Wissens* wurden auch hier Mauern in verschiedenen Formen gezogen, durch die Klassifizierung von Daten als sicherheitsrelevant oder Verweigerung von Aufenthaltsgenehmigungen und Beschränkungen von Visa.[255]

---

255 Hamblin, *Oceanographers*, S. 54.

5 Österreich nach 1945

5.1 Brüche und Kontinuitäten

Die Maßnahmen, die in Österreich nach Kriegsende getroffen wurden, lassen sich am besten als eine versuchte Rückkehr in die Zeit vor 1938 beschreiben, ungeachtet dessen, dass in Österreich bereits damals ein autoritäres Regime an der Macht war. Sie umfassten sowohl personelle als auch institutionelle Veränderungen. Einer der ersten Schritte bestand in der Liquidation des Vierjahresplaninstituts für Neutronenforschung und der Wiederherstellung der alten Strukturen der Universitäts- und Akademieinstitute. Im Zuge der Entnazifizierung verloren die ehemaligen NSDAP-Mitglieder ihre Positionen, unter ihnen die Physiker Georg Stetter und Gustav Ortner. Letzterer hatte während der NS-Zeit als Direktor des Instituts für Radiumforschung gewirkt. Beide hatten ihre Positionen aufgrund der antijüdischen Maßnahmen der Nationalsozialisten erhalten. Parallel dazu wurden einige wenige der vertriebenen ehemaligen Stelleninhaber eingeladen, auf ihre alten Positionen zurückzukehren, unter ihnen Stefan Meyer, der Vorstand des Instituts für Radiumforschung vor 1939. Er wurde erneut als Institutsdirektor berufen wurde, während Berta Karlik zunächst kommissarisch die Leitung des Instituts übernahm. 1947 trat Meyer in den Ruhestand und Karlik wurde nun auch formell zum Vorstand des Instituts für Radiumforschung ernannt.[256]

Berta Karlik war 1928 an der Universität Wien promoviert worden. Sie nahm ihre Forschungsarbeiten am Institut für Radiumforschung 1929/30 auf und wurde 1933 zur wissenschaftlichen Hilfskraft ernannt. Von November 1930 bis Dezember 1931 hatte sie mit Unterstützung eines Stipendiums der International Federation of University Women unter William H. Bragg an der Royal Institution in London geforscht. Vier Jahre später erhielt sie eine Einladung nach Schweden, um in der Kommission für Meeresforschung Arbeiten zum Urangehalt von Meerwasser durchzuführen. 1937 habilitierte

---

256 Reiter und Schurawitzki, „Physik und Chemie an der Universität Wien nach 1945".

© Springer Fachmedien Wiesbaden GmbH, ein Teil von Springer Nature 2019
C. Forstner, *Kernphysik, Forschungsreaktoren und Atomenergie*,
https://doi.org/10.1007/978-3-658-25447-6_5

sich Karlik an der Universität Wien und erhielt die Venia Legendi für Physik. Nach mehreren Stipendien wurde sie 1942 zur Dozentin mit Diäten ernannt. Sie beteiligte sich nicht an den Arbeiten im Rahmen des *Uranvereins*, sondern versuchte ihr eigenes Forschungsfeld zu definieren. Ihre Forschungsarbeiten beschäftigten sich vor allem mit dem Nachweis des natürlichen Vorkommens des „Elements 85", dem heutigen Astat. Das Element wurde erstmals im Jahr 1940 künstlich am Berkeley Radiation Laboratory durch Beschuss von Bismut mit α-Strahlen erzeugt,[257] während das Verdienst von Karlik und ihrer Assistentin Traude Bernert im Nachweis der natürlichen Isotope 215, 216 und 218 in den Zerfallsreihen Radium, Thorium und Actinium von lag. Für den Nachweis nutzten sie das Röhrenelektrometer zur Reichweitenbestimmung der α-Strahlen des Astats, das auch bei den Experimenten im Uranverein Anwendung fand.[258]

Nach dem *Anschluss* Österreichs an NS-Deutschland war es keineswegs klar, dass Berta Karlik ihre Universitätskarriere fortsetzen konnte. Ihr Antrag um eine Verlängerung ihres Stipendiums bei der Deutschen Forschungsgemeinschaft wurde mit der Begründung abgelehnt, dass sie als Frau nur geringe Aussichten auf eine Universitätskarriere habe. Dank einer Intervention des Institutsvorstands Ortner wurde das Stipendium schließlich doch verlängert, und Karlik konnte mit Bezügen am Institut verbleiben. In einem Bericht des NS-Dozentenführers wurde sie als politisch unauffällig und eher desinteressiert beschrieben. Es scheint, als hätte dieses weder positiv noch negativ auffallende Verhalten in Kombination mit ihrem selbstdefinierten Forschungsfeld den Weg für ihre Nachkriegskarriere geöffnet.[259]

Österreich war wie Deutschland nach Kriegsende in vier Besatzungszonen unterteilt und erhielt erst mit der Unterzeichnung des Österreichischen Staatsvertrags 1955 seine volle politische Souveränität unter der Bedingung politischer Neutralität zurück. Die österreichische Physik in der Nachkriegs-

---

257 Dale R. Corson, Kenneth R. MacKenzie und Emilio Segrè. „Artificially Radioactive Element 85". In: *Physical Review* 58 (1940), S. 672–678.

258 Christian Forstner. „Berta Karlik and Traude Bernert: The Natural Occurring Astatine Isotopes 215, 216, and 218". In: *Women in Their Element. Selected Women's Contributions to the Periodic System*. Hrsg. von Annette Lykknes und Brigitte van Tiggelen. Singapur, 2019; Berta Karlik und Traude Bernert. „Das Element 85 in den natürlichen Zerfallsreihen". In: *Zeitschrift für Physik* 123 (1944), S. 51–72; Berta Karlik und Traude Bernert. „Eine neue natürliche α-Strahlung". In: *Die Naturwissenschaften* 31.25-26 (1943), S. 298–299.

259 AÖAW, FE-Akten, Radiumforschung, IV. Mitarbeiter, Personalakte Berta Karlik, K 1, Fiche 14; sowie Archiv der Universität Wien (AUW), Personalakte Berta Karlik, Nr. 2152.

Abbildung 5.1: Berta Karlik (rechts) und Traude Bernert (links) mit dem Versuchaufbau zum Nachweis der natürlichen Isotope von Astat im Jahr 1943/44. Copyright bpk-bildagentur.

periode wurde bisher nur von Wolfgang Reiter und Reinhard Schurawitzki in einem Aufsatz thematisiert, der sich selbst nur eine erste Annäherung an den Themenbereich attestiert.[260] Eine etwas ausführlichere Darstellung findet sich in dem 2014 erschienenen Buch von Silke Fengler.[261] Die Entnazifizierung hatte zwar personelle Konsequenzen, allerdings wogen für die österreichische Forschung der Mangel an finanziellen und materiellen Ressourcen wesentlich schwerer. Sie verhinderten den Fortgang der Forschung, obwohl im Gegensatz zu Deutschland keine Verbote für Kernforschung von Seiten der Alliierten bestanden. Vielmehr unterstützten die westlichen Alliierten, insbesondere die amerikanischen Truppen, die österreichischen Wissenschaftler und Wissenschaftlerinnen beim Wiederaufbau der Forschungsanlagen, so zum Beispiel beim Rücktransport der Radiumstandards und der Instrumente, die gegen Kriegsende in die westlichen Teile Österreichs

---

260 Reiter und Schurawitzki, „Physik und Chemie an der Universität Wien nach 1945".

261 Fengler, *Kerne, Kooperation und Konkurrenz.*

ausgelagert worden waren.[262] Zeitzeugen, wie beispielsweise Karl Lintner, der während des Krieges als Assistent von Georg Stetter gearbeitet hatte, erinnerten sich in Interviews mit dem Autor an keinerlei Einschränkungen für die Kernforschung. Lintners 1949 fertiggestellte Habilitation zur Wechselwirkung schneller Neutronen mit den schwersten stabilen Kernen (Quecksilber, Thallium, Bismut und Blei) basierte methodisch auf den Forschungsarbeiten, die im *Uranverein* durchgeführt wurden.[263] Ebenso wenig konnte sich der Physiker Ferdinand Cap, der 1945 als Übersetzer für die sowjetische Besatzungsmacht tätig war, an Restriktionen erinnern.[264] Diese Zeitzeugenberichte finden in den Dokumenten aus dem Archiv der ÖAW ihre Bestätigung. So forderte beispielsweise Karlik 1947 den deutschen Hersteller eines während des Krieges bestellten Neutronengenerators auf, seinen Verpflichtungen nun endlich nachzukommen.[265] Diese Anfrage wurde aber aufgrund der gesetzlichen Einschränkungen durch die Alliierten in Deutschland abgelehnt. Außerdem seien bereits Teile des Neutronengenerators von den Alliierten beschlagnahmt worden, so der deutsche Partner. Dies macht deutlich, dass nach dem Krieg keine gesetzlichen Beschränkungen für Kernforschung in Österreich existierten.[266]

Der während des Krieges bestellte Neutronengenerator auf Basis eines einfachen Beschleunigers blieb auch nach Kriegsende das Wunschobjekt der Wiener Kernphysikerinnen und Kernphysiker, aber wie die Lage stand, blieb nichts anderes übrig, als sich mit den vorhandenen Ressourcen zu begnügen. Ein Beispiel hierfür liefert die bereits genannte Habilitation von Karl Lintner, denn dieser bedauerte, keine Neutronenquelle zur Verfügung zu haben, die Neutronen mit homogener Energie lieferte:

---

262 Adrienne Janisch, Wie das Radium nach Wien zurückkam. Ein 10-Tonnen-Lastkraftwagen war zum Transport von zwei Gramm nötig, Radio Wien, 18. Mai 1946, AÖAW, FE-Akten, Radiumforschung, NL Karlik, K 55, Fiche 812.
263 Karl Lintner. *Wechselwirkung schneller Neutronen mit den schwersten stabilen Kernen (Hg, Tl, Bi und Pb). Habilitation Universität Wien.* Wien, 1949, sowie Interview des Autors mit Karl Lintner, Wien 9. Juni 2007.
264 Interview des Autors mit Ferdinand Cap, Innsbruck, 3. August 2007.
265 Hans Suess an Karlik vom 20. April 1947 und C.H.F. Müller Aktiengesellschaft an Karlik vom 8. Juni 1949, AÖAW, FE-Akten, Radiumforschung, XI. Behördenschriftwechsel 1938–1944, K 32, Fiche 448.
266 Eine weitere Kuriosität soll noch am Rande erwähnt werden: Im Jahr 1966 bot Karlik 400 kg hochreines Uranylnitrat zum Verkauf an, welches dem Institut für Radiumforschung während des Krieges von Deutschland überlassen, nicht von den Alliierten beschlagnahmt und bis dahin im Keller des Radiuminstituts gelagert worden war. Karlik an die Austro-Merck G.m.b.H. vom 7. Oktober 1966, AÖAW, FE-Akten, Radiumforschung, NL Karlik, K 50, Fiche 722.

In der vorliegenden Arbeit sollen nun die Wirkungsquerschnitte für Neutronenprozesse bei den schwersten stabilen Elementen bestimmt werden. Als Strahlungsquelle stand keine energiehomogene Neutronenquelle zur Verfügung, sondern nur eine Ra+Be-Quelle, über deren Energiespektrum leider auch sehr wenig bekannt ist. Für Arbeiten mit dieser natürlichen Strahlungsquelle ist aber gerade die Kenntnis der Wirkungsquerschnitte, bei denen auf das gesamte Spektrum Bezug genommen wird, von Bedeutung. Es wirken ja schließlich die Neutronen immer in ihrer Gesamtheit, daher ist bei jeder weiteren Berechnung gerade dieser Wirkungsquerschnitt anzusetzen.[267]

Es handelte sich übrigens wieder um genau die Ra+Be-Neutronenquelle, die bereits bei den Wiener Versuchen im Rahmen des *Uranvereins* genutzt wurde, mit einer kugelförmigen Anordnung des Probenmaterials um die Quelle. Ein weiterer Nachteil der Ra+Be-Neutronenquellen im Vergleich zu Beschleunigern besteht in den geringen Neutronenflussdichten, die sich mit ihnen erzielen lassen. Lintners Bedauern sollte Thema einer eigenständigen Dissertation werden. Im Mai 1948 nahm Rudolf Waniek die Arbeiten zum Bau eines Neutronengenerators und einer Hochfrequenz-Ionenquelle auf.[268] Zu Beginn der Arbeit legte er die Nachteile der bisher verwendeten Ra+Be- bzw. wie der auch von Fermi verwendeten Rn+Be-Neutronenquellen dar. Das Energiespektrum der emittierten Neutronen ist im Bereich von einigen MeV stark inhomogen, wie in Abbildung 5.2 auf Seite 128 dargestellt ist.

Diese Inhomogenität hatte zur Folge, dass die experimentellen Ergebnisse aus den Streuversuchen nur auf die Größenordnung des mittleren Wirkungsquerschnittes schließen ließen.[269] Hinzu kam, dass die emittierte γ-Strahlung bei manchen Experimenten störend wirkte. Es sei hier nochmals daran erinnert, dass Bothe und Becker 1930 die Neutronen noch für besonders hochenergetische γ-Strahlen hielten. Die günstigen Rn+Be-Neutronenquellen verloren nach der Halbwertszeit von 3,8 Tagen des stabilsten Radonisotops 222 die Hälfte der Intensität. Über kurz oder lang musste das Radongas erneuert werden. Die stabileren Ra+Be-Neutronenquellen waren aufgrund des Radiumpreises nahezu unbezahlbar, mit den genannten physikalischen Nachteilen. Ziel Wanieks war damit der Bau ei-

---

267 Lintner, *Wechselwirkung schneller Neutronen*, S. 3–4.
268 Rudolf Waniek. „Über den Bau eines Neutronengenerators und die Anwendung einer Hochfrequenz-Ionenquelle". Dissertation. Wien: Universität Wien, 1950.
269 Karl Wirtz und Karl Beckurts. *Elementare Neutronenphysik.* Berlin, 1958, S. 24f.

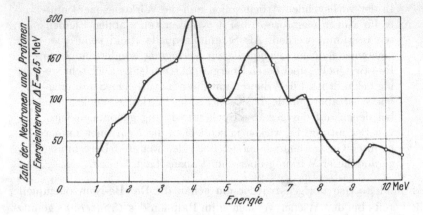

Abbildung 5.2: Das stark inhomogene Energiespektrum einer Ra+Be-Neutronenquelle. Aus: Wirtz und Beckurtz, 1958, S. 24.

nes Beschleunigers, in dem Deuterium mit Deuterium beschossen wurde, d.h. Deuteriumionen trafen auf einen Eisblock aus schwerem Wasser. Das Ergebnis der Reaktion bildeten Tritium und ein Neutron. Waniek stellte den Neutronengenerator 1950 fertig. Mit ihm ließen sich Neutronen entsprechend 175mg Radium erzeugen. Waniek schätzte, eine Erhöhung auf 400mg Radiumäquivalent sei möglich. Das Hauptproblem der Anlage in Abbildung 5.3 bestand in der Hochspannungsquelle, die nur pulsierende Hochspannung liefern konnte. Mit einer leistungsfähigeren Anlage hielt Waniek 20 gr Radiumäquivalent für machbar. Wanieks Neutronengenerator wurde in den Folgejahren noch erweitert und verbessert.

Während die Wiederaufnahme des Forschungsbetriebs am Institut für Radiumforschung vorbereitet wurde, bemühte sich Meyer als Vorstand des Instituts, die alten Netzwerke der Vorkriegszeit wiederherzustellen. Das Institut für Radiumforschung war neben Paris der zweite Aufbewahrungsort eines primären Radiumstandards. Meyer wurde nach der Gründung der Internationalen Radiumstandardkommission im Jahr 1910 zunächst als Sekretär und später als deren Präsident gewählt.[270] Wissenschaftliche Netzwerke basieren auf dem gegenseitigen Vertrauen der Mitglieder in die fachliche Kompetenz, die Methoden und die Fähigkeiten der anderen Akteure

---

270 Reiter, „Stefan Meyer", S. 113-114.

Abbildung 5.3: Der Neutronengenator von Rudolf Waniek mit einem Be-
schleunigungsrohr von 170 cm Länge und einer gepulsten
Beschleunigungsspannung von effektiv 90kV auf Basis einer $D + D \rightarrow T + n$ Reaktion. Aus: Waniek, 1950.

im Netzwerk.[271] Deshalb war es eine der vorrangigen Tätigkeiten Meyers nach Kriegsende, die Glaubwürdigkeit des Instituts wiederherzustellen. In diesem Zusammenhang beauftragte er zwei Doktorandinnen, die Exaktheit des Wiener Standards nachzuweisen, was schließlich auch gelang, so dass die Reputation des Instituts wiederhergestellt war.[272] Meyers letztendlich erfolgloser Versuch, die Radiumstandardkommission als *Joint Commission on Standards, Units, and Constants of Radioactivity* im Rahmen des *International Council of Scientific Unions* wiederzubeleben, kann ebenfalls als Teil seiner Anstrengungen gesehen werden, die Wiener Wissenschaftler und Wissenschaftlerinnen wieder in die alten Netzwerke zu integrieren.[273]

Der Erfolg von Meyers und auch Karliks Wissenschaftsmanagement wird aber an anderer Stelle sichtbar: Das Institut für Radiumforschung wurde 1949 zur zentralen Isotopenstelle ernannt, die wiederum den Import und die Verteilung von radioaktiven Präparaten aus Großbritannien (seit 1949) und den USA (seit 1952) koordinierte.[274] Nichtsdestotrotz verhinderten kalte Winter, der Mangel an Material, Ressourcen und nicht zuletzt an finanziellen Mitteln bis zum Ende der 1940er Jahre einen regulären Betrieb des Instituts. Aus materiellen Gründen schien auch die Etablierung eines Forschungsprogramms zur friedlichen Nutzung der Kernenergie in der näheren Zukunft unmöglich zu sein.[275] Dies wurde deutlich in einer Rede Fritz Reglers, Experimentalphysiker an der Technischen Hochschule Wien (TH Wien), über die neuen Möglichkeiten der Kernphysik und ihrer Anwendungen, insbesondere der nicht-destruktiven Materialprüfung. Die Planung

---

271 AÖAW, FE-Akten, Radiumforschung, K 31, Fiche 427–428. Siehe auch die Korrespondenz zwischen Stefan Meyer und Gustav Ortner, AÖAW, FE-Akten, Radiumforschung, K 17, Fiche 271.

272 Berta Kermenak. „Zur Frage der Genauigkeit der Radiumstandardpräparate (12. Dez. 1947)". In: *Acta Physica Austriaca* 2 (1948), S. 299–311; Stefan Meyer. „Über die Radium-Standard-Präparate (29. Nov./13. Dez. 1945)". In: *Anzeiger der Österreichischen Akademie der Wissenschaften, Mathematisch-naturwissenschaftliche Klasse* 82 (1945), S. 25–30.

273 Vgl. Korrespondenz zwischen Stefan Meyer und Frédéric Joliot-Curie 1945–1949, AÖAW, FE-Akten, Radiumforschung, Nachlass Stefan Meyer, K 22, Fiche 352–354.

274 AÖAW, FE-Akten, IR, NL Karlik, K 55, Fiche 816–818, sowie Reiter und Schurawitzki, „Physik und Chemie an der Universität Wien nach 1945", S. 250.

275 Berta Karlik. „1938–1950". In: *Festschrift des Institutes für Radiumforschung anlässlich seines 40jährigen Bestandes (1910 – 1950)*. Wien, 1950, S. 35–41.

eines Kernenergieprogramms erachtete er aufgrund der notwendigen Kosten im Jahr 1949 noch als einen Zukunftstraum.[276]

5.2 Atoms for Peace in Österreich

Ein nationales Kernenergieprogramm wurde erst mit der Verzahnung der österreichischen Interessen mit internationalen Programmen möglich. Hier sind zwei Punkte zentral, die beide auf eine Initiative des US-Präsidenten Dwight D. Eisenhower zurückgehen: Erstens die Gründung der IAEA mit ihrem Hauptsitz in Wien ab 1957 und zweitens das US-Programm *Atoms for Peace*. Die essenzielle Voraussetzung dafür war ein Wandel der US-Nachkriegspolitik. Im Rahmen des *Atoms for Peace*-Programms stellten die USA ab Mitte der 1950er Jahre befreundeten Nationen Kerntechnologie, das heißt Forschungsreaktoren, zur Verfügung. Dieses Programm zielte darauf ab, nationale Alleingänge im Bereich der Nukleartechnologie, wie beispielsweise die Anreicherung von Uran, zu unterbinden und eine Führungsposition der USA zu sichern. Ebenso sollte die IAEA die friedliche Nutzung der Kernenergie fördern, eine militärische aber weitestgehend unterbinden.[277]

Eisenhowers *Atoms for Peace*-Rede fiel auf fruchtbaren Boden, insbesondere in den Diskussionen der österreichischen Techniker und Ingenieure. Bereits 1953 und 1954 hatte der *Elektrotechnische Verein Österreichs* (EVÖ) eine Vortragsreihe initiiert, die einem breiteren Fachpublikum die verschiedenen Aspekte der Kernphysik nahebringen sollte. Im Dezember 1954 gründete sich im EVÖ eine Studiengruppe, die die Möglichkeiten der friedlichen Nutzung der Kernenergie in Österreich evaluieren sollte. Zu ihren Mitgliedern zählten Heinrich Sequenz, der bis 1945 Rektor der TH Wien war, Universitätsangehörige wie der ehemalige Direktor des Vierjahresplaninstituts für Neutronenforschung Georg Stetter sowie der Theoretiker Hans Thirring, die Experimentalphysiker Erich Schmid und Lintner, der Ministerialrat Alexander Koci und Berta Karlik, die das konstituierende Treffen mit organisierte. Die Organisation der Studiengruppe war bereits früher geplant gewesen, aber praktische Belange, wie der Umzug des EVÖ in ein

---

276 Fritz Regler. „Die Atomforschung und ihre Nutzanwendung in Österreich". In: *Die Industrie* 2 (1949), S. 49.

277 Fischer, *History of the International Atomic Energy Agency. The First Forty Years*.

neues Büro, ebenso wie die vage Perspektive der Realisierbarkeit eines Kernreaktors, hatten die Gründung der Gruppe verzögert.[278]

Nur fünf Tage nach der Gründung der Studiengruppe fand das erste interministerielle Treffen statt, bei dem die internationale Zusammenarbeit zur friedlichen Nutzung der Atomenergie diskutiert wurde. Es nahmen bis auf das am Bundeskanzleramt angesiedelte Amt für Landesverteidigung alle Ministerien teil; allerdings war nur eine akademische Vertreterin geladen: Berta Karlik, die als Vorstand des Instituts für Radiumforschung eine zentrale Rolle in den Planungen spielte. Während dieses Treffens wurde die Gründung einer Expertenkommission für die friedliche Nutzung der Atomenergie beschlossen, die die Möglichkeiten und Aufwendungen zum Bau eines Forschungsreaktors mit US-amerikanischer Unterstützung evaluieren sollte. Auch die Elektrizitätsgewinnung aus der Kernspaltung wurde diskutiert, schien aber zum damaligen Zeitpunkt nur eine Zukunftsperspektive zu sein, die neben anderen Formen der Energiegewinnung stehen sollte.[279]

Nach einer Sitzung des Ministerrats im Januar 1955 und weiteren interministeriellen Treffen sandte das Erziehungsministerium ein Rundschreiben an alle österreichischen Universitäten aus, in dem Stellungnahmen über einen Forschungsreaktor erbeten wurden.[280]

Einen Monat später hatten die Universitäten die Delegierten für die Kommission benannt. Es wurden Unterkomitees für experimentelle und theoretische Kernphysik, Chemie, Medizin, Biologie und für die Kernreaktortechnik gegründet. Alle Delegierten kamen von Hochschulen, die Industrie und Elektrizitätswirtschaft waren nicht vertreten. Berta Karlik wurde beauftragt, alle notwendigen Memoranda zu verfassen, was ihre zentrale Rolle erneut unterstrich.[281] In ihrem Gutachten über den Bau eines Kernreaktors

---

278 Sitzungsbericht über die Gründung einer Studiengruppe Atomenergie im EVÖ am 16. Dezember 1954 vom 10. Januar 1955, AÖAW, FE-Akten, Radiumforschung, NL Karlik, K 51, Fiche 750.

279 Schreiben des BKA/AA Zl. 157.959-INT/54 an das Institut für Radiumforschung vom 22.12.1954 mit dem Betreff: Internationale Zusammenarbeit für die friedliche Nutzung der Atomenergie (Interministerielle Sitzung vom 21. Dezember 1954), AÖAW, FE-Akten, Radiumforschung, NL Karlik, K 50, Fiche 726.

280 Rundschreiben des Bundesministeriums für Unterricht (BMfU), an die Rektorate der österreichischen Universitäten und Hochschulen vom 11. Februar 1955, AÖAW, FE-Akten, Radiumforschung, NL Karlik, K 56, Fiche 829. Korrespondenz zwischen BMfU und der Universität Wien, Februar und März 1955, AÖAW, FE-Akten, Radiumforschung, NL Karlik, K 56, Fiche 829.

281 Korrespondenz zwischen BMfU und der Universität Wien, Februar und März 1955, AÖAW, FE-Akten, Radiumforschung, NL Karlik, K 56, Fiche 829.

legte Karlik eine Übersicht über die verschiedenen Reaktortypen und die damit verbundenen Kosten dar. Des Weiteren berichtete sie über den Stand der friedlichen Nutzung der Kernenergie in anderen europäischen Staaten, unter ihnen Frankreich, Norwegen, die Niederlande, Schweden, die Schweiz, Italien und die Bundesrepublik Deutschland. Großbritannien und auch die USA wurden aufgrund der Beteiligung des Militärs an den verschiedenen Projekten explizit von dieser Analyse ausgenommen. Karlik betonte, dass alle diese europäischen Staaten lediglich den Bau von Forschungsreaktoren anstrebten und die finanzielle Situation in Österreich nur die Errichtung eines solchen Reaktortyps zulassen würde. Um dies zu erreichen, empfahl sie ein gemeinsames Projekt der beteiligten Ministerien, der Hochschulen und der Industrie. Außerdem hob sie ein anderes Problem hervor, nämlich den Mangel an qualifiziertem Personal, um einen Reaktor zu betreiben. Auch dieses Memorandum zirkulierte nur innerhalb der Hochulen und der Ministerien. Industrie und Elektrizitätswirtschaft blieben bei den Verhandlungen völlig außen vor.[282]

Der Personalmangel war eines der Hauptprobleme des geplanten Projekts, so dass das Erziehungsministerium begann, im Ausland nach österreichischen Kernphysikern zu suchen, um diese eventuell zu einer Rückkehr zu bewegen. Unter den aufgespürten Physikern befand sich eine der zentralen Personen der österreichischen Kernforschung, die nun die erste Möglichkeit für eine Rückkehr erhielt:[283] Ortner, der ehemalige Vorstand des Instituts für Radiumforschung, wurde von Karlik als Koordinator des Projekts vorgeschlagen.[284] Nachdem Ortner 1945 aus dem österreichischen Staatsdienst entlassen worden war, hielt er sich zunächst notdürftig als freier Wissenschaftler und Autor über Wasser, bis er 1950 eine Professur in Kairo antreten konnte. Karlik und Ortner blieben während dieser Zeit in regelmäßigem Kontakt, der bis zum Austausch von Materialproben reichte,

---

282 Gutachten über die Zweckmäßigkeit der Errichtung eines Reaktors in Österreich, verfasst von Berta Karlik im April 1955, AÖAW, FE-Akten, Radiumforschung, NL Karlik, K 49, Fiche 706.

283 Neben Ortner befanden sich auch andere Wissenschaftler aufgrund ihrer NS-Vergangenheit im Ausland: Unter ihnen Willibald Jentschke, der später Direktor des DESY in Hamburg wurde, oder Josef Schintlmeister, der Abteilungsleiter am Zentralinstitut für Kernforschung in Rossendorf bei Dresden wurde.

284 Karlik an BMfU vom 28. April 1955, AÖAW, FE-Akten, Radiumforschung, NL Karlik, K 56, Fiche 829.

die Karlik nach Kairo sandte.[285] Um die Chance auf eine Rückkehr nicht zu verspielen, sah Ortner in einem sehr zurückhaltenden Brief an das Ministerium von jeglichen Gehaltsforderungen ab. Karlik auf der anderen Seite wies den Wunsch des Ministeriums nach einem zweiten möglichen Kandidaten zurück und beharrte auf Ortner als einzigem Kandidaten.[286] Am Ende lief alles wie gewünscht: Ortner erhielt eine Stelle als Projektkoordinator, formal als Konsulent im Bundesministerium für Unterricht, wurde zu Fortbildungskursen über Reaktortechnik in die USA geschickt und nachträglich als österreichischer Experte für die Atomenergiekonferenz in Genf im August 1955 nominiert.[287]

Hatte es bei der Debatte um den österreichischen Beitritt zum europäischen Kernforschungszentrum CERN[288] noch Kontroversen über die Zuständigkeit der TH beziehungsweise der Universität Wien gegeben, so stand drei Jahre später Karlik, umgeben von den Mitgliedern des Instituts für Radiumforschung und der Universität Wien, im Zentrum der Diskussion um den Forschungsreaktor und bestimmte diese entscheidend mit, während die TH nur als Randakteur in Erscheinung trat. Diese Entwicklung führte im Dezember 1955 zur Gründung einer eigenen Studiengruppe an der TH, um die Interessen an den möglichen neuen Forschungsressourcen besser artikulieren zu können.[289] Ein halbes Jahr nach ihrer Gründung wandte sich diese Studiengruppe in einem Brief an das Unterrichtsministerium. Der Verfasser Heinrich Sequenz hob die Bedeutung von Ingenieuren für die neuen Entwicklungen in der Kernenergietechnik hervor und betonte, dass ein neues Institut nicht nur der Universität Wien, sondern auch der TH zugeordnet werden sollte und in diesem Rahmen beide Institutionen über die gleichen Rechte verfügen sollten.[290]

Noch bevor dieser interne Konflikt ausbrach, demonstrierten die österreichischen Wissenschaftler und Wissenschaftlerinnen im August 1955 Einig-

---

285 Briefwechsel zwischen Karlik und Ortner, AÖAW, FE-Akten, Radiumforschung, NL Karlik, K 46, Fiche 665.

286 Karlik an BMfU vom 28. April 1955; Karlik an BMfU vom 4. Mai 1955; Ortner an Karlik vom 17. Mai 1955, AÖAW, FE-Akten, Radiumforschung, NL Karlik, K 56, Fiche 829.

287 Karlik an BMfU vom 16. Juli 1955, AÖAW, FE-Akten, Radiumforschung, NL Karlik, K 56, Fiche 830.

288 Akronym aus der französischen Namensgebung *Conseil Européen pour la Recherche Nucléaire*.

289 Sitzungsprotokoll vom 19. Dezember 1955, Archiv der Technischen Universität Wien (ATU), R.Z. 2787/55, 31.

290 Sequenz an BMfU vom 6. Juli 1956, ATU, R.Z. 2787/55, 32–33.

keit auf der *First International Conference on the Peaceful Uses of Atomic Energy* in Genf. In Vorbereitung der Konferenz beauftragte das Bundeskanzleramt/Auswärtige Angelegenheiten die Atomenergiekommission mit der Erstellung eines Memorandums mit folgendem Ziel:

> Der Welt soll gezeigt werden, dass Österreich seit Jahren Atomenergie für friedliche Zwecke verwendet und auf diesem Gebiet zu den führenden europäischen Nationen gehört.[291]

Vergleicht man diesen Auftrag mit den Argumenten, die den Beitritt Österreichs zum CERN begleitet hatten, so wird deutlich, dass die Wissenschaftler und Wissenschaftlerinnen mit ihrer damaligen Argumentation erfolgreich gewesen und die Mehrzahl ihrer Argumente von den Politikern übernommen worden war. Es war auch dieses Mal Karlik, die den Auftrag erhalten hatte, das Memorandum zu verfassen. In weiten Teilen diskutierte sie den Einsatz von radioaktiven Isotopen in unterschiedlichen Anwendungsgebieten: von der Medizin über die verschiedenen Naturwissenschaften bis hin zu industriellen Anwendungen. Im letzten Abschnitt konzentrierte sie sich auf die Planungen zum Bau eines Reaktors:

> Austria is considering building a research reactor as a joint project of science and industry and is engaged in preparations. It is expected that within a period of one year, it will be possible to clear the major problems as there are juridical forms of cooperation for the partners in the project, the financial problem, the coordination of the research programs as well as the reactor type, a time schedule, etc. – The construction of a power reactor is not considered advisable at the moment. [292]

Hier sprach Karlik die noch ungeklärten Hauptprobleme an, an denen später auch die Zusammenarbeit der verschiedenen Partner, insbesondere akademische Wissenschaft und Industrie, scheitern sollte: die Koordination der Forschungsprogramme und die juristische Form der Zusammenarbeit. Die Genfer Konferenz und ihre Vorbereitung nahm im ersten Tätigkeitsbericht der österreichischen Atomenergiekommission großen Raum ein. Darin wies die Kommission darauf hin, dass das Interesse an der friedlichen Nutzung der Kernenergie nicht nur in der Öffentlichkeit, sondern vor allem in der

---

291 BKA/AA an das Institut für Radiumforschung vom 27. Januar 1955, AÖAW, FE-Akten, Radiumforschung, NL Karlik, K 50, Fiche 727.
292 Entwurf des Memorandums, AÖAW, FE-Akten, Radiumforschung, NL Karlik, K 55/56, Fiche 825.

österreichischen Wirtschaft, in den letzten Monaten massiv angewachsen
war:

> Es kann heute noch nicht abgesehen werden, welche Auswir-
> kungen die friedliche Nutzung der Atomenergie auf die österrei-
> chische Wirtschaft im Allgemeinen und auf die österreichische
> Industrie im Besonderen, sowie auf die österreichische Energie-
> Wirtschaft haben wird. Ein Kennenlernen der Probleme und
> die Schulung von Fachkräften wird aber je ebenfalls unerläss-
> lich sein. Vertretern der österreichischen Wirtschaft wird daher
> in Kürze Gelegenheit geboten werden, sich mit dem Problem
> der Nutzung der Atomenergie auf einigen Gebieten intensiv be-
> fassen zu können.[293]

Innerhalb der Ministerien stieß die Nutzung der Atomenergie zur Stromer-
zeugung auf großes Interesse. Zentral war die Frage, wie man bei steigen-
dem Strombedarf die Energieproduktion aus Wasserkraft ergänzen könnte. Hier prognostizierte der Vertreter des Bundesministeriums für Verkehr
und verstaatlichte Betriebe einen notwendigen Ausbau von Wärmekraftwer-
ken. Demgegenüber sah er die Rohstoffarmut Österreichs insbesondere im
Hinblick auf die nur eingeschränkt ergiebigen Kohlelager und die Abhängigkeit Österreichs vom Import von Primärenergie aus dem Ausland. Die
Vertreter des Bundesministeriums für soziale Verwaltung brachten die bisher unzureichenden strahlenschutzrechtlichen Aspekte in den Bericht ein
und wiesen auf die Notwendigkeit einer strahlenschutzrechtlichen Gesetzgebung hin. Unterstützt wurden sie dabei von Berta Karlik als Vertreterin der
Wissenschaft. Auch das Bundesministerium für Land- und Forstwirtschaft
bekundete Interesse an der Nutzung der „Atomenergie" in den Bereichen:
Pflanzenzucht, Ernährung der Pflanzen, Bekämpfung der pflanzlichen und
tierischen Schädlinge, Tierzucht, Fütterung der Haustiere und Lebensmittelkonservierung.[294]

Anschließend stellte sich die Frage nach der Zusammensetzung der österreichischen Delegation in Genf, und die Ressortvertreter brachten ihre
Vorschläge für Experten und Delegierte ein. Das Bundesministerium für Unterricht nominierte Berta Karlik als Delegierte, Karl Lintner von der Universität Wien als Experten und Ferdinand Cap von der Universität Innsbruck
als Berater. Das Bundesministerium für soziale Verwaltung nominierte Karl

---

293 Erster Tätigkeitsbericht der österreichischen Atomenergie-Kommission, ÖStA,
   BMU, Bestand „Atom", Zl .333.924.-INT/55.
294 Erster Tätigkeitsbericht der österreichischen Atomenergie-Kommission, ÖStA,
   BMU, Bestand „Atom", Zl .333.924.-INT/55.

Fellinger, Ordinarius der II. Medizinischen Universitätklinik in Wien. Das wirtschaftsnahe Bundesministerium für Handel und Wiederaufbau nominierte den Leiter der Versuchsanstalt für Wärme-, Kälte-, und Störungstechnik (Bundesversuchsanstalt Arsenal) Maximilian Ledinegg und stellte die Entsendung weiterer Experten in Aussicht. Als weiteres Delegationsmitglied wurde Josef Nagler, Leiter des Technischen Museums in Wien, vom Bundesministerium für Land- und Forstwirtschaft genannt. Das Bundesministerium für Verkehr und verstaatlichte Betriebe nominierte zwei Vertreter und beschloss zudem, aus dem Bereich der Elektrizitätswirtschaft und der eisenschaffenden Industrie Experten nach Bern zu entsenden.[295] Tatsächlich nahmen an der Konferenz in Genf im August 1955 fünf akademische Wissenschaftler, fünf Ressortvertreter und 16 (!) Vertreter aus Wirtschaft und Industrie teil.[296]

Der wachsende Einfluss der Industrie wird auch an einem anderen Punkt deutlich: So beschloss die Kommission, das Gutachten von Berta Karlik über die Zweckmäßigkeit der Errichtung eines Forschungsreaktors in Österreich überarbeiten zu lassen. Karliks „Entwurf" sollte durch den Sektor Industrie ergänzt werden. Dazu nahmen das Bundesministerium für Handel und Wiederaufbau und das Bundesministerium für Verkehr und verstaatlichte Betriebe mit den „maßgebenden Kreisen der Industrie" Kontakt auf. Bis zur endgültigen Fertigstellung des Gutachtens sei an alle infrage kommenden Stellen, darunter auch an das Bundesministerium für Finanzen, heranzutreten. Gleichzeitig müssen auch die Ergebnisse der Genfer Atomenergiekonferenz abgewartet werden, bevor das Gutachten seine endgültige Fassung erhalten könne. Die Unterzeichnung eines bilateralen Vertrags bezüglich der Zusammenarbeit mit anderen Staaten hielt die Kommission noch für verfrüht. Die US-Regierung hatte der österreichischen Bundesregierung bereits einen Mustervertrag übermittelt, der zum Zeitpunkt der Fertigstellung des Tätigkeitsberichts der Kommission von den Ressortstellen geprüft wurde.[297]

Abschließend gab der Tätigkeitsbericht einen Überblick zu den ins Ausland zur Schulung zu entsendenden Experten. Als unproblematisch erwies

---

295 Erster Tätigkeitsbericht der österreichischen Atomenergie-Kommission, ÖStA, BMU, Bestand „Atom", Zl .333.924.-INT/55.

296 Internationale Konferenz für die friedliche Nutzung der Atomenergie, Information, 29. August 1955. ÖStA, BMU, Bestand „Atom", Zl. 81.137/I/1/55, S. 3.

297 Erster Tätigkeitsbericht der österreichischen Atomenergie-Kommission, ÖStA, BMU, Bestand „Atom", Zl .333.924.-INT/55.

sich die Entsendung von Gustav Ortner zu einem siebenmonatigen Reaktor-
trainingskurs des amerikanischen Argonne National Laboratory, ebenso wie
die Entsendung von Medizinern zur Nutzung der „Atomenergie" (Strahlen-
therapie) in ihrem Fachbereich. Auf Zurückhaltung stieß der Vorschlag des
Bundesministeriums für Handel- und Wiederaufbau, das die Entsendung
von Fachexperten aus der Chemie, Werkstoff-, Wärme- und Strahlungstech-
nik zur Schulung in Ländern mit entsprechender Erfahrung vorgeschlagen
hatte:

> Zusammenfassend wird hierzu empfohlen, dass eine abgestimm-
> te Entsendung von Fachleuten der verschiedenen interessierten
> Wirtschaftszweige erst dann in Aussicht genommen werden soll,
> wenn die Vorbereitungen zur Schaffung einer geeigneten österrei-
> chischen Organisation zur friedlichen Nutzung der Atomenergie
> weiter fortgeschritten sein wird.[298]

Die Genfer Konferenz aber wirkte wie ein Katalysator für das österreichische Projekt, allerdings nicht in der Weise, wie es von den österreichischen
Physikern und Physikerinnen angestrebt worden war. Parallel zu den akademischen Studiengruppen hatte sich eine Allianz aus Energiewirtschaft,
Industrie und Politik gebildet. Erstes Interesse zeigte sich bereits im Rahmen der o.g. Studiengruppe des Elektrotechnischen Verein Österreichs im
Jahr 1954. Im Verlauf des Jahres 1955 schufen die *Vereinigten Österreichischen Eisen- und Stahlwerke* (VÖEST) ein Büro für Atomfragen. Ebenso
bestand bei weiteren Teilen der verstaatlichten Industrie[299] Interesse: bei
Waagner-Biro (Stahl, Maschinenbau), den *Österreichischen Stickstoffwer-
ken* AG (Chemie), der *Elin* AG/ *ELIN-UNION* AG und der *Simmering-
Graz-Pauker* AG (Maschinen-, Motoren- und Energietechnik).[300]

   In den Jahren 1946/47 waren weite Teile der österreichischen Industrie
und die Elektrizitätswirtschaft verstaatlicht worden. Die Unternehmensfor-
men waren beibehalten worden, lediglich die Eigentumsverhältnisse hatten

---

298 Erster Tätigkeitsbericht der österreichischen Atomenergie-Kommission, ÖStA,
BMU, Bestand „Atom", Zl .333.924.-INT/55, 11.
299 Nach Ende des Zweiten Weltkrieges wurden in Österreich große Teile der
Grundstoff- und Schwerindustrie verstaatlicht. Einerseits, um der finanzschwa-
chen Industrie Voraussetzungen für Wachstum zu bieten, andererseits, um die
vorrangig deutschen Unternehmen dem Zugriff der sowjetischen Besatzer zu
entziehen. Als Form wählte man eine Aktiengesellschaft mit dem Staat Österreich als Hauptgesellschafter.
300 Aktennotiz, Empfang der amerikanischen Atomexperten Blythe Stason und
Arthur Griswold durch den Herrn Bundesminister für Unterricht, ÖStA, BM-
fU, Bestand Atom, Zl. 107670/I/1/1955.

sich geändert. Vorrangig wurden ehemals deutsche Unternehmen verstaatlicht, da hier keine Entschädigungen zu zahlen waren, österreichische Betriebe erhielten eine solche. Ziel war es, die kapitalschwache Industrie zu stützen und sie zugleich alliierten Reparationsforderungen zu entziehen. Die Elektrizitätswirtschaft wurde im 2. Verstaatlichungsgesetz 1947 der staatlichen Kontrolle unterstellt. Das heißt, die zentrale *Österreichische Elektrizitätswirtschafts* AG, üblicherweise *Verbundgesellschaft* genannt, unterstand der Kontrolle der Bundesregierung, während die Landesgesellschaften den Bundesländern unterstanden. Dabei wurde bei der Besetzung der Führungspositionen strikt auf eine Aufteilung zwischen Anhängern der SPÖ und der ÖVP geachtet. Die Absicherung des Proporzes der Führungspositionen war seit 1949 Bestandteil der Verhandlungen zur Regierungsbildung.[301]

Um die Einzelinteressen der verschiedenen Industrien zu vereinen, lud der Direktor der Verbundgesellschaft am 18.07.1955 zu einem Treffen von Vertretern der Industrie, Elektrizitätswirtschaft und Politik ein. Ziel war es, die industrielle Nutzung der Atomenergie zu diskutieren. An diesem Treffen beteiligten sich, neben Vertretern der Industrie, Bundeshandelskammer, Industriellenverband und der Elektrizitätswirtschaft, auch ein Ressortvertreter aus dem Bundesministerium für Handel und Wiederaufbau sowie drei Vertreter des Bundesministeriums für Verkehr und verstaatlichte Betriebe. In den Diskussion wurde die Initiative der Verbundgesellschaft begrüßt und zugleich bedauert, dass ein solches Treffen nicht früher stattgefunden hatte.

Neben den Berichten über die Tätigkeit der verschiedenen Regierungskommissionen wurden das US-amerikanische Angebot für ein bilaterales Abkommen diskutiert, die Genfer Atomenergiekonferenz und kritisch das Interesse des Bundesministeriums für Unterricht. Im Zuge des Treffens wurde die Gründung einer Studiengesellschaft beschlossen, zu deren Vorbereitung ein Komitee eingesetzt wurde. Die Federführung wurde der Verbundgesellschaft übertragen. Der Zweck der zu gründenden Gesellschaft bestand in der Beschäftigung mit Problemen der Atomenergie sowohl in der angewandten Forschung als auch in der Industrie. Gleichzeitig sollten die Grundlagen für die industrielle Energiegewinnung einschließlich des Baus und Betriebs von Reaktoren geschaffen werden. Zentral war dabei die Wahrnehmung der möglichen Chancen für die österreichische Industrie. Als Organisationsform sollte eine Aktiengesellschaft im gemeinsamen Besitz von Staat, Industrie und Elektrizitätswirtschaft gewählt werden. In dem Memorandum wurde

---

301 Dieter Stiefel. *Verstaatlichung und Privatisierung in Österreich. Illusion und Wirklichkeit.* Wien, 2011, Kap. 3.

festgestellt, dass nur in der Schweiz der Staat keine Mehrheitsbeteiligung in einer solchen Aktiengesellschaft besitzt, sich allerdings über eine Reihe von Genehmigungs-und Kontrollbefugnissen Zugriff auf die Gesellschaft bzw. ihre Ziele gesichert hatte. Es war also abzusehen, dass die Freiheit der Wirtschaftsvertreter eingeschränkt werden würde. Die Gründung einer solchen Gesellschaft war bis zum Jahr 1956 geplant.[302]

Die so diskutierten Strukturen räumten den Wissenschaftlern nur wenig Macht in den Entscheidungsgremien der der geplanten Gesellschaft ein. Der Vorstand, bestehend aus zwei Mitgliedern, sollte sich mit der Finanzierung auseinandersetzen, die Zusammenarbeit mit Staat und Wirtschaft sowie Wissenschaft organisieren, rechtliche Fragen und die internationale Zusammenarbeit regeln, Schulungen und Ausbildung von Fachkräften übernehmen, sowie die Planung, Bau und Betrieb von Reaktoren leiten. Ihm übergeordnet war das Exekutivkomitee des Aufsichtsrates. Dieses setzte sich wiederum nur aus Vertretern von Industrie und Staat zusammen. In den Aufsichtsrat sollten dann auch Vertreter der Wissenschaft neben Staat und Industrie aufgenommen werden. Die einzelnen Unterausschüsse des Aufsichtsrates setzten sich aus den Interessengruppen zusammen.

An der ersten Sitzung der Atomenergiekommission nach der Genfer Konferenz am 9. September 1955 nahmen neben den Vertretern der einzelnen Ressorts, den Vertretern der Wissenschaft (Berta Karlik, jetzt mit Gustav Ortner) nun auch zwei Vertreter der Verbundgesellschaft teil. Aus dem Protokoll dieser Sitzung geht hervor, dass der Generaldirektor Stahl der Verbundgesellschaft bereits im Vorfeld Gespräche mit dem Bundeskanzleramt geführt hatte. So fällt gleich in einer der einleitenden Bemerkungen, dass die Verbundgesellschaft beschlossen hätte, in den nächsten fünf Jahren einen Reaktor zu bauen. Bezüglich eines bilateralen Abkommens mit den USA zur Lieferung eines Forschungsreaktors erklärten sich die Mitglieder der Atomkommission einstimmig einverstanden. Der Tagungsordnungspunkt „Schaffung einer österreichischen Studienkommission" führte zu kontroversen Diskussionen. Auffällig ist dabei der offensive Ton der Vertreter der Verbundgesellschaft:

> Dr. Kölliker [Verbundgesellschaft] betont das große Interesse, das sowohl die Wirtschaft als auch die Wissenschaft an der Errichtung eines Atomreaktors hätte. Er hoffe, daß man im Oktober so weit sein werde, einen Entwurf der Statuten der „Öster-

---

302 Atomenergie, Ergebnisse einer Besprechung bei der Verbundgesellschaft zwecks Gründung einer Studiengesellschaft am 18.7.1955, ÖStA, BMfU, Bestand Atom, Zl. 142. 9 72-1_0/5 5

reichischen Studienkommission für die Atomenergieverwendung in der österreichischen Wirtschaft" der Vollversammlung vorlegen und dann an die Bundesregierung herantreten zu können, die Frage der Subventionierung könne noch nicht als definitiv bezeichnet werden. Generaldirektor Stahl (Verbundgesellschaft) hätte gemeint, daß, wenn schon die Industrie 10 Millionen Schilling aufgebracht hätte, auch der Staat einige Millionen Schilling bewilligen könne.[303]

Im weiteren Diskussionsverlauf führte Kölliker am Schweizer Beispiel die mögliche Struktur einer Studiengesellschaft aus. Man bedenke dabei, dass in dem Protokoll der Sitzung der Industrie und Elektrizitätswirtschaft zur Gründung einer Studiengesellschaft das Schweizer Modell als das einzige europäische Modell genannt wurde, in dem der Staat eine untergeordnete Rolle einnahm. So entgegnete gleich der Vertreter des an sich wirtschaftsnahen Bundesministeriums für Verkehr und verstaatlichte Betriebe, dass man die Schaffung einer österreichischen Studiengesellschaft grundsätzlich begrüße, nur eine Koordinierung zwischen Wissenschaft und Wirtschaft sei essenziell. Es sei ja gerade die Aufgabe der Studiengesellschaft, sich mit diesen Fragen zu beschäftigen. An einem in Österreich zu errichtenden Reaktor müssen alle Probleme erprobt werden können. Den Betrieb des Reaktors würde aber auf keinen Fall die Studiengesellschaft übernehmen.[304] In den abschließenden Bemerkungen zum Protokoll wurde dann nur mehr festgehalten:

> Wie aus den Gesprächen zu entnehmen war, dürfte die beabsichtigte Gründung der österreichischen Studienkommission für die Verwendung der Atomenergie in der österreichischen Wirtschaft doch nicht so rasch vor sich gehen, da man einerseits die Regierung einschalten muss und andererseits die maßgeblichen Wirtschaftskreise zur Erkenntnis gelangt sind, auch Wissenschaftler bei dieser Gesellschaft zu beteiligen.[305]

---

303 Protokoll über die am 9. September 1955 stattgefundene 7. Sitzung der Österreichischen Atomenergiekommission. ÖStA, BMU, Bestand „Atom", Zl. 81.137/I/1/55, S. 2.

304 Protokoll über die am 9. September 1955 stattgefundene 7. Sitzung der Österreichischen Atomenergiekommission. ÖStA, BMU, Bestand „Atom", Zl. 81.137/I/1/55, S. 7-8.

305 Protokoll über die am 9. September 1955 stattgefundene 7. Sitzung der Österreichischen Atomenergiekommission. ÖStA, BMU, Bestand „Atom", Zl. 81.137/I/1/55, S. 10.

In dem Ergebnisprotokoll der Sitzung wurden diese Widersprüche dann
noch weiter geglättet. So heißt es darin, dass die Atomenergiekommission
beschloss, bezüglich der Gründung einer Studiengesellschaft der österreichischen Wirtschaft einen Hinweis in den Text des Berichtes an den Ministerrat aufzunehmen. Darüber hinaus hatte der Vertreter der Verbundgesellschaft einen Überblick über die bisherigen Schritte zur Gründung
der Studiengesellschaft gegeben. Er hatte dabei ausgeführt, dass es sich
um eine Gesellschaft zur Förderung und Studium der industriellen Verwertung der Atomenergie handeln werde, ohne jeden Erwerbszweck, nach dem
Muster der Schweizer Studiengesellschaft. Die Verbundgesellschaft hatte
dazu bereits einen Vertreter nach Zürich entsandt, um mit dem Präsidenten der Schweizer Studiengesellschaft Kontakt aufzunehmen und Informationen auszutauschen. Eine zentrale Aufgabe der zu gründenden Studiengesellschaft würde insbesondere darin bestehen, die Entwicklung auf dem
Gebiet der Kraftstromreaktoren im Ausland genau zu verfolgen, um zum
gegebenen Zeitpunkt durch die österreichische Industrie einen solchen Reaktor in Österreich bauen zu können. Abschließend hatte der Vertreter der
Verbundgesellschaft bekannt gegeben, dass in das leitende Organ der österreichischen Gesellschaft auch Vertreter des Staates und der Wissenschaft
aufgenommen werden sollten. Die Industrie rückte also von der anfänglichen Erklärung, in fünf Jahren einen eigenen Reaktor zu bauen, und der
Forderung nach finanzieller Subventionierung durch den Staat, ohne diesem
jedoch Mitspracherechte zu gewähren, zunächst erheblich ab und ließ sich
auf einen Kompromiss ein.[306]

In den folgenden Wochen und Monaten drehten sich die Diskussionen
zum einen um die Unterzeichnung eines bilateralen Vertrages mit den Vereinigten Staaten und um die Wahl des Reaktortyps, zum anderen um die
Frage inwieweit die Regierung den staatlichen Zugriff auf die Studiengesellschaft sichern kann. In der 10. Sitzung der österreichischen Atomenergiekommission am 23. November 1955 plädierten die Wissenschaftler bezüglich
des Reaktortyps für einen kleinen Forschungsreaktor, der für ihre Zwecke
völlig ausreichen würde. Dagegen setzen die Vertreter von Elektrizitätswirtschaft und Industrie auf einen möglichst leistungsfähigen Reaktor:

> Dr. Kölliker [Verbundgesellschaft] erklärt die Wünsche der In-
> dustrie und schlägt vor, unter allen Umständen gemeinsam einen
> Reaktor zu kaufen. Das Ausland hätte sich bereits entschlossen,

---

306 Resumé über die 7. Sitzung der Atomenergie-Kommission am 9. September
     1955 ÖStA, BMU, Bestand „Atom", Zl. 81.137/I/1/55, S. 2-3.

grundsätzlich nur größere Reaktoren anzuschaffen (z.B. zwei in München, ein Forschungsreaktor für Professor Heysenberg [sic!]).[307]

Ein gemeinsames Projekt von Industrie und Wissenschaft wurde zu diesem Zeitpunkt von der Industrie noch nicht offiziell in Frage gestellt, wichtig war es für die Vertreter, an dem Projekt beteiligt zu sein. Wie entspannt dagegen die akademischen Wissenschaftler der Entwicklung entgegensahen, wird an einem Zitat aus demselben Sitzungsprotokoll deutlich:

> Prof. Dr. Karlik schlägt vor, das BMU solle den Forschungsreaktor errichten und betreiben, aber die Studiengesellschaft könnte sich gegen Entgelt Forschungsaufgaben durchführen lassen. Der sogenannte „kleine Forschungsreaktor" sei kein kleines Instrument, wie man irrigerweise aus der Bezeichnung schließen könnte.[308]

Karlik ging also zu diesem Zeitpunkt noch davon aus, von einer hegemonialen Machtposition aus zu agieren und fühlte sich keineswegs durch die Bestrebungen der Industrie verunsichert. Die Vertreter der einzelnen Ressorts waren sich aber uneinig in der Frage, wie mit den Plänen der Verbundgesellschaft umzugehen sei. Diese Widersprüche spitzten sich im Rahmen der 11. Sitzung der österreichischen Atomenergiekommission am 13. Dezember 1955 zu. Zunächst informierte der Vertreter des Bundeskanzleramtes die Mitglieder der Kommission darüber, dass der Direktor der Verbundgesellschaft Dr. Stahl sich mit Bundeskanzler Julius Raab bezüglich einer Beteiligung des Bundes an der Studiengesellschaft zu Gesprächen getroffen habe. Ebenso erklärte der Vertreter des Bildungsministeriums, dass auch sein Minister mit dem Direktor der Verbundgesellschaft eine klärende Aussprache gehabt hätte, und dass beide festgehalten hätten, dass für die Zwecke der Wissenschaft ein Forschungsreaktor angeschafft würde, der aber auch von der Studiengesellschaft genutzt werden könne.[309]

Im Gegensatz dazu stellte der Vertreter des Ministeriums für Handel und Verkehr fest dass sein Ministerium zum vorliegenden Vertragsentwurf zur

---

307 Kurzprotokoll über die am Mittwoch, den 23. November 1955 stattgefundene 10. Sitzung der Österreichischen Atomenergiekommission, ÖStA, BMU, Bestand „Atom", Zl. 98255-I/1/1955, S. 8.

308 Kurzprotokoll über die am Mittwoch, den 23. November 1955 stattgefundene 10. Sitzung der Österreichischen Atomenergiekommission, ÖStA, BMU, Bestand „Atom", Zl. 98255-I/1/1955, S. 5

309 Kurzprotokoll über die am Mittwoch, den 13. Dezember 1955 stattgefundene 11. Sitzung der Österreichischen Atomenergiekommission, ÖStA, BMU, Bestand „Atom", Zl. 104.150-I/1/1955, S. 3.

Gründung einer Studiengesellschaft eine massivst negative Haltung hätte. In dem Entwurf des Gesellschaftervertrags sei der Arbeitsbereich der Gesellschaft nicht genügend präzise geregelt, und es handle sich bei der Gesellschaft nicht nur um eine Studiengesellschaft, sondern auch um eine Verwertungsgesellschaft, die eine industrielle Verwertung der Atomenergie anstrebt. Des Weiteren bestanden im Handelsministerium gegen eine industrielle Verwertung der Atomenergie grundsätzliche Bedenken, solange es keine gesetzlichen Vorschriften hinsichtlich der Lagerung von spaltbarem Material sowie der Sicherheit von Kernkraftanlagen und ihres Betriebes gibt. Der Vertreter des Handelsministeriums erwartete, drei Punkte zu klären:

1. eine genaue Beschreibung des Arbeitsbereiches mit einem sachlich, zeitlich und finanziell aufgegliederten Programm;

2. eine Aufgliederung der Organisation der Studien- und Versuchstätigkeit;

3. die Koordinierung der vorgesehenen Studien und Versuchsarbeiten mit den Hochschulen und den zuständigen Behörden und den mit Atomfragen befassten Versuchsanstalten.[310]

Schließlich wurde beschlossen, dass „die interessierten Ressortstellen" sich noch zu einer weiteren Besprechung treffen werden, um Textänderungen am Entwurf der Studiengesellschaft festzulegen.[311]

Im Rahmen dieser interministeriellen Besprechung war die Frage zentral, wie der staatliche Einfluss in der Studiengesellschaft gesichert werden konnte. Dazu sollte sich der Bund an der Studiengesellschaft, einer Ges.m.b.H., mit 40-51 % des Stammkapitals beteiligen. Der Ländereinfluss sollte durch die halbverstaatlichten Firmen berücksichtigt werden. Gleichzeitig wollte man gewährleisten, dass der Privatinitiative keine unnötigen Schranken gesetzt werden. Auch bezüglich der Strukturierung der Organe der Studiengesellschaft wurde angestrebt, dass die zentrale Kompetenz bei der Bundesregierung verblieb. Dazu sollten für den aus etwa 20 Personen bestehenden Aufsichtsrat 8-9 Mitglieder von den Bundesministerien

---

310 Kurzprotokoll über die am Mittwoch, den 13. Dezember 1955 stattgefundene 11. Sitzung der Österreichischen Atomenergiekommission, ÖStA, BMU, Bestand „Atom", Zl. 104.150-I/1/1955, S. 4-5.

311 Resumé über die 13. Dezember 1955 stattgefundene interministerielle Besprechung, betreffend die Frage der Beteiligung der Bunderegierung an der geplanten Atomenergiestudiengesellschaft, ÖStA, BMU, Bestand „Atom", Zl. 104.150-I/1/1955, S. 4.

gestellt werden. Gleichzeitig bemühte man sich aber auch, der Industrie entgegenzukommen, indem die österreichische Atomenergiekommission eine Reorganisation erfahren sollte. Hatten im Vorfeld Industrie und Technische Hochschulen beklagt, dass sie unzureichend in der Atomenergiekommission vertreten waren, so sollten sie nun auch Vertreter aus ihren Kreisen in diese Kommission entsenden. Diese Reorganisation der Atomenergiekommission sollte in ihrer nächsten Sitzung angesprochen werden.[312]

Diese Sitzung fand am 30. Januar 1956 statt. Vermutlich hatte man sich in einer weiteren interministeriellen Besprechung im Vorfeld darauf geeinigt, die Quote der staatlichen Beteiligung auf 51 % des Stammkapitals festzulegen, denn das Protokoll der Sitzung hielt einen Beitrag des stellvertretenden Generaldirektors der Verbundgesellschaft, Franz Hintermayer, folgendermaßen fest:

> Gen. Direktor Hintermeier [sic!] nimmt in aggressiver Weise gegen die Absicht der Ressortstellen Stellung, wonach der Bund 51 % der Anteile erhalten sollte. Die Gesellschaft habe zu forschen und dürfe sich von keiner Stelle etwas dreinreden lassen. Die Industrie wolle vor allem eine Gesellschaft, die die Interessen der Industrie vertrete, weil man könne nicht warten, bis sich die Ministerien geeinigt hätten. Die Ressorts sollten davon absehen, irgendetwas oder irgendjemanden beherrschen zu wollen. Es stehe fest, dass uns die Entwicklung davonlaufe, wenn nicht bald die Studiengesellschaft gegründet würde.[313]

Im Resümee zur Sitzung der Atomkommission heißt es dann, es wurde darauf hingewiesen, dass die Übernahme von 51 % des Stammkapitals der Studiengesellschaft durch den Bund nicht bedeute, dass der Bund beabsichtige, auf die Gesellschaft in Form von Direktiven Einfluss zu nehmen. Schließlich wiesen noch die Vertreter der einzelnen Ministerien darauf hin, dass sie nicht darauf abzielen, die Studiengesellschaft beispielsweise im Aufsichtsrat zu dominieren.[314]

Es gelang der Wirtschaft nicht, sich gegen die Politik durchzusetzen. Am 13. März 1956 erfolgte der Ministerratsbeschluss über die Gründung ei-

---

312 Interministerielle Besprechung am 29.12.1955, ÖStA, BMU, Bestand „Atom" Zl. 109109/I/1/55.

313 Protokoll über die am 30. Januar 1956 stattgefundene 12. Sitzung der Österreichischen Atomenergiekommission, ÖStA, BMU, Bestand „Atom", Zl. 29526I/1/1956, S.5.

314 Resumé über die am 30. Januar 1956 stattgefundene 12. Sitzung der Österreichischen Atomenergiekommission, ÖStA, BMU, Bestand „Atom", Zl. 29526I/1/1956, S.4.

ner Studiengesellschaft für Atomenergie, und schließlich wurde die österreichische Studiengesellschaft für Atomenergie Ges.m.b.H. am 15. Mai 1956 gegründet.[315] Das Stammkapital der Gesellschaft betrug 6.240.000 österreichische Schilling, davon hielt die Republik Österreich 3.150.000 öS bzw. um 50,48 % und sicherte sich so eine Anteilsmehrheit.[316]

Die beteiligten Firmen gehörten weitestgehend zu verstaatlichten, teilverstaatlichten oder zumindest unter staatlicher Verwaltung stehenden Betrieben. Insgesamt waren etwas mehr als 60 Firmen beteiligt. Die größten Anteile hielten die ELIN *Aktiengesellschaft für elektrische Industrie*, die *Neue Österreichische Brown Boveri Aktiengesellschaft*, die *Verbundgesellschaft*, die *Philips GmbH*, die *Simmering-Graz-Pauker Aktiengesellschaft für Maschinen-, Kessel- und Waggonbau*, sowie die *Waagner-Biro* Aktiengesellschaft mit einem Anteil von jeweils 150.000 öS. An zweiter Stelle standen die Landesgesellschaften für Elektrizitätsproduktion. So lag das Interesse der beteiligten Firmen entweder in der Elektrizitätsproduktion oder im Anlagenbau, der Stahlverarbeitung oder in der chemischen Industrie. Sie alle erhofften sich durch ihre Beteiligung an der Studiengesellschaft in einer neuen Wirtschaftsbranche Fuß zu fassen.[317]

In Abbildung 5.4 auf Seite 147 ist der organisatorische Aufbau der Studiengesellschaft grafisch dargestellt. Eine Woche nach deren Gründung wurde der Aufsichtsrat bestellt. Dieser bestand aus 27 Mitgliedern, davon wurden 14 Mitglieder von der Bundesregierung gestellt, 12 Mitglieder von den industriellen Gesellschaftern, und lediglich ein Mitglied kam aus der akademischen Wissenschaft, nämlich Gustav Ortner. Das Präsidium war dreigeteilt: Den Vorsitz erhielt der Generaldirektor Doktor Rudolf Stahl von der Verbundgesellschaft, den stellvertretenden Vorsitz teilten sich Sektionschef Rudolf Fürst vom Bundesministerium für Verkehr und verstaatlichte Betriebe und der Direktor der *Waagner-Biro* AG Karl Laschtowiczka. Die technische Geschäftsführung wurde dem 31 Jahre alten Physiker Michael Higatsberger von der Universität Wien übertragen, auch weil er über eine vierjährige Auslandserfahrung in den USA verfügte. Die administrati-

---

315 Errichtung eines Forschungsreaktors für die österreichischen Hochschulen, ÖStA, BMU, Bestand „Atom", Zl. 777705-1/57.

316 Österreichische Studiengesellschaft für Atomenergie Ges.m.b.H. an Bundeskanzleramt, 25. Juni 1956, Gesellschafterverzeichnis, Beilage zum Brief, ÖStA, BMU, Bestand „Atom", Zl. 71433 - 1/1956.

317 Österreichische Studiengesellschaft für Atomenergie Ges.m.b.H. an Bundeskanzleramt, 25. Juni 1956, Gesellschafterverzeichnis, Beilage zum Brief, ÖStA, BMU, Bestand „Atom", Zl. 71433 - 1/1956.

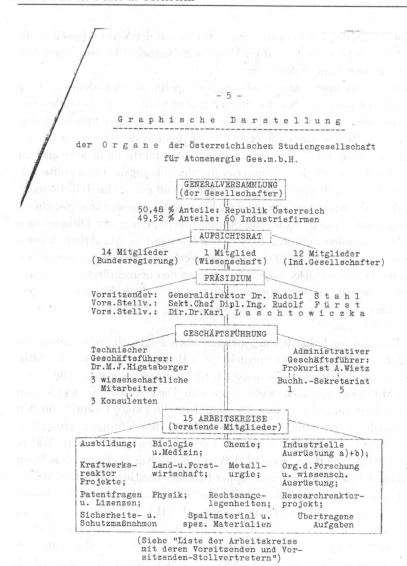

- 5 -

Graphische Darstellung
----

der Organe der Österreichischen Studiengesellschaft
für Atomenergie Ges.m.b.H.

GENERALVERSAMMLUNG
(der Gesellschafter)

50,48 % Anteile: Republik Österreich
49,52 % Anteile: 60 Industriefirmen

AUFSICHTSRAT

14 Mitglieder   1 Mitglied   12 Mitglieder
(Bundesregierung) (Wissenschaft)   (Ind.Gesellschafter)

PRÄSIDIUM

Vorsitzender: Generaldirektor Dr. Rudolf S t a h l
Vors.Stellv.:   Sekt.Chef Dipl.Ing. Rudolf F ü r s t
Vors.Stellv.:   Dir.Dr.Karl L a s c h t o w i c z k a

GESCHÄFTSFÜHRUNG

Technischer   Administrativer
Geschäftsführer: Geschäftsführer:
Dr.M.J.Higatsberger   Prokurist A.Wietz

3 wissenschaftliche   Buchh.-Sekretariat
Mitarbeiter   1   5

3 Konsulenten

15 ARBEITSKREISE
(beratende Mitglieder)

Ausbildung;	Biologie u.Medizin;	Chemie;	Industrielle Ausrüstung a)+b);
Kraftwerksreaktor Projekte;	Land-u.Forstwirtschaft;	Metallurgie;	Org.d.Forschung u. wissensch. Ausrüstung;
Patentfragen u. Lizenzen;	Physik;	Rechtsangelegenheiten;	Researchreaktorprojekt;
Sicherheits- u. Schutzmaßnahmen		Spaltmaterial u. spez. Materialien	Übertragene Aufgaben

(Siehe "Liste der Arbeitskreise
mit deren Vorsitzenden und Vor-
sitzenden-Stellvertretern")

Abbildung 5.4: Der organisatorische Aufbau der Österreichischen Studiengesellschaft für Atomenergie. Aus: ÖStA, BMfU, Bestand Atom, Zl. 58848-1/1957

ve Geschäftsführung übernahm Albert Wietz von der Verbundgesellschaft. Zunächst lässt sich also festhalten, dass die Wissenschaftler von diesen Leitungspositionen ferngehalten wurden.

Auch die Atomenergiekommission verlor zunehmend an Bedeutung. Dies lässt sich beispielsweise an den immer größer werdenden Abständen der Kommissionssitzungen festmachen. Im Jahr 1956 fanden insgesamt nur noch drei Sitzungen statt: die erste am 30. Januar, die zweite am 24. Juli und die dritte am 5. November. Dies führte führte dann auch gar zu einem Zählfehler bei der Nummerierung der Sitzungen: Die zwölfte Sitzung fand „zweimal" statt: einmal im Januar und einmal im Juli. Bedenkt man, dass im ersten Jahr der österreichischen Atomenergiekommission elf Sitzungen stattfanden, so macht dies eine Verlagerung der Diskussionen in andere Gremien deutlich. Fortan wurden diese in den Arbeitskreisen der Studiengesellschaft geführt. Trotz des Verlustes der Leitungspositionen waren die Wissenschaftler eingeladen, sich an den neugegründeten Arbeitskreisen zu beteiligen, beispielweise zu Biologie, Medizin, Sicherheitsfragen, Forschungs- und Energiereaktoren, Metallurgie, Physik, Chemie sowie zu rechtlichen Fragen.[318]

Im Rahmen der Fragestellung meiner Arbeit zeigt sich insbesondere der Arbeitskreis „Researchreaktorprojekt" von Bedeutung. Den Vorsitz hatte der Direktor der *Waagner-Biro* AG Karl Laschtowiczka inne. Die weiteren 25 Mitglieder gehörten zwei Gruppen an: Die erste Gruppe wurde vom Bundesministerium für Unterricht nominiert, die zweite Gruppe von den Gesellschaftern der Studiengesellschaft. Zur ersten Gruppe zählten: Ferdinand Cap (Universität Innsbruck), Ludwig Flamm (TH Wien), Walter Glaser (TH Wien), Hans Hohn (TH Wien), Berta Karlik (Universität Wien und Radiuminstitut), Heinrich Küpper (Geologische Bundesanstalt, Wien), Karl Lintner (Universität Wien), Günther Oberdorfer (TH Graz), Gustav Ortner (Universität Wien), Hermann Schmid (TH Wien), Heinrich Sequenz, (TH Wien), Ferdinand Steinhauser (Universität Wien) und Georg Stetter (Universität Wien). Universitäten und technische Hochschulen waren also in diesem Arbeitskreis etwa gleichermaßen vertreten. Dennoch ist eine klare Dominanz der Wiener akademischen Institutionen zu bemerken, denn lediglich die Universität Innsbruck und die Technische Hochschule Graz hatten noch einen Vertreter entsenden dürfen. Von den Gesellschaftern der Studiengesellschaft wurden folgende Mitglieder des Arbeitskreises

---

318 BMfU an Karlik vom 23. August 1956, AÖAW, FE-Akten, Radiumforschung, NL Karlik, K 56, Fiche 832.

nominiert: Josef Daimer (BM für soziale Verwaltung, Wien), Raimund Ge-
hart (Perlmooser Zementfabrik, Wien), Johann Grabscheid (ELIN, Wien),
Oskar Hacker (VÖEST, Linz), Karl Kaindl (Österreichische Stickstoffwer-
ke, Linz), Helmut Krainer (Böhler u.Co.A.G.-Werk Kapfenberg), Wunibald
Kunz (Verbundgesellschaft, Wien), Max Ledinegg (Bundesversuchsanstalt
Arsenal, Wien), Adalbert Orlicek (BM für Verkehr und Elektrizitätswirt-
schaft, Wien), Johann Papst (Simmering-Graz-Pauker AG, Wien), Ludwig
Seltenhammer (Verbundgesellschaft, Wien) und Alois Trunkat (Perlmooser
Zementfabrik, Wien). Damit waren in dieser Gruppe neben den zwei Ver-
tretern der Bundesministerien vor allem Vertreter der Industrie, die sich
mit dem Bau eines Reaktors neue Geschäftsfelder erschließen wollten: die
Stahlindustrie, Maschinenbau und Zementproduktion.[319]

Im Februar 1957 gaben die Arbeitskreise schließlich ihre Empfehlungen
ab. Die Arbeitsrichtung Physik hatte vor allem Interesse an Neutronenphysik, Messung von Wirkungsquerschnitten mit Neutronen definierter Energi-
en, Neutronenspektroskopie, Untersuchungen mit thermischen Neutronen
und an Abschirmungsexperimenten. Ebenso meldete sie Bedarf an kurzlebigen Isotopen an, die aufgrund ihrer Halbwertszeit nicht aus dem Ausland
bezogen werden konnten. Für ihre Bedürfnisse war der Forschungsreaktor
vom Typ *Swimming Pool* mit einer Leistung von 5 MW und einer Neutronenflussdichte von 10^{13} n/cm^{2}s ausreichend. Das Forschungsprogramm
der Arbeitsrichtung Metallurgie konzentrierte sich auf Materialtests und
Werkstoffprüfung nach Beschuss mit schnellen Neutronen. Ihren Bedürfnis-
sen hätte ein Materialtestreaktor mit einer Leistung von 20 MW und einer
hohen Neutronenflussdichte von 10^{14} n/cm^{2}s am ehesten entsprochen. Als
einem ersten Schritt wollten sie sich aber mit dem von den Physikern vorge-
schlagenen *Swimming Pool*-Reaktor begnügen. Die Arbeitsrichtung Chemie
plante Materialuntersuchungen von selbsthergestellten Brennelementen, sowie die versuchsweise Aufarbeitung abgebrannter Brennelemente. Weiter
war sie ebenfalls an der Isotopenproduktion interessiert. Auch die Arbeitsrichtung Biologie meldete ein Interesse an Isotopen an. Vorrangig wünschte sie aber einen Bestrahlungsraum, in welchem Pflanzen bei Tageslicht γ-
und Neutronenstrahlen ausgesetzt werden konnten. Bezüglich des Reaktortyps schlossen sich Chemie und Biologie den Physikern an. Die größten
Forderungen stellte die Arbeitsrichtung Industrie: Sie wünschte einen Prototyp eines Leistungskraftwerks, mit dem Ziel der Schulung von Studenten

---

319 Österreichische Studiengesellschaft für Atomenergie Ges.m.b.H. an Bundeskanzleramt, 25. Juni 1956, Gesellschafterverzeichnis, Beilage zum Brief, ÖStA,
BMU, Bestand „Atom", Zl. 71433 - 1/1956.

und technischem Personal, das später in einem Leistungskraftwerk eingesetzt werden sollte. Zugleich sollte das Prototyp-Kraftwerk der Energie-
und Maschinenbauindustrie zur Entwicklung technischer Anlagen dienen.
Sollte dies nicht möglich sein, so würde für die Zwecke der metallurgischen
Industrie ein Materialtestreaktor ausreichen. Sofern auch dieser nicht reali-
sierbar wäre, wollte man sich ebenfalls mit einem *Swimming Pool*-Reaktor
begnügen. Die Empfehlung an die Bundesregierung umfasste einen Vier-
Stufen-Plan. Zunächst sollte der Bau eines Forschungsreaktors vom Typ
Swimming Pool erfolgen, in der zweiten Stufe die Erweiterung auf einen
Ausbildungsreaktor, in der dritten ein Materialtestreaktor gebaut werden
und in der vierten ein Prototyp-Leistungskraftwerk, wobei die kostspieligen
Stufen 3 und 4 auch im Rahmen von Gemeinschaftsprojekten der OEEC
umgesetzt werden könnten.[320]

Im weiteren Verlauf der Planungen wurden die Wissenschaftler und Wissenschaftlerinnen zwar angehört, allerdings hatten sie im Kampf um finanzielle und personelle Ressourcen die schwächste Position, ebenso wie bei
der Frage, wer die Richtung der künftigen Forschung angeben sollte. Die
Kooperation zwischen Wissenschaft und Industrie drohte zu scheitern, als
das neue Reaktorinstitut aufgrund seiner Größe nicht mehr als Hochschulinstitut betrieben werden sollte, sondern angestrebt wurde, es der Studiengesellschaft zu unterstellen. Während einer Besprechung am 23. Mai 1957
im Bundesministerium für Finanzen mit den Vertretern der beteiligten
Ministerien und Generaldirektor Dr. Stahl der Verbundgesellschaft sowie
Direktor Dr. Laschtowiczka der *Waagner-Biro* AG brachten die Industrie-
vertreter unmissverständlich zum Ausdruck, dass die Industrie unter allen
Umständen auf der Anschaffung eines eigenen Atomreaktors bei vollständi-
ger Trennung von den Hochschulen beharrte. Aufgrund dieser Besprechung
sandte das Unterrichtsministerium einen Runderlass an die Hochschulen
am Folgetag aus, mit der Bitte um Stellungnahme im Hinblick auf die
veränderte Situation.[321] Die Positionen der Hochschulen waren aber so unterschiedlich, dass der Entschluss der Industrie, d.h. der österreichischen
Studiengesellschaft für Atomenergie, einen eigenen Reaktor bzw. ein eige-

---

320 Memorandum zur Reaktortypenauswahl für ein österreichisches Reaktorzentrum, Wien 11. Februar 1957, abgedruckt in: Österreichische Studiengesellschaft für Atomenergie Ges.m.b.H. *10 Jahre Österreichische Studiengesellschaft für Atomenergie Gesellschaft m. b. H. Rückschau und Ergebnisse.* Hrsg.
   von Österreichische Studiengesellschaft für Atomenergie. Seibersdorf, Wien,
   1966, S. 14-19.
321 BMfU an die Rektorate aller wissenschaftlichen Hochschulen vom 24. Mai
   1957, AÖAW, FE-Akten, Radiumforschung, NL Karlik, K 56, Fiche 832.

nes Reaktorzentrum zu errichten, nicht zu Fall gebracht werden konnte. Daraufhin fand am 18. Juli 1957 im Bundeskanzleramt unter Vorsitz des Bundeskanzlers Raab ein weiteres Treffen statt, in dessen Rahmen dann die endgültige Entscheidung fiel, dass sowohl die österreichische Industrie einen von der Studiengesellschaft betriebenen Reaktor als auch die Hochschulen einen Forschungsreaktor mit geringerer Leistungsfähigkeit erhalten sollten.[322] In einem weiteren Rundschreiben des Unterrichtsministeriums an die Hochschulen heißt es dann:

> Mit Rücksicht auf den Umfang des geplanten Reaktorzentrums, das nach Lage und Beschaffenheit von der Österreichischen Studiengesellschaft für Atomenergie Ges.m.b.H. statt im Rahmen eines Hochschulinstitutes zu betreiben sein wird, [...] wurde die Entscheidung getroffen, daß außer dem erwähnten Reaktorzentrum, das zwar in erster Linie für Zwecke der Industrie bestimmt ist, aber nach getroffener Absprache auch den Hochschulen zur Verfügung stehen wird, für deren besondere Lehr- und Forschungszwecke eine hochschuleigene Reaktoranlage errichtet wird.[323]

Damit war die Frage entschieden. Parallel zu dieser Entwicklung wurde die Unterzeichnung eines bilateralen Abkommens mit den USA diskutiert. Ende des Jahres 1954 und Anfang des Jahres 1955 gab es gegen ein solches bilaterales Abkommen noch grundsätzliche Bedenken. Österreich war zu diesem Zeitpunkt noch in vier Besatzungszonen aufgeteilt und stand unter Kontrolle der vier alliierten Mächte inklusive der Sowjetunion. Der Österreichische Staatsvertrag wurde erst am 15. Mai 1955 unterzeichnet und trat am 27. Juli 1955 offiziell in Kraft. Erst zu diesem Zeitpunkt erhielt Österreich seine volle Souveränität zum Preis der politischen Neutralität zurück. Aus diesem Grund strebte die österreichische Seite zunächst eine Zusammenarbeit mit den USA ohne einen bilateralen Vertrag an:

> Nach österreichischer Ansicht wäre es vorzuziehen, daß die vorgenannte Zusammenarbeit mit amerikanischen Stellen ohne einen solchen Vertrag stattfinden könnte, weil zu erwarten ist, dass bei Abschluss eines gegenständlichen Vertrages allenfalls von anderer Seite [Sowjetunion][324] politische Einwendungen vorgebracht werden könnten. Um den Vorwurf der Einstellung nach

---

322 Aktennotiz, ÖStA, BMU, Bestand „Atom", ZL. 777051/57.
323 Friedliche Verwendung der Atomenergie; Errichtung eines Forschungsreaktors für die österreichischen Hochschulen; Rundschreiben des BMU vom 30.August 1957, ÖStA, BMU, Bestand „Atom" Zl. 77705-1/57.
324 Anm. d. Autors.

einer Richtung zu vermeiden, erscheint es zweckmäßig, auch an die russische Botschaft mit der Frage heranzutreten, ob die UdSSR, die seit jeher für einen weitgehenden Austausch wissenschaftlicher Information, betreffend die friedliche Nutzung der Atomenergie, zwischen den Staaten, eingetreten ist, bereit wäre, einen solchen Austausch auch auf Österreich auszudehnen. Den Amerikanern gegenüber wäre andererseits zu betonen, dass sie nicht die einzigen sein werden, mit denen Österreich einen Informationsaustausch anstrebt.[325]

Im amerikanischen Vertragsentwurf, der von der US-Botschaft in Wien weitergeleitet wurde, stieß vor allem der Punkt des Informationsaustausches auf Widerspruch bei der österreichischen Seite. Im Rahmen des Vertrages sollte Österreich Informationen über den Entwurf, Bau und Betrieb von Forschungsreaktoren und deren Anwendung erhalten, ebenso wie entsprechende Informationen aus den Bereichen Strahlenschutz und Sicherheit. Zum Betrieb eines Forschungsreaktors sollte Österreich leihweise 6 kg Uran 235 erhalten und darüber hinaus die Bezugsmöglichkeiten von besonderen Stoffen und Reaktormaterialien, die nicht im Handel erhältlich waren. Im Gegenzug sollte sich Österreich verpflichten, sämtliche Informationen in Zusammenhang mit dem Forschungsreaktor an die US-*Atomic Energy Commission* oder an von ihr bevollmächtigte Personen weiterzugeben. Dadurch sicherten sich die USA den Zugriff auf die wissenschaftlichen Arbeiten und deren Ergebnisse, die am Forschungsreaktor durchgeführt wurden. Ebenso behielten sie die Kontrolle über das Uran 235, dessen Verwendung ausschließlich für den Forschungsreaktor gestattet und strikten Kontrollen unterworfen war. So wurden nicht nur jährliche Berichte über die Verwendung der Reaktorbrennstoffe gefordert, sondern auch die Gestattung einer jederzeitigen Einsichtnahme in die Anlage durch Vertreter der US-AEC.[326]

Erst nach Unterzeichnung des Staatsvertrages kam die Verhandlung mit den USA in Schwung. So wandte sich der österreichische Bundeskanzler Julius Raab am 30. Juli 1955 in einem Brief an seinen Unterrichtsminister. Er führte aus, dass bei einem Besuch des amerikanischen Botschafters in Begleitung des Präsidenten der Detroiter Edison Gesellschaft auch das

---

325 Resumé der 2. Sitzung der österreichischen AE-Kommission (24. Jänner 1955), ÖStA, BMU, Bestand „Atom", Zl. 29075-I/1/55, S. 3-4.

326 Rechte und Pflichten Österreichs aufgrund des bilateralen Abkommens mit den Vereinigten Staaten. Beilage zum Protokoll der 12. Sitzung der österreichischen Atomenergiekommission vom 24.7.1956, ÖStA, BMU, Bestand „Atom", Zl. 810591/1956.

amerikanische Angebot zum Abschluss eines bilateralen Abkommens auf dem Gebiet der friedlichen Nutzung der Atomenergie angesprochen wurde. Nach Unterzeichnung des Staatsvertrages sei nun der Zeitpunkt gekommen, zweckmäßigerweise noch vor einer abschließenden Stellungnahme der Bundesregierung, dem amerikanischen Botschafter das grundsätzliche Interesse der österreichischen Bundesregierung an dem Abschluss eines solchen Vertrages zu bekunden. Der US-Botschafter hatte in dem Gespräch auch betont, dass die amerikanischen Stellen eine solche Interessenbekundung der österreichischen Bundesregierung begrüßen würden, und dass die notwendigen Verhandlungen anschließend erfolgen könnten. Da die Zeit dränge, bat der Kanzler seinen Minister möglichst umgehend um seine Zustimmung.[327]

Dieser Bitte kam der Unterrichtsminister am 1. August 1955 nach und gab seine Zustimmung zu dem geplanten Abkommen. Zugleich enthält der Akt die Anmerkung, dass mit weiteren österreichischen Schritten bis nach der Genfer Atomenergiekonferenz 1955 zu warten sei. Bemerkenswert ist ebenfalls die folgende Anmerkung:

> Da bekannt ist, dass sich außer den USA auch andere Mächtegruppen für bilaterale Verträge hinsichtlich der friedlichen Verwendung von Atomenergie (vergleiche Lieferung der UdSSR an die Satellitenstaaten von Forschungsreaktoren!) bemühen, wäre das Angebot der USA unbedingt anzunehmen.[328]

Tatsächlich erfolgte ein solches Angebot der Sowjetunion kurze Zeit nach der Genfer Konferenz. Die 9. Sitzung der österreichischen Atomenergiekommission am 17. Oktober 1955 eröffnete der Vertreter des Bundeskanzleramts und teilte den Anwesenden mit, dass eine Anfrage der russischen Botschaft vorlag bezüglich des österreichischen Interesses an einem Atomreaktor aus der Sowjetunion. Der Reaktortyp war unklar, vermutlich handelte es sich um einen kleinen Forschungsreaktor. Allerdings unterbreitete die Botschaft kein konkretes Angebot, sondern wollte nur vorfühlen. Die Atomenergiekommission fällte diesbezüglich den Beschluss, dass man zunächst eine ausführliche Stellungnahme des Studienkomitees zur Frage der Reaktorwahl abwarten wolle.[329] Im Resümee der Sitzung heißt es dann jovial:

---

327 Mitteilung des Bundeskanzlers vom 30. Juli 1955 an den Unterrichtsminister Drimmel, ÖStA, BMU, Bestand „Atom", Zl. 75046-/I/1/1955.
328 ÖStA, BMU, Bestand „Atom", Zl. 75046-/I/1/1955.
329 Protokoll über die am 17. Oktober 1955 stattgefundene 9. Sitzung der Österreichischen Atomenergiekommission im Bundeskanzleramt, ÖStA, BMU, Bestand „Atom", Zl. 883323-I/1/55. S. 1.

Der Vorsitzende teilt mit, dass vor kurzem Herr Semionow von der russischen Botschaft sondiert hat, ob Österreich allenfalls bereit wäre, auch von der UdSSR einen Forschungsreaktor zu beziehen. Die Kommission beschließt, daß der russischen Botschaft gelegentlich geantwortet werden sollte, daß prinzipiell diese Bereitwilligkeit besteht.[330]

Ob eine solche Antwort jemals erfolgte, kann aus der Aktenlage nicht erschlossen werden. Allerdings darf vermutet werden, dass sie höchstwahrscheinlich unterblieb. Denn ein Schreiben des Bundeskanzleramts für auswärtige Angelegenheiten an das Bundesministerium für Unterricht vom 28. November 1955 drückt eine gewisse Erleichterung darüber aus, dass die sowjetische Botschaft in Wien nicht mehr auf dieses Angebot zurückgekommen sei. Anlass des Schreibens war ein erneutes mündliches Angebot der sowjetischen Botschaft, dass die Regierung der UdSSR grundsätzlich bereit sei, auch österreichischen Atomenergie-Fachleuten Gelegenheit zu geben, sich in der Sowjetunion weiter ausbilden zu lassen. Es wurde angeboten, drei Experimentalphysiker an Teilchenbeschleunigern mitarbeiten zu lassen und drei weitere nicht näher spezifizierte Fachleute in einem Versuchsreaktor ausbilden zu lassen. Doch auch dieses Angebot von sowjetischer Seite wurde nur zur Kenntnis genommen, aber nicht weiter verfolgt.[331]

Im Gegensatz dazu schritten die Verhandlungen mit der amerikanischen Seite voran. Sie mündeten in der Unterzeichnung eines bilateralen österreichisch-amerikanischen Abkommens die friedliche Verwendung der Atomenergie betreffend. Dieses Abkommen trat am 13. Juli 1956 in Kraft. Betrachtet man darin die aufgeführten Rechte und Pflichten, so wird ersichtlich, dass Österreich seine Kritikpunkte nicht umsetzen konnte und die amerikanischen Vorgaben zu akzeptieren hatte. Die Rechte umfassten den Empfang von Informationen, die leihweise Überlassung von 6 kg Uran 235, die Bezugsmöglichkeit von weiteren radioaktiven Materialien usw. Die Pflichten beinhalteten die Abgabe von Information an die AEC, die Gewährleistung der vertraglich vereinbarten Verwendung des empfangenen radioaktiven Materials, Aufzeichnung der aufgrund des Abkommens durchgeführten

---

330 Resumé über die am 17. Oktober 1955 stattgefundene Sitzung der Österreichischen Atomenergiekommission im Bundeskanzleramt, ÖStA, BMU, Bestand „Atom", Zl. 883323-I/1/55. S.1.
331 Bundeskanzleramt/Auswärtige Angelegenheiten an Bundesministerium für Unterricht am 28. November 1955. ÖStA, BMU, Bestand „Atom", Zl. 102672-/I/1/55.

Forschungen am Atomreaktor und Besichtigung der österreichischen Reaktoranlagen durch die AEC.[332]

Parallel zur Unterzeichnung des Vertrages hatten sich, wie oben dargestellt, auch die Konflikte zwischen Wissenschaft, Politik und Industrie verschärft, und bis Mitte des Jahres 1957 war eine salomonische Lösung in Form zweier Forschungsreaktoren gefunden worden, wobei die Hochschulen den leistungsschwächeren Reaktor erhielten.

Der Beschluss, den Hochschulen einen eigenen Reaktor zur Verfügung zu stellen, führte zur Gründung des Atominstituts der Österreichischen Universitäten im Jahr 1959.[333] Als mögliche Standorte für das neue Hochschulinstitut wurden zum einen der Augarten, eine Parkanlage in Zentrumsnähe zwischen dem II. und XX. Wiener Bezirk und zum andern das ehemalige Fourage-Depot im Grünen Prater an der Stadionbrücke des dritten Wiener Bezirks in Betracht gezogen. Beim sogenannten Grünen Prater handelt es sich um einen Grüngürtel, der an den „Wurstelprater" mit dem bekannten Riesenrad grenzt. Im Augarten war angedacht, den Reaktor im kleinen Flakturm unterzubringen, der während des Zweiten Weltkrieges errichtet worden war. Der schlechte Zustand der Bausubstanz ließ aber ebenso wie Proteste der Anwohner und eine Weigerung der Bezirksverwaltung den Grünen Prater in das Zentrum der Überlegungen rücken.[334] Nach geologischen, hydrologischen, meteorologischen und schließlich seismologischen Beurteilungen fiel die Entscheidung für das ehemalige Fourage-Depot, dessen 14.000 m² Fläche ebenfalls im Besitz der Stadt Wien waren.[335] Im Jahr 1959 starteten die Bauarbeiten zum Reaktor und wurden schließlich 1962 abgeschlossen. Am 7. März 1962 wurde der Reaktor das erste Mal kritisch.[336]

Das neue Institut wurde administrativ der TH Wien zugeordnet, aber die Geschäftsordnung sah vor, dass es für die Mitglieder aller österreichi-

---

332 12. Sitzung der österreichischen Atomenergiekommission am 24. Juli 1956 (Protokoll), ÖStA, BMU, Bestand „Atom", Zl. 75826-1/1956.

333 Vertrag zwischen BMfU und der General Dynamics Corporation, AÖAW, FE-Akten, Radiumforschung, NL Karlik, K 56, Fiche 834/835.

334 Gustav Ortner. „Aufgaben des Atominstituts. Das Atominstitut der österreichischen Hochschulen". In: *Elektrotechnik und Maschinenbau* 78 (1961), S. 551–552.

335 Gustav Ortner. „Allgemeine Gesichtspunkte bei Planung und Bau des Atominstitutes. Auswahl des Baugeländes und Beschreibung des Institutsgebäudes". In: *Elektrotechnik und Maschinenbau* 78 (1961), S. 557–564.

336 Gedächtnisprotokoll über die Sitzung des Aktionskomitees für Atomenergie, Dienstag 1. April 1958, im kleinen Sitzungssaal des Bundesministeriums für Unterricht, verfasst von Fritz Regler, 2. April 1958, ATU, R.Z. 1250/58, 70.

Abbildung 5.5: Ausschnitt aus dem Wiener Stadtplan. Der kleine Flakturm ist 2,1 km vom Stephansdom entfernt, der gewählte
Standort des Atominstituts 5,6 km. Aus: Openstreetmap.

schen Hochschulen zur Forschung offenstehen sollte.[337] Dennoch kamen die Direktoren Ortner, seit 1960 ordentlicher Professor, und Regler beide von der TH Wien. Sie wurden im März 1961 nominiert, als die Bauarbeiten am Reaktor noch in vollem Gange waren.[338] Die Diskussionen um die Geschäftsordnung, insbesondere der Frage des Zugangs zu den neuen Ressourcen für Forschung und Lehre, entzündeten sich nach der Eröffnung des Instituts. Sie erreichten schließlich sogar den Punkt, an dem die Universität Wien ein Rechtsgutachten von der Juridischen Fakultät einholte. Ohne zu einer klaren juristischen Lösung zu gelangen, wurde schließlich ein Modus friedlicher Koexistenz gefunden.[339] Langfristig verloren die Universitäten diesen Wettstreit, als zu Beginn des 21. Jahrhunderts das Atominstitut der TH Wien zugeordnet wurde.

Zu guter Letzt gingen drei Forschungsreaktoren in Betrieb: in Seibersdorf im Jahr 1960 der Reaktor der Studiengesellschaft, im Wiener Prater 1962 am Atominstitut der österreichischen Universitäten und abseits des Hauptgeschehens ein kleiner Siemens Argonaut Reaktor an der Technischen Universität Graz im Jahr 1963. Letzterer wurde vom Land Steiermark mit Unterstützung der lokalen Industrie relativ unberührt von den Diskussionen in Wien errichtet.[340]

---

337 Entwurf eines Erlasses des BMfU betreffend der Zuordnung des Atominstituts, 2. Februar 1959, Erlass des Ministeriums vom 20. Februar 1959, AÖAW, FE-Akten, Radiumforschung, NL Karlik, K 56, Fiche 834.

338 Protokoll der 5. Sitzung der Atomkommission der österreichischen Hochschulen am 11. März 1961 um 10:00 Uhr im großen Sitzungssaal der Technischen Hochschule Wien, AÖAW, FE-Akten, Radiumforschung, NL Karlik, K 56, Fiche 836.

339 Vgl. AÖAW, FE-Akten, Radiumforschung, NL Karlik, K 56, Fiche 836/837/838, darin insbesondere Fiche 838, Gutachten des Dekans der Rechts- und staatswissenschaftlichen Fakultät der Universität Wien vom 27. März 1962.

340 Vgl. Interview mit Helmuth Böck und Helmut Rauch, geführt vom Autor, Wien, 25.August 2009.

5.3 Die Forschungsreaktoren. Typen und Forschungsarbeiten

5.3.1 Das Atominstitut der österreichischen Hochschulen

Im Zuge des *Atoms for Peace*-Programms erhielt Österreich zwei Kernreaktoren in Wien und Seibersdorf, beide vom Typ *Swimming Pool*, bei dem die Brennstäbe unter Normaldruck in einem Wasserbecken untergebracht sind. Die privatwirtschaftlich organisierte Studiengesellschaft Seibersdorf erhielt einen ASTRA (Adaptierter Schwimmbecken-Tank-Reaktor Austria) vom *AMF Atomics*, einer Tochtergesellschaft der *American Machine & Foundry Company* mit 5 MW Leistung, während das Atominstitut der Österreichischen Hochschulen einen TRIGA Mark II Reaktor von *General Atomics* mit einer Leistung von 250 kW für 258.625 US-Dollar erhielt. Das Akronym TRIGA steht für Training, Research, Isotopes, *General Atomics* und beschreibt damit Aufgabenstellung und Hersteller des Reaktors.

Die Kosten des Reaktors der Studiengesellschaft in Seibersdorf beliefen sich auf 102 Millionen öS. Davon hatten 53.000 öS die Gesellschafter der Studiengesellschaft zu tragen, 40 Millionen öS kamen aus Mitteln des *European Recovery Program*, die für den Reaktor freigegeben wurden, und weitere 9 Millionen öS wurden im Zuge des bilateralen Abkommens direkt von der US-*Atomic Energy Commission* übernommen.[341] Die Finanzierung des 258.000 USD teuren Reaktors der Hochschulen am Prater erfolgte zu ähnlichen Anteilen.[342] Die großzügige Subventionierung der Forschungsreaktoren durch die US-Regierung zeigt erneut nachdrücklich den expansiven Charakter des *Atoms for Peace-Program*, den der Wissenschaftshistoriker John Krige stets hervorhebt.[343]

Die Gründung von *General Atomics* als Zweigsparte der *General Dynamics Corporation* ging auf den Physiker Frederic de Hoffmann zurück. De Hoffmann hatte an der Genfer Konferenz 1955 sowie deren Vorbereitung teilgenommen, und war dabei zu der Überzeugung gekommen, dass es nun an der Zeit sei für das Design eines kommerziellen Reaktors, der ohne bürokratische Hindernisse am freien Markt verkauft werden konnte. Er überzeugte das Topmanagement der *General Dynamics Corporation* zur

---

341 Müller, *Atome, Zellen, Isotope*, S. 83–87; sowie Friedliche Verwendung der Atomenergie, ÖStA, BMU, Bestand Atom, Zl. 105104-1/57.
342 Lackner, „Atomenergie als Leitbild", S. 209-212.
343 Krige, „Peaceful Atom".

Gründung von *General Atomics* mit ihm selbst an der Spitze als Präsidenten. Im Vorfeld hatte der gebürtige Wiener de Hoffmann in Los Alamos gemeinsam mit Edward Teller an der Entwicklung der Wasserstoffbombe gearbeitet, und so lud er Teller im Sommer 1956 ein, an dem Reaktorprojekt mitzuwirken. Darüber hinaus gewann de Hoffmann etwa 30–40 weitere Wissenschaftler, die zum Teil an der Vorbereitung der Genfer Konferenz mitgewirkt hatten oder ebenfalls direkt aus Los Alamos gekommen waren. Die Vormittage der neuen interdisziplinären Gruppe bestanden aus drei Stunden Vorlesungen, an den Nachmittagen entwickelten sich drei Arbeitsgruppen: „Safe Reactor," „Test Reactor" und „Ship Reactor." Am Ende des Sommers blieb von diesen drei Arbeitsgruppen lediglich die Arbeitsgruppe Safe Reactor übrig, da de Hoffmann nur dieser Gruppe eine kommerzielle Zukunft vorhersagte. Edward Teller definierte die Aufgabe dieser Gruppe wie folgt:[344]

> The group was to design a reactor so safe that it could be given to a bunch of high school children to play with, without any fear that they would get hurt.[345]

Für gewöhnlich werden Kernreaktoren durch Kontrollstäbe aus Cadmium oder Bor geregelt. Beide Elemente besitzen einen sehr hohen Einfangquerschnitt für Neutronen. Fährt man die Kontrollstäbe vollständig in den Reaktorkern, so werden die freien Neutronen vom Kontrollstab eingefangen und die Kettenreaktion bricht ab. Entfernt man die Kontrollstäbe aber aus dem Reaktorkern, so vermehren sich die Neutronen exponentiell und es kommt zur Kernschmelze. Teller zielte nun darauf ab, einen Reaktor mit einem inhärenten Sicherheitssystem zu designen, der auch dann noch kontinuierlich weiterarbeitete, wenn man die Kontrollstäbe vollständig entfernte. Wie konnte dies realisiert werden? In einem gewöhnlichen Reaktor befinden sich Uranbrennstäbe aus Uran 238 mit angereichertem Uran 235 in einem Moderator. Die Arbeitsgruppe Tellers verlagerte nun Teile des Moderators in die Brennstäbe, die aus einer Legierung von Uran mit Zirkoniumhydrid hergestellt worden waren. Entfernte man die Kontrollstäbe nun aus dem Reaktor, dann hatte dies zur Folge, dass sich die Brennstäbe erhitzten und der Wasserstoff, der als Hydrid im Brennstab eingelagert war, seine Funktion als Moderator nicht mehr erfüllte, und die Neutronen nur mehr unzureichend abbremste. Für schnelle Neutronen in Uran sinkt aber der Spaltquerschnitt, so dass die schnellen Neutronen die Brennstäbe

---

344 Freeman J. Dyson. *Disturbing the Universe.* New York, 1979, S. 94-97.
345 Dyson, *Disturbing the Universe*, S. 97.

verlassen und keine weitere Kettenreaktion mehr ausführen konnten. Damit kühlen die Brennstäbe innerhalb von Sekundenbruchteilen wieder ab, und der Reaktor reguliert sich selbst. Das endgültige Design des Reaktors wurde von Ted Taylor, Stan Koutz und Andrew McReynolds ausgearbeitet. Das US-Patent für den Reaktor wurde am 9. Mai 1958 eingereicht.[346] Der erste TRIGA-Reaktor wurde im Mai 1958 in San Diego kritisch. Die TRIGA-Reaktoren sind weltweit am meisten verbreitet, insgesamt wurden 66 Exemplare in 24 Länder verkauft.[347] Deshalb sei ihr Aufbau am Beispiel des Wiener Reaktors an dieser Stelle etwas ausführlicher beschrieben. Abbildung 5.6 auf Seite 161 zeigt einen Querschnitt durch den Reaktortank.

Der TRIGA-Reaktor des Wiener Atominstituts enthält etwa 80 Brennelemente, jedes mit einem Durchmesser von 3,75 cm und einer Länge von 72,24 cm. In einer Brennelementhülle aus Aluminium oder Stahl befindet sich der Brennstoff aus einer homogenen Mischung von 8% Uran (angereichert auf 20% Uran 235), 1% Wasserstoff und 91% Zirkon als Moderator. Wie oben ausgeführt, moderiert Zirkonhydrid bei hohen Temperaturen schlechter, dies bedeutet, dass bei hoher Aktivität und damit ansteigender Temperatur die Zahl der Kernreaktionen sinkt und der Reaktor wieder auf Normalniveau zurückkehrt.

Dieses inhärente Sicherheitssystem schließt eine Kernschmelze praktisch aus und ermöglichte, den Reaktor im Impulsbetrieb zu betreiben. Damit konnte eine Neutronenflussdichte von 10^{13}n/cm^{2}s erzielt werden. Zum Vergleich: Die Neutronenflussdichte einer typischen Ra-Be-Neutronenquelle liegt 6-7 Zehnerpotenzen darunter. Die Brennelemente waren an ihrer Ober-und Unterseite mit einem Graphitreflektor abgeschlossen. Ein solcher Graphitreflektor kleidete auch das Tankbecken aus und hielt so die Neutronen im Reaktorkern. In diesem Reaktorkern waren die Brennelemente in einem Gitter angeordnet. Drei Absorberstäbe aus Borkarbid regelten die Kettenreaktion. Nach dem Ausfahren der Absorberstäbe erreichte der Reaktor innerhalb einer Minute seine maximale Leistung. Die Kernreaktion wurde von einer Sb-Be-Neutronenquelle auf Basis einer (γ,n)-Neutronenquelle gestartet. Diese war wie die Brennstäbe in einem Stab im Reaktorkern untergebracht. Das Einfahren der Absorberstäbe konnte manuell oder über das Reaktorschutzsystem erfolgen und dauerte etwa eine Zehntelsekunde; die Kettenreaktion wurde dann ebenfalls unterbrochen. Die Neutronen standen entweder in ei-

---

346 Theodore B. Taylor, Andrew W. McReynolds und Freeman J. Dyson. „Reactor with prompt negative temperature coefficient and fuel element therefore". 3,127,325. US Patent 3,127,325. März 1964.
347 http://www.ga.com/triga-history , eingesehen am 11.Mai 2016.

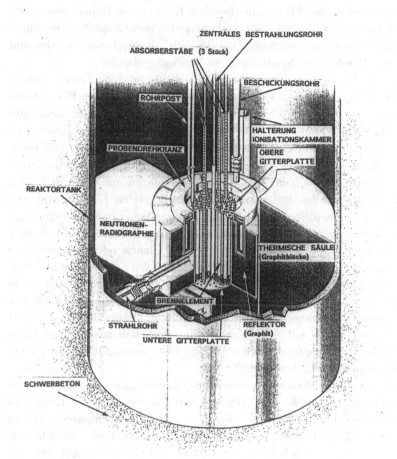

Abb. 1: **REAKTORKERN**

Abbildung 5.6: Querschnitt durch den Reaktortank des Wiener TRIGA Mark II Reaktors. Copyright ATI, TU Wien.

nem zentralen Strahlrohr im Reaktorkern für Experimente zur Verfügung oder sie wurden über Strahlrohre aus dem Kern zu den Experimenten herausgeführt. In der Thermischen Säule befanden sich Graphitblöcke, durch die die Neutronen auf thermische Geschwindigkeit abgebremst wurden und in diesem Bereich für Experimente zur Verfügung standen.

Als eine der zentralen Aufgaben des Instituts erschien Gustav Ortner die Ausbildung im Atominstitut, das auch über einen großen Hörsaal und Seminar- und Praktikaräume verfügte. Das angedachte interdisziplinäre Ausbildungsprogramm sollte die verschiedensten Bereiche im Kontext eines Atomreaktors abdecken. Dazu zählten: Kern-, Neutronen-, und Reaktorphysik, Elektronik der nuklearen Messgeräte, Chemie der radioaktiven Stoffe, technische Probleme der Kernenergieanlagen und schließlich auch mathematische Hilfsmittel. Über diese grundlegenden Einführungsveranstaltungen hinaus sollten einzelne Schwerpunkte für Fortgeschrittene angeboten werden, seien es Vorlesungen über Brennstoffzyklen, die Anwendung radioaktiver Isotope in Technik, Biologie, und Chemie oder Isotopentrennverfahren. Diese Vorlesungen in Verbindung mit den entsprechenden Praktika weisen klar auf den Wunsch hin, die Studierenden für das Berufsfeld Reaktor- und Kerntechnik auch jenseits der Wissenschaft auszubilden. Ein detailliertes Forschungsprogramm wollte Gustav Ortner 1961 noch nicht angeben, er verwies auf einen Finanzierungsvorbehalt kostspieliger Experimente in der Kernphysik, stellte aber die Isotopenproduktion für andere Hochschulinstitute in Aussicht.[348]

Auch chemische Arbeiten wurden in den Anfangsjahren des Instituts durchgeführt. So wurde das Verhalten von Halbleitern unter Hochdosis-Gamma-Bestrahlung untersucht, ebenso wie mit Aktivierungsanalysen kurzlebige radioaktive Isotope bestimmt wurden. Dazu war es notwendig, die Proben möglichst schnell aus dem Reaktorkern in die Messvorrichtung zu bringen. Hierzu wurde eigens eine Rohrpostanlage entwickelt, die Transportgeschwindigkeiten von knapp 150 m/s erreichte und die Probe innerhalb von etwa 50 ms in die Messkammer transportierte. Eine Förderkapsel aus Polyethylen überstand ca. 30-40 Transporte. So konnte beispielsweise die genaue Halbwertszeit des Isotops Bor-12 bestimmt werden.[349] Darüber hinaus wurden reaktortechnische Untersuchungen angestellt, insbesondere in Bezug auf den Einsatz verschiedener Kernbrennstoffe und Reaktorma-

---

348 Gustav Ortner. „Die Aufgaben der Abteilungen des Atominstituts. Unterricht und Forschung im Atominstitut". In: *Elektrotechnik und Maschinenbau* 78 (1961), S. 590–591.

349 Nach aktuellen Messungen liegt die Halbwertszeit von Bor-12 bei 20,20 ms.

Abbildung 5.7: Blick auf den Reaktorkern. Die Neutronen werden mit Strahlrohren aus dem Kern herausgeführt und für Experimente genutzt. Copyright ATI, TU Wien.

terialien, die geringe Korrosion und einen geringen Einfangquerschnitt für Neutronen besaßen. Zudem wurden Ionenaustauscher für die Aufarbeitung radioaktiver Lösungen untersucht.[350]

Neben zahlreichen am Reaktor durchgeführten Experimenten ist das von Helmut Rauch, Wolgang Treimer und Ulrich Bonse zur Neutroneninterferenz an einem Siliziumkristall wohl das berühmteste.[351] Dabei wurde ein monochromatischer Neutronenstrahl auf ein Interferometer aus einem perfekten Siliziumeinkristall geleitet. Dies ist in Abbildung 5.9 dargestellt. Der Neutronenstrahl wird an der ersten Platte des Interferometers geteilt, durchläuft eine weitere Platte, so dass er in der dritten Platte wieder zusammengeführt wird. Betrachtet man nun die Intensitätsverteilung der Neutronen in den ausgehenden Strahlen H und O, so liefert diese ein klassisches

---

350 Ortwin Bobleter. „Chemische Forschungsarbeiten am Atominstitut der österreichischen Hochschulen". In: *Österreichische Chemiker-Zeitung* 66 (1965), S. 142–148.

351 Helmut Rauch, Wolfgang Treimer und Ulrich Bonse. „Test of a single crystal neutron interferometer". In: *Physics Letters A* 47 (1974), S. 369–371.

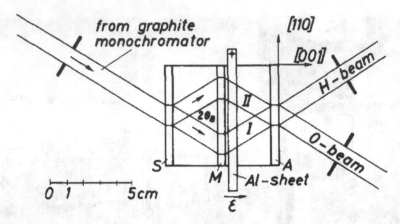

Abbildung 5.8: Strahlengang durch das Neutroneninterferometer. Aus: Rauch et.al. 1974, S. 369.

Abbildung 5.9: Testaufbau eines Neutroneninterferometer, das aus einem Silizium-Einkristall gefräst wurde. Beim Testaufbau wurde zunächst mit Röntgenstrahlen die Qualität und Ausrichtung des Interferometers geprüft. Copyright Wolfgang Treimer.

Interferenzbild. Damit erbrachten Rauch und seine Kollegen den Nachweis, dass die Neutronen, wie quantenmechanisch erwartet, auch Welleneigenschaften besitzen. Das Bemerkenswerte an diesem Experiment ist, dass sich die Neutronendichte soweit reduzieren lässt, dass sich in dem Interferometer lediglich ein Neutron befindet. Dies bedeutet, dass das Neutron mit sich selbst interferiert, d.h. die dem Neutron zugeordnete quantenmechanische Wellenfunktion ψ wird geteilt und interferiert.[352]

5.3.2 Das Reaktorzentrum der Studiengesellschaft

Nach Abschluss der Standortsuche entschied sich die österreichische Studiengesellschaft für ein Areal südöstlich von Wien im Gebiet der Gemeinde Seibersdorf. Dort wurde im Juli 1958 eine Fläche von knapp 110 ha angekauft. Im November 1958 begannen die Baumaßnahmen, die von der Bauabteilung der Verbundgesellschaft geleitet wurden. Bis zur feierlichen Inbetriebnahme des ASTRA-Reaktors arbeiteten mehr als 170 Firmen am Bau des Reaktorzentrums, 60 davon waren direkt für den Bau der Reaktoranlage eingesetzt. Damit hatte sich der Wunsch der österreichischen Firmen, erste Erfahrungen in einem neuen Wirtschaftszweig zu sammeln, erfüllt. Doch nicht jede Firma ging aus den Bietverfahren erfolgreich hervor. 18 Gesellschafter verließen die Studiengesellschaft zwischen 1957 und 1960, die Mehrzahl im Jahr 1958, während sechs Gesellschafter in diesem Zeitraum neu eintraten. Die Vermutung liegt nahe, dass dies in Verbindung mit der Auftragsvergabe zu sehen ist, die im Wesentlichen in den Jahren 1957/58 erfolgte.[353]

Es war jedoch nicht nur der spektakuläre Bau eines Atomreaktors, der die österreichische Industrie forderte, sondern zunächst einmal das Erschließen des Brach- und Ackerlandes und der Aufbau von Versorgungsanlagen für das Reaktorzentrum. Für die Stromversorgung war eine neue 4,2 km lange Hochspannungsleitung erforderlich. Der Bau dieser Leitung und der zugehörigen Transformatorfelder wurde von der Linzer Sprecher & Schuh GmbH ausgeführt, die 1959 der Studiengesellschaft als Gesellschafter beitrat. Die komplette Steuerung der elektrischen Versorgungsanlagen innerhalb des Reaktorzentrums wurde von der österreichischen *Brown Boveri* AG ausgeführt. Auch die Siemens-Schuckert Gesellschaft m.b.H beteiligte sich am Bau von Transformatorstationen und an Versorgungsanlagen für

352 Rauch, Treimer und Bonse, „Test of a single crystal neutron interferometer".
353 Österreichische Studiengesellschaft für Atomenergie Ges.m.b.H., Hrsg. *ASTRA-Reaktor. Reaktorzentrum Seibersdorf.* Wien, 1961, S. 17-19.

den Reaktor. Hinzu kamen weitere, scheinbar triviale Dinge, wie Abwasser-
einrichtungen, Lüftungsanlagen oder die Rohrpostanlage. Auf sie soll hier
aber nicht weiter im Detail eingegangen werden, stattdessen konzentriere
ich mich auf die Konstruktion des Reaktorgebäudes.[354]

Abbildung 5.10: Richtfest am Reaktorgebäude des Forschungszentrums
Seibersdorf. Copyright Bildarchiv Austria US 13.100/3.

Der Bau des Seibersdorfer Reaktors war für die österreichische Industrie
ein Testlauf, um Erfahrungen für den Bau von Kernkraftwerken zu sammeln. Das Reaktorgebäude wurde als Zylinder aus Beton mit einer gasdichten Kuppeldecke hergestellt. Deutlich größer waren die Herausforderungen
bei der Herstellung des Reaktorbeckens, des Pools. Diese Aufgabe übernahm die Grazer Firma Ast & Co. Um die Strahlung des offenen Pools
wirksam abzuschirmen, war eine Wasserschicht von 10 m Höhe erforderlich. Die Wände des Pools hatten damit zum einen die Aufgabe, die Wassersäule stabil zu halten und gleichzeitig Strahlung, die vom Reaktorkern
ausgeht, abzuschirmen. Damit der Strahlenschutz gewährleistet war, musste die Dichte des verwendeten Betons 3,5 t/m³ erreichen. Für dieses Ziel
wurde Sand und Kies aus jugoslawischem Baryt (Bariumsulfat) verwendet.
Baryt musste in einem sorgfältigen Mischungsverhältnis mit Zement (2,8

354 Österreichische Studiengesellschaft für Atomenergie Ges.m.b.H., *ASTRA-
     Reaktor*, S. 44-49.

t/m³ Dichte) und Wasser (1,0 t/m³ Dichte) stehen, damit die erforderliche Gesamtdichte erreicht wurde. Weiterhin mussten Gewichtsverluste durch Austrocknung des Betons beim Härten berücksichtigt werden, sowie eine mögliche Verringerung der Dichte durch Porenbildung.[355]

Die erforderlichen Wandstärken von 2 m brachten weitere Probleme mit sich. Die beim Erhärten des Betons entstehende Wärme brachte die Gefahr der Rissbildung mit sich. Daher musste ein extremst langsam härtender Zement verwendet werden, um eine Verteilung der Wärme auf eine möglichst lange Zeit zu erzielen. Der Barytkies wurde überdacht auf Betonböden gelagert, damit sich eine kontinuierliche Feuchtigkeitsverteilung innerhalb des Kieses einstellen konnte. Gleichzeitig konnte so eine Verunreinigung beispielsweise durch Holzsplitter vermieden werden.[356]

Während des Betriebs des Reaktors entsteht Wärme, die innerhalb der Poolwände zu einem Temperaturgradienten führt. Auch in diesem Fall kann Rissbildung auftreten. Um diese zu vermeiden, mussten ungewöhnlich starke Stahlbewehrungen zur Stabilisierung eingesetzt werden. Daneben enthielten die Poolwände zahlreiche Durchbrüche und Rohrdurchführungen, um die späteren Experimente zu ermöglichen. Deshalb musste der Frischbeton ausreichend gut fließen, um tatsächlich alle Ecken zu erreichen. Diese Flussfähigkeit durfte aber nicht durch Zugabe von Wasser erzielt werden, da diese die Dichte des Betons herabgesetzt hätte. Ebenso mussten spezielle Mischverfahren eingesetzt werden, da die Gesteinsfestigkeit von Baryt wesentlich kleiner ist als die von gewöhnlichem Kies. Es bedurfte mehrerer Testläufe, bis eine ideale Mischung aus Zement, den entsprechenden Korngrößen des Barytkieses und Wasser gefunden war.[357]

Das Beispiel eines betonierten Pools mag als trivial erscheinen. Für die beteiligten Firmen war es jedoch eine grundlegende Chance, praktisches Handlungswissen zu erwerben, das für spätere Projekte eingesetzt werden konnte.

Auch die Firma *Waagner-Biro* AG profitierte von Österreichs Engagement in der Kernphysik. Für das Seibersdorfer Reaktorzentrum stellte *Waagner-Biro* beispielsweise den Wärmetauscher und die Leitungen des Kühlsystems her. Im Betrieb wird der Reaktorkern von entionisiertem Wasser im

355 Österreichische Studiengesellschaft für Atomenergie Ges.m.b.H., *ASTRA-Reaktor*, S. 79–81.
356 Österreichische Studiengesellschaft für Atomenergie Ges.m.b.H., *ASTRA-Reaktor*, S. 83.
357 Österreichische Studiengesellschaft für Atomenergie Ges.m.b.H., *ASTRA-Reaktor*, S. 83–84.

sogenannten Primärkreislauf durchströmt. Dieser Kreislauf ist geschlossen, damit keine radioaktiven Verunreinigungen an die Umwelt gelangen können. Die Abwärme des Reaktors wird über einen Wärmetauscher an einen zweiten Wasserkreislauf abgegeben, der die Wärme über Kühltürme in die Atmosphäre abführt.[358]

Die Leistung des Wärmetauschers ist abhängig vom verwendeten Material, der Austauschfläche und der Wassergeschwindigkeit, die letztlich durch die Pumpenleistung begrenzt wird. Der verwendete Werkstoff für den Wärmetauscher musste damit zum einen hohe Festigkeit aufweisen, bei extremst niedriger Korrosion und hoher Wärmeleitfähigkeit. Deshalb wurde als Grundwerkstoff Duraluminium gewählt, das mit einer dünnen Schicht Reinstaluminium überzogen war.[359]

Die Herstellung der Rohre und Wärmetauscher für beide Kreisläufe musste hochrein erfolgen, damit gewährleistet war, dass keine Verunreinigungen auftraten. Nicht gewünschte Ionen im Primärkreislauf werden im Reaktorkern aktiviert und in Bereiche getragen, in denen geringerer Strahlenschutz vorherrscht. Handelt es sich bei den Verschmutzungen im Primärkreis um Neutronenabsorber, so verschlechtern sie die Neutronenökonomie des Reaktorkerns. Deshalb schuf *Waagner-Biro* eine eigene Werkstätte mit einem Reinraum zur Montage des Kühlsystems. Sämtliche Maschinen waren gekapselt, damit Schmierstoffe und Verschmutzungen aus Teileverschleiß unter Kontrolle blieben. Ebenso durfte das verwendete Werkzeug kein Bor, Cadmium oder andere Neutronen absorbierende Substanzen enthalten.[360]

Ihr Engagement zahlte sich für die Firma *Waagner-Biro* aus. Sie hatte bereits Aufträge aus dem Ausland erhalten, zum Beispiel die Produktion von Vakuumkammern für das 25 GeV Synchrotron des CERN und die Konstruktion und Fertigung des gesamten Kühlsystems des Hochtemperatur-Versuchsreaktors DRAGON der OECD[361] in Großbritannien. Darüber hinaus fertigte *Waagner-Biro* beispielsweise auch die Stahlkonstruktion für die Laborgebäude, die den Reaktor umgaben. Es ist anzunehmen, dass sich die-

358 Österreichische Studiengesellschaft für Atomenergie Ges.m.b.H., *ASTRA-Reaktor*, S. 92.
359 Österreichische Studiengesellschaft für Atomenergie Ges.m.b.H., *ASTRA-Reaktor*, S. 92.
360 Österreichische Studiengesellschaft für Atomenergie Ges.m.b.H., *ASTRA-Reaktor*, S. 92–93.
361 E. N. Shaw. *Europe's Nuclear Power Experiment. History of the O.E.C.D. Dragon Project.* Oxford, 1983, S. 177-179.

ses Engagement auch finanziell und nicht nur im Erwerb von praktischem Handlungswissen bezahlt machte.[362]

Nach Abschluss der knapp zweijährigen Bauarbeiten wurde der Reaktor am 29. September 1960 in einer Feierstunde in Betrieb genommen. Das erste Mal hatte er einen kritischen Betrieb bei einer Leistung von etwa 100 kW vier Tage vorher erreicht. Dieser Betrag wurde bis zum August 1962 auf die Nennleistung von 5 MW erhöht. Abbildung 5.11 auf Seite 170 zeigt einen Querschnitt durch das Reaktorgebäude.

Der Reaktorkern enthielt 36 Brennelemente, die von der *Metals and Controls Corp.* Attleboro, Massachusetts, bezogen wurden. Diese enthielten auf 20 % angereichertes Uran 235. Sie befanden sich in einem Swimming Pool, dessen 10 m hohe Wassersäule die Strahlung nach oben hin abschirmte. Mithilfe von Experimentierkanälen (8) wurden Neutronen aus dem Kern zu den Versuchen herausgeleitet. Einer führt nach rechts in die sogenannte thermische Säule (9). Diese war mit Graphit als Moderator gefüllt, um die Neutronen auf thermisches Niveau abzubremsen. Oberhalb der thermischen Säule befand sich eine Gammabestrahlungskammer. Aus dem Reaktorkern führte ein Verbindungskanal (12) nach links in die untere heiße Zelle (11). In ihr und in der oberen heißen Zelle (10) konnten mithilfe eines fernbedienten Kranes Arbeitsvorgänge unter hoher Strahlenbelastung ausgeführt werden. Der Beobachter wurde dabei durch mehrfache Bleiglasfenster von der Strahlung sicher abgeschirmt. Die Steuerung erfolgte von der Reaktorwarte (5) aus. Die Rohre des Kühlsystems des Primärkreislaufs wurden nach unten aus dem Reaktorcore (7) geleitet.[363]

Zum Zeitpunkt der Inbetriebnahme des Reaktors waren 150 Wissenschaftler, Techniker, Laboranten und Hilfskräfte im Seibersdorfer Reaktorzentrum beschäftigt. Diese Zahl sollte bis zum Jahresende um weitere 50 erhöht werden. Die Forschungsinstitute untergliederten sich in Biologie, Chemie, Elektronik, Metallurgie, Physik und Astrareaktor. Daneben umfasste die Organisation zwei weitere Bereiche: den technischen Dienst und die Verwaltung. Der organisatorische Aufbau der Studiengesellschaft im Jahr 1961 ist in Abbildung 5.12 auf Seite 171 dargestellt.

Die ersten beiden Institute, die den Betrieb aufnahmen, waren das Institut für Physik und das Elektronikinstitut. Ihre Mitarbeiter hatten bereits im Vorfeld am Physikalischen Institut der Universität Wien und am Ra-

---

362 Österreichische Studiengesellschaft für Atomenergie Ges.m.b.H., *ASTRA-Reaktor*, S. 93.

363 Österreichische Studiengesellschaft für Atomenergie Ges.m.b.H., *ASTRA-Reaktor*, S. 113.

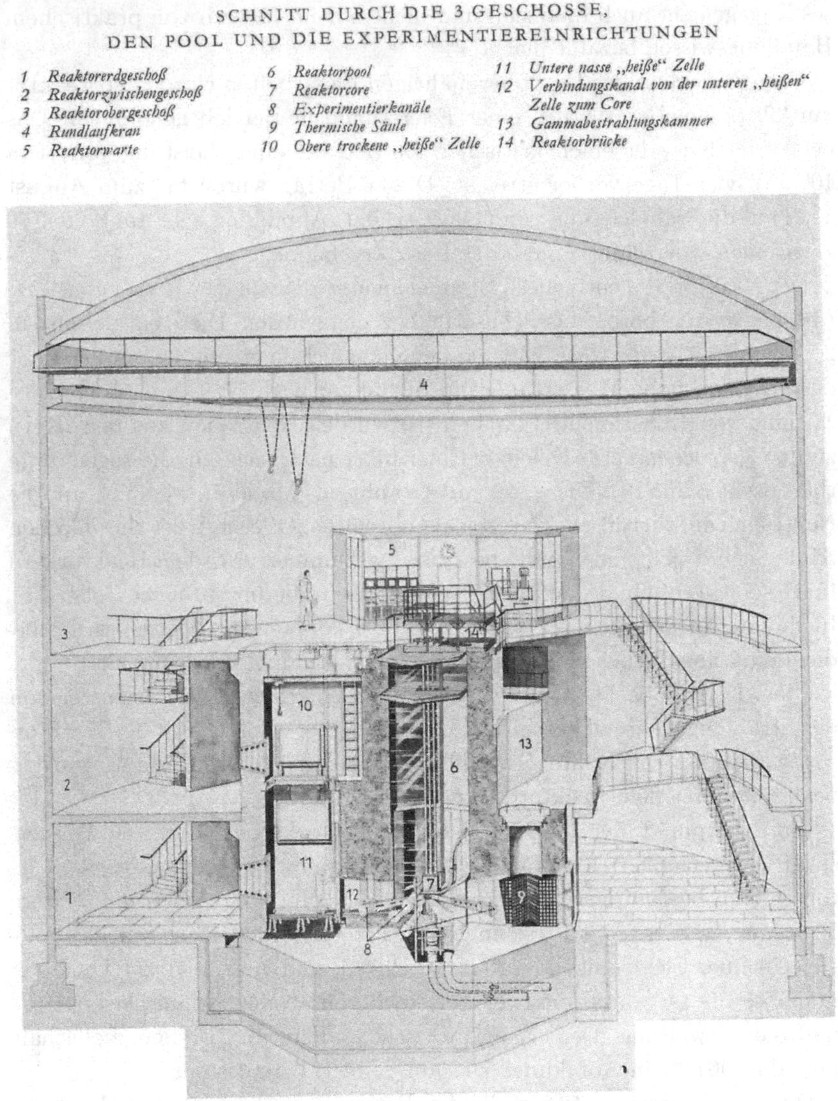

SCHNITT DURCH DIE 3 GESCHOSSE,
DEN POOL UND DIE EXPERIMENTIEREINRICHTUNGEN

1 Reaktorerdgeschoß	6 Reaktorpool	11 Untere nasse „heiße" Zelle
2 Reaktorzwischengeschoß	7 Reaktorcore	12 Verbindungskanal von der unteren „heißen"
3 Reaktorobergeschoß	8 Experimentierkanäle	Zelle zum Core
4 Rundlaufkran	9 Thermische Säule	13 Gammabestrahlungskammer
5 Reaktorwarte	10 Obere trockene „heiße" Zelle	14 Reaktorbrücke

Abbildung 5.11: Querschnitt durch das Reaktorgebäude in Seibersdorf.
Aus: Reaktorzentrum Seibersdorf, 1961, S. 25.

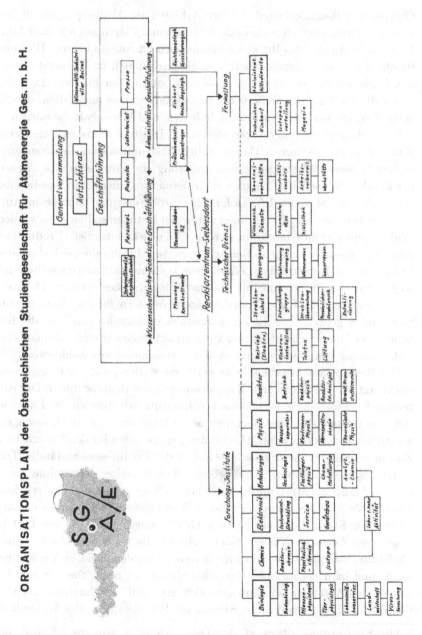

Abbildung 5.12: Organisatorischer Aufbau der Studiengesellschaft 1961. Aus: Reaktorzentrum Seibersdorf, 1961, S. 25.

diuminstitut Räumlichkeiten für ihre Arbeiten zur Verfügung gestellt bekommen. Grundsätzlich zeigen alle Arbeiten und Planungen aus dem Jahr 1961, wie stark sich das Reaktorzentrum noch im Aufbau befand. Hier unterscheidet es sich grundsätzlich vom Hochschulinstitut. Während dieses sich bezüglich des Forschungsprogrammes nach außen hin bedeckt hielt, waren die Institute des Seibersdorfer Reaktorzentrums angehalten, detaillierte Projekte mit dem Nutzen für Industrie und Wirtschaft darzulegen.

Das Arbeitsprogramm des physikalischen Instituts setzte sich aus zehn Einzelprojekten zusammen. Darunter die Konstruktion eines elektromagnetischen Massenseparators mit hoher Auflösung, um einzelne Isotope mit hoher Reinheit in wägbaren Mengen zu isolieren. Im Januar 1961 war bereits ein Modell im Maßstab 1:5 erfolgreich erprobt und die Bauteile in Auftrag gegeben worden. Mit den so gewonnenen Isotopen sollten dann wieder Wirkungsquerschnitte bestimmt werden, und eine kommerzielle Produktion reiner Einzelisotope wurde in Betracht gezogen. Mithilfe eines sich ebenfalls in hauseigener Konstruktion befindlichen Massenspektrometers sollten die so gewonnenen Proben auf ihre Reinheit hin analysiert werden. Darüber hinaus war der Kauf von Neutronenspektrometern für die Analyse von Werkstoffen geplant. Das Elektronikinstitut entwickelte zum eine die Regelung des Massenseparators und konzentrierte sich auf eine automatische Aufzeichnung von Messergebnissen, d.h. insbesondere von Zählgeräten.[364]

Das Reaktorinstitut arbeitete an der Fertigstellung und der Einrichtung des Reaktors und führte erste Leermessungen am Reaktor durch. Die Abteilung Reaktorchemie des chemischen Instituts arbeitete an der Entwicklung von Dosimetern, Neutronenquellen auf Basis von (γ,n)-Reaktionen, sowie an der Entwicklung von Abschirmungsmaterialien für den Reaktorbau. Zudem war sie für die chemische Analyse des Poolwassers zuständig. Die Abteilung physikalische Chemie betonte die notwendige Anschaffung eines eigenen Massenspektrographen und plante die verschiedenen analytischen Einsatzmöglichkeiten eines bestellten Infrarotspektrometers. Auch die Abteilung für Strahlenschemie hatte noch Planungsbedarf. Die der OECD zugehörige *European Nuclear Energy Agency* hatte die Installation einer Co-60-Strahlenquelle, einer hochintensiven γ-Strahlenquelle, in Aussicht gestellt, und man dachte über Einsatzmöglichkeiten nach. Das zentrale Interesse der Abteilung konzentrierte sich aber auf die Untersuchung von Ölarten in Hinblick auf ihren Einsatz als Schmierstoffe oder Kühlmittel

---

364 Reaktorzentrum Seibersdorf der Österreichischen Studiengesellschaft für Atomenergie Ges.m.b.H. *Bericht über die Inbetriebnahme des ASTRA-Reaktors sowie der ersten Laboratorien.* Techn. Ber. Seibersdorf, 1961, S. 9-21.

für organisch moderierte Reaktoren. Daneben stand auch eine Veredlung von Kunststoffen auf dem Programm. Die Abteilung Radioisotope hatte sich schließlich die Produktion von Radioisotopen, Aktivierungsanalyse von Materialien und Werkstoffen, sowie Lehrgänge zur technischen Anwendung von Radioisotopen für die Industrie auf das Programm geschrieben.[365]

Die drei Abteilungen des Instituts für Metallurgie waren aufgrund der noch ausstehenden Einrichtung der Labors noch nicht einsatzfähig. Für das Jahr 1961 planten sie, sich auf die Entwicklung von Brennelementen und die Herstellung hochreiner Brennstoffe zu konzentrieren.[366]

Ebenso war das Institut für Biologie und Landwirtschaft noch im Aufbau begriffen und plante seine Arbeit erst am Oktober 1961 aufzunehmen. Das Institut verfolgte mehrere Arbeitsprogramme. Im Bereich der Lebensmittelkonservierung plante man die Aufstellung einer Co-60-Strahlungsquelle zur Stabilisierung von Produkten der pharmazeutischen Chemie und zur Ermittlung von Zusatzstoffen bei der Strahlenkonservierung. Ein Arbeitsprogramm für die Bestrahlung von Kartoffeln zur Triebverhütung und zur Lagerungsverbesserung sollte entwickelt werden. Darüber hinaus sollte ein technischer Bericht für die ENEA über die Entwicklung einer Fruchtsaftbestrahlungsanlage erstellt werden. Hier konzentrierte sich das Interesse auf Mittel der ENEA für eine ausreichend große Versuchsanlage zur Haltbarmachung von Fruchtsäften mittels radioaktiver Bestrahlung. Schließlich sollten auch noch Bestrahlungsversuche mit Betastrahlen an Mahlprodukten (z.B. Mehl etc.) durchgeführt werden. Darüber hinaus war die Entwicklung von Arbeitsprogrammen zur Bestrahlung von Obst und Gemüse zur Verlängerung der Marktfähigkeit, zur Bestrahlung von Hühnerfleisch zur Verlängerung der Haltbarkeit bei Umgehung der Tiefkühlung und letztlich ein Programm zur Bestrahlung von Verbandsmaterial und empfindlichen Produkten der pharmazeutischen Industrie geplant.[367]

Die Begutachtung des Projektentwurfs zur Haltbarmachung von Fruchtsäften mittels Bestrahung durch Experten der ENEA erfolgte im Jahr 1962. Zwei Jahre später kam es schließlich zum Vertragsabschluss zwischen der Studiengesellschaft, ENEA und der IAEA über die Installation der Co-60-

365 Reaktorzentrum Seibersdorf der Österreichischen Studiengesellschaft für Atomenergie Ges.m.b.H., *Inbetriebnahme des ASTRA-Reaktors*, S. 29–69.
366 Reaktorzentrum Seibersdorf der Österreichischen Studiengesellschaft für Atomenergie Ges.m.b.H., *Inbetriebnahme des ASTRA-Reaktors*, S. 73–76.
367 Reaktorzentrum Seibersdorf der Österreichischen Studiengesellschaft für Atomenergie Ges.m.b.H., *Inbetriebnahme des ASTRA-Reaktors*, S. 81–83.

Strahlenquelle und dem damit verbundenen Research Contract. 1966 wurde die Kobaltquelle fertiggestellt.[368]

Im Rahmen des Arbeitsprogramms auf dem Gebiet der Pflanzenbiochemie sollten die Zusammenhänge von Pflanzenstoffwechsel und Pflanzenwachstum mit der Wechselwirkung von wachstumsfördernden Substanzen, wie dem Wachstumshormon Gibberellinsäure, untersucht werden. Ebenso waren die Untersuchung der Strahlungsresistenz von Pflanzen und Analysen des Wirkungsmechanismus von Wirkstoffen in bestrahlten und unbestrahlten Pflanzen, Keimlingen und Samen Teil der Agenda der Pflanzenbiochemie. Auf dem Gebiet der Virusforschung umfasste das Arbeitsprogramm Versuche, mit dem Ziel, genaue Kenntnisse des Vermehrungsmechanismus des Tabakmosaikvirus mithilfe von Radiokohlenstoff und Radiophosphor zu erhalten, um eine rationelle Virusbekämpfung zu ermöglichen. In diesem Kontext sollte auch die Strahlenempfindlichkeit virusinfizierter Pflanzen untersucht werden, um schließlich die Viren durch Bestrahlung zu inaktivieren.[369]

Im Bereich der Landwirtschaft waren Aktivierungsanalysen von Pflanzenmaterial und Böden geplant. Dadurch sollten Spurenelemente in Pflanzen und Böden sowie die jeweilige Konzentration erfasst werden, sofern dies mit bisher üblichen Methoden nicht möglich war. Außerdem sollten mithilfe von Tracern Untersuchungen über die Aufnahme von Spurenelementen durchgeführt werden. Eine ähnliche Methodik wurde bei der Untersuchung der Stickstoffaufnahme von Weizen zur Ermittlung der Wirksamkeit von Düngemitteln verwendet. Darüber hinaus war zu prüfen, ob nach einer Bestrahlung der Pflanzen Veränderungen in der Nährstoffaufnahme festzustellen waren.[370]

Die geplanten Arbeiten des Instituts für Strahlenschutz zeigen ebenfalls noch den deutlichen Aufbaucharakter des Instituts. So wurden Filter mit hohen Austauschkapazitäten entwickelt, sowie Reinigungsmethoden für radioaktiv verseuchtes Regenwasser untersucht. Zentral waren aber Eichen und Justieren der Strahlenüberwachungsanlage, die regelmäßige Überwachung der Aktivität des Wassers im Reaktorkern, eine Überwachung der Abwässer des Reaktorzentrums, die Entwicklung eines kommerziellen tragbaren Szin-

---

368 Österreichische Studiengesellschaft für Atomenergie Ges.m.b.H, *10 Jahre Studiengesellschaft*, S. 71f.

369 Reaktorzentrum Seibersdorf der Österreichischen Studiengesellschaft für Atomenergie Ges.m.b.H., *Inbetriebnahme des ASTRA-Reaktors*, S. 84–88.

370 Reaktorzentrum Seibersdorf der Österreichischen Studiengesellschaft für Atomenergie Ges.m.b.H., *Inbetriebnahme des ASTRA-Reaktors*, S.89–91.

tillationsüberwachungsgerätes zur Detektierung von schnellen Neutronen, sowie die Entwicklung von Dosimetern für die einzelnen Labore.[371]

Als ein weiteres Beispiel für die Arbeiten des Seibersdorfer Instituts sei hier eine Entwicklung im Kontext der Produktion von gentechnisch verändertem Saatgut genannt. Im Rahmen eines Forschungsauftrages der IAEA konstruierte das Seibersdorfer Team ein Gerät, das eine standardisierte Mutagenese von Saatgut mithilfe schneller Neutronen im Reaktorkern ermöglichte. Dabei musste der Behälter so konstruiert werden, dass nur schnelle Neutronen, die am wirksamsten Veränderungen in der DNA hervorrufen, an das Saatgut gelangten. Einzelne Schichten aus Blei und Bor schirmten die γ-Strahlen und die thermischen Neutronen weitestgehend ab. Die gesamte Anordnung war mit Aluminium umgeben. Ein Querschnitt ist in Abbildung 5.3.2 auf Seite 176 dargestellt.[372]

Die SNIF (Standard Neutron Irradiation Facility) wurde von oben in den Reaktorkern eingebracht, und durch ein Rohr, das sich nach oben hin trichterförmig weitet, wurde die Trommel (Abb. 5.3.2 mit den Saatgutproben eingebracht. Anschließend war es Aufgabe der Biologen, die gewünschten Mutationen mit den genetisch vorteilhaften Veränderungen zu selektieren und zu vermehren. So konnten Sorten mit höherem Ertrag oder Resistenzen gegen bestimmte Krankheiten ausgewählt werden. Bei dieser Technik war vor allem die exakte Dosimetrie von Bedeutung. Mithilfe der in Seibersdorf entwickelten Vorrichtung konnten auch akzeptable Ergebnisse ohne komplexe Messtechnik erzielt werden. Zudem war das Einbringen der Proben ohne große Schwierigkeiten zu bewältigen. Dies war vor allem für Entwicklungsländer von Bedeutung, die an der neuen Methode zur Saatguterzeugung großes Interesse hatten. So installierten die Seibersdorfer Ingenieure die SNIF beispielsweise in Thailand, das über einen TRIGA-Reaktor verfügte.[373]

Neben den geschilderten Arbeiten, die eine klare Anwendungsorientierung aufwiesen, standen aber auch solche wie das von Peter Weinzierl am Seibersdorfer Physik-Institut durchgeführte Neutronenzerfallsexperiment. In diesem Experiment wurde das Verhältnis zweier Kopplungskonstanten

371 Reaktorzentrum Seibersdorf der Österreichischen Studiengesellschaft für Atomenergie Ges.m.b.H., *Inbetriebnahme des ASTRA-Reaktors*, S. 98–103.

372 A. Burtscher und J. Casta. „Facility for seed irradiations with fast neutrons in swimming-pool reactors: A design study". In: *Neutron Irradiation of Seeds. Technical Reports Series 76*. Hrsg. von International Atomic Energy Agency. Wien, 1967, S. 41–61.

373 Nedelik, *ASTRA-Reaktor*, S. 105f.

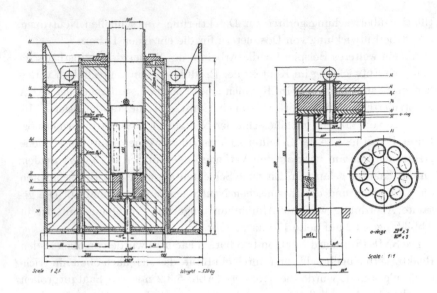

Abbildung 5.13: Links die *Standard Neutron Irradiation Facility*. In der
Mitte befindet sich die Trommel mit dem Saatgut, die
vergrößert nochmals rechts abgebildet ist.. Aus: Burtscher und Casta, 1967, S. 54f.

der schwachen Wechselwirkung aus dem Energiespektrum der Rückstoßpro-
tonen betimmt, die beim Neutronenzerfall entstehen.[374]

Gerade in den Anfangsjahren waren die Arbeiten auch immer von Finanz-
problemen eingeschränkt. So beklagte sich beispielsweise das Institut für
Biologie und Landwirtschaft, dass erst mit Mitteln aus dem *European Recovery Program* im Umfang von 2,5 Millionen österreichische Schilling die zwei
Jahre lang nahezu völlig gestoppte Gerätebeschaffung wieder aufgenommen
werden konnte.[375] Auch ein Brief des wissenschaftlichen Geschäftsführers
der Studiengesellschaft, Michael Higatsberger, an das Bundesministerium
für Unterricht zeugt von der Finanznot des Reaktorzentrums in den ers-

---

374 Rudolf Dobrozemsky u. a. „Electron-neutrino angular correlation coefficient *a*
    measured from free-neutron decay". In: *Physical Review D* 11.3 (1975), S. 510–
    512.
375 Reaktorzentrum Seibersdorf. *Tätigkeitsbericht 1964*. Techn. Ber. Österreichi-
    sche Studiengesellschaft für Atomenergie Ges.m.b.H., 1964, S. 33.

ten Jahren.[376] Das Unterrichtsministerium hatte sich bereiterklärt, 30 %
der laufenden Kosten des Reaktorzentrums zu übernehmen, sofern Diplomanden und Doktoranden der österreichischen Hochschulen ebenso wie die
dort tätigen Wissenschaftler Zugang zu den Anlagen des Reaktorzentrums
erhielten. Higatsberger führte in seinem Schreiben zunächst aus, dass die
Studiengesellschaft alle vereinbarten Leistungen erbringe. So war zum 31.
Juli 1965 die Zahl der Doktoranden und Diplomanden insgesamt auf 80
Personen gestiegen, davon waren 39 von der Universität Wien und 34 von
der Technischen Hochschule Wien – lediglich vier entfielen auf die Wiener
Hochschule für Bodenkultur, zwei auf die Universität Graz und einer auf die
Montanistische Hochschule Leoben. Darüber hinaus hatten Wissenschaft-
ler des Radiuminstituts, der Universität Innsbruck, des Atominstituts der
österreichischen Hochschulen, der TU Graz, des chemischen Instituts der
Universität Wien, ebenso wie Wissenschaftler des physikalischen Instituts
der TH Wien und des physikalischen Instituts der Montanistischen Hochschule in Leoben die Anlagen des Seibersdorfer Reaktors genutzt. Diese
Leistungen des Reaktorzentrums für das Unterrichtsministerium würden
bei weitem die bisher genehmigten 19 Millionen österreichischen Schilling
übersteigen. Higatsberger berechnete nun die Kosten eines Diplomanden
bzw. Doktoranden für die Studiengesellschaft und wies darauf hin, dass ohne weitere Finanzmittel des Unterrichtsministeriums der Personalbestand
in Seibersdorf verringert werden müsste:

> „Dies hätte auf jeden Fall zur Folge, dass von den 80 mitten in
> der Diplom- oder Dissertationarbeit stehenden Kandidaten der
> österreichischen Hochschulen *mindestens der Hälfte die Weiter-*
> *arbeit in Seibersdorf zu verwehren wäre.*"[377]

Mit dieser Drohung gelang es schließlich, weitere 9 Millionen österreichische Schilling vom Unterrichtsministerium zu erhalten, und den Drohungen
folgten keine Konsequenzen. Die angespannte finanzielle Lage der Studiengesellschaft in den Anfangsjahren dürfte für die in dieser Phase erfolgten
Personalabwerbungen mitverantwortlich sein, die auch das Institut für Reaktorentwicklung hart trafen. Dieses Institut wird uns im Folgenden in
Hinblick auf dem Weg vom Forschungsreaktor zum Kernkraftwerk näher
beschäftigen.

---

376 Michael Higatsberger an Bundesministerium für Unterricht, 30.07.1965, ÖStA,
    BMU, Bestand „Atom", Zl. 95.396-I/3/65.
377 Michael Higatsberger an Bundesministerium für Unterricht, 30.07.1965, ÖStA,
    BMU, Bestand „Atom", Zl. 95.396-I/3/65, S. 4, Hervorhebungen im Original.

5.3.3 Vom Forschungsreaktor zum Versuchskraftwerk

Die privatwirtschaftlich organisierte Studiengesellschaft nahm eine zentrale Position auf dem Weg vom Forschungs- zum Leistungsreaktor ein. Als österreichische Beteiligung arbeiteten Mitglieder der Studiengesellschaft im Rahmen der OECD seit 1959 am DRAGON-Projekt in England und am Halden-Projekt in Norwegen zur Entwicklung neuer Reaktortypen mit.

Zentral für die folgende Darstellung ist das Institut für Reaktorentwicklung, das 1961 in Zusammenarbeit mit der Reaktorinteressengemeinschaft, die ihrerseits aus zehn an der Seibersdorfer GmbH beteiligten Unternehmen bestand, gegründet wurde. Ziel war es, in Kooperation mit der Elektrizitätswirtschaft Leistungsreaktoren zu untersuchen und eine Gruppe von Experten auszubilden, die bei künftigen Kernenergievorhaben in Österreich für das Projektmanagement, den Bau, den Betrieb und die Sicherheit zur Verfügung standen. Zunächst wurden mehrere Mitarbeiter des Instituts für das DRAGON-Projekt abgestellt,[378] genauer gesagt, war die Entsendung von zwei Mitarbeitern geplant, aufgrund von Personalknappheit konnte nur einer entsendet werden. In den Jahren 1962/63 wurden mehrere Mitarbeiter des Instituts ins Ausland abgeworben. Von vier Mitarbeitern der Abteilung wurden zwei nach Erlangen zur Entwicklung eines Versuchskraftwerkes an die Siemens-Schuckert-Werke entsandt, eine weiterer ans DRAGON-Projekt, und als der vierte Mitarbeiter im Frühjahr 1964 ausschied, war das Institut in Seibersdorf vor Ort nicht besetzt. Ebenso klagte man über fehlende Investitionsmittel, um bereits begonnene Versuchsaufbauten fertig zu stellen.[379]

Beim DRAGON-Reaktorexperiment handelte es sich um einen Hochtemperatur-Versuchsreaktor, der mit Helium gekühlt wurde. Der Reaktor war von 1965-76 in Betrieb. Die Gaskühlung ermöglicht eine höhere Betriebstemperatur und damit einen besseren thermischen Wirkungsgrad. Das DRAGON-Projekt diente zum Austesten verschiedener Brennelementdesigns und insbesondere verschiedener Brennstoffzusammensetzungen. Der Kern bestand aus 37 Brennelementen, die in einem hexagonalen Array mit einem Durchmesser von 1,08 m angeordnet waren. Dieses Feld war umgeben von 30 Graphitsäulen als Reflektoren. 24 Kontrollstäbe befanden sich in zylindrischen Löchern in den Reflektorsäulen. Die Brennelemente mit einer Länge von 2,54 m bestanden aus Reflektoren am oberen und unteren Ende

---

378 Österreichische Studiengesellschaft für Atomenergie Ges.m.b.H, *10 Jahre Studiengesellschaft*, S. 105.
379 Reaktorzentrum Seibersdorf, *Tätigkeitsbericht 1964*, S. 96, 98f.

und einer Brennstofffüllung mit einer Länge von 1,60 m. Das als Kühlmittel verwendete Helium trat in den Kern von unten ein und strömte durch Kanäle zwischen den Brennelementen nach oben. Bei einer maximalen thermischen Leistung von 21,5 MW strömte das Helium mit einer Temperatur von 350 °C ein und mit einer Temperatur von 750 °C aus. Der Druck des Heliums betrug 20 Atmosphären bei einem Massenfluss von 9,62 kg/s.[380]

Die Besonderheit des Reaktors bestand in den Brennelementen. Diese bestanden aus sechs äußeren Brennstäben, die konzentrisch um einen Testbrennstab angeordnet waren. Die sechs äußeren Brennelemente bestanden aus hoch angereicherten UO_2-Kügelchen, den *coated partcicles* als *tristructural-isotropic* (TRISO) Brennstoff. Ein TRISO-Teilchen bestand aus einem Kern von UO_2 mit einem Durchmesser von 0,8 mm, umgeben von einer Schicht aus Pyrocarbon,[381] dann einer Schicht aus Siliziumcarbid und einer abschließenden Schicht aus Pyrocarbon, so dass das Kügelchen einen Durchmesser von 0,15 mm erreichte. Diese Kügelchen wurden schließlich in eine Kohlenstoffmatrix eingebettet und bildeten so den Kern eines Brennstabes. Diese Brennstäbe lieferten die Mehrzahl der Neutronen für die Teststäbe aus niedrig angereichertem UO_2 oder Plutonium, Thorium usw.[382] An der Entwicklung von TRISO-Partikeln beteiligte sich auch das Seibersdorfer Institut für Metallurgie[383] in Kooperation mit den Metallwerken Plansee. Daneben lieferte die *Waagner-Biro* AG Wärmetauscher, Rohrsysteme, ein Kühlsystem, die *Simmering-Graz-Pauker Werke* Teile des Containments und VOEST Tanks für den Primärkreislauf. Alle diese Firmen waren bereits beim Aufbau des Seibersdorfer Reaktors beteiligt gewesen.[384]

Beim Halden-Projekt handelte es sich um einen Siedewasser-Reaktor mit schwerem Wasser als Moderator und Kühlmittel. Es wurde 1955 vom norwegischen *Institute for Atomic Energy* (IFA) als nationales Projekt initiiert. Im Jahr 1956 begann die OEEC/OECD die Suche nach gemeinsamen Forschungsmöglichkeiten im Bereich der Kernenergie. Das IFA schlug das Halden-Projekt vor, und im Jahr 1958 kam es zur Vertragsunterzeichnung

380 R. A. Simon und P. D. Capp. *Operating Experience with the DRAGON High Temperature Reactor Experiment.* Techn. Ber. IAEA, INIS-XA–524, 2002.

381 Bei Pyrocarbon handelt es sich um eine Keramik, die auf Basis von Graphit hergestellt wird.

382 Simon und Capp, *Operating Experience with the DRAGON High Temperature Reactor Experiment.*

383 Reaktorzentrum Seibersdorf der Österreichischen Studiengesellschaft für Atomenergie Ges.m.b.H., *Inbetriebnahme des ASTRA-Reaktors*, S. 73–76.

384 Shaw, *Europe's Nuclear Power Experiment. History of the O.E.C.D. Dragon Project*, S. 177-179.

zwischen Norwegen und elf weiteren europäischen Staaten. Ziel des Projektes war es, Siedewasserreaktoren in Hinblick auf die Energieproduktion zu untersuchen. Die erste Füllung des Reaktorkerns bestand aus natürlichem Uran und schwerem Wasser als Kühlmittel und Moderator. Der Kühlkreislauf setzte sich aus insgesamt drei Kreisläufen zusammen: Der Primärkreislauf aus schwerem Wasser gab über einen Wärmetauscher die Energie an den Sekundärkreislauf mit leichten Wasser ab, der wiederum über einen weiteren Wärmetauscher Dampf für einen Tertiärkreislauf erzeugte, der schließlich an eine benachbarte Papierfabrik weitergeleitet wurde. Die zweite Reaktorfüllung von 1962 bestand aus leicht angereichertem Uran (1,5 %), was zu einer Leistungs- und Druckerhöhung führte. Der Reaktor wurde vor allem eingesetzt zum Test von Brennstoffen und Materialien, sowie zur Untersuchung verschiedener Überwachungs- und Kontrollsysteme.[385]

Auch Österreich beteiligte sich am Halden-Projekt. Im Jahr 1960 wurde die Studiengesellschaft mit der Wahrnehmung der österreichischen Interessen und der technischen Abwicklung betraut. Aufgrund der Kosten des Projektes für die Republik Österreich beschloss das Bundesministerium für Handel und Wiederaufbau, bei einer Verlängerung des Halden-Abkommens von 1964-1966 nicht mehr eine direkte Mitgliedschaft Österreichs anzustreben, sondern eine Assoziierung der Studiengesellschaft. Diese Assoziierung ging einher mit der Entsendung von zwei Fachleuten der Studiengesellschaft an das Projekt ohne weitere finanzielle Verpflichtung. Im Gegenzug erhielt die Studiengesellschaft weiter sämtliche Informationen aus dem Projekt und war mit beratender Stimme in den einzelnen Organen des Projekts vertreten.[386] Im Zuge des Halden-Projekts erhielt die Studiengesellschaft auch Forschungsaufträge. Beispielsweise wurden an einer Nachbildung eines Brennelements des Halden-Reaktors Stabilitätsuntersuchungen ausgeführt.[387]

Ab 1963 plante das Institut für Reaktorentwicklung, zusammen mit der Arbeitsgemeinschaft Kernkraftwerk der Elektrizitätswirtschaft, der Reaktorinteressengemeinschaft der Industrie und der Studiengruppe Kerntechnik im Bauwesen, ein 15 Megawatt Versuchskraftwerk namens Austria. Gemeinsam mit den Siemens-Schuckert-Werken in Erlangen wurde dieses Pro-

385 Institutt for Energiteknikk – Halden Reactor Project. *50 Years of Safety-related Research. The Halden Project 1958-2008.* Halden, 2008.
386 Michael Higatsberger an Franz Hoyer (BMU), am 6. Dezember 1963, ÖStA, BMU, Bestand „Atom", o.Z.
387 Reaktorzentrum Seibersdorf. *Tätigkeitsbericht 1965.* Techn. Ber. Österreichische Studiengesellschaft für Atomenergie Ges.m.b.H., 1965, S. 117.

jekt über eineinhalb Jahre ausgearbeitet. Der sechsbändige Projektbericht enthielt genaue Kostenangaben und Wirtschaftlichkeitsuntersuchungen unter Berücksichtigung der Angebote der österreichischen Industrie.[388]

Als Reaktortyp wurde ein Druckwasserreaktor gewählt. Im Gegensatz zu einem gewöhnlichen Siedewasserreaktor verfügt dieser über einen Primär- und Sekundärkreislauf zur Kühlung. Der Primärkreislauf steht dabei unter so hohem Druck, dass das leichte Wasser (H_2O), das zumeist als Kühlmittel eingesetzt wird, nicht zu sieden beginnt und somit die Brennstäbe stets gleichmäßig benetzt. Das im Reaktorkern erhitzte Wasser des Primärkreislaufes gibt seine Energie über einen Wärmetauscher (Dampferzeuger) an den Sekundärkreislauf weiter. Der so erzeugte Dampf wird dann an die Turbinen geleitet, die damit weitestgehend frei von Radioaktivität betrieben werden können. Zur Regelung der Aktivität im Reaktorkern wird ein veränderlicher Zusatz von Borsäure im Kühlwasser des Reaktors verwendet. So kann die Leistung des Reaktors an den Verbrauch des Brennstoffs angepasst werden.[389]

Das Ziel der Arbeitsgruppe des Instituts für Reaktorentwicklung war es, ein System zu entwickeln, das einen möglichst vollständigen Abbrand zur Verringerung der Betriebskosten erzielte. Die Entscheidung für einen Druckwasserreaktor fiel aufgrund des einfachen technischen Aufbaus, einer hohen Leistungsdichte bei verhältnismäßig geringer Brennstoffanreicherung und positiven Erfahrungen, die mit diesem Reaktortyp in den USA und Deutschland gesammelt wurden. Da der Einsatz eines Leistungskraftwerkes zur Elektrizitätsgewinnung zum damaligen Zeitpunkt in Österreich noch nicht absehbar war, fiel die Entscheidung zugunsten eines Versuchskraftwerkes. Die Leistung sollte 15 MW betragen, auch hier war wieder das Ziel, mit der kleinen Anlage Erfahrungen beim Bau und Betrieb für Industrie und Elektrizitätswirtschaft zu sammeln.[390]

Realisiert wurde das Kernkraftwerk Austria (Abb. 5.14, S. 182) nie – das Projekt kam über die Standortsuche in Seibersdorf nicht hinaus. Vielmehr wurde es von der aktuellen Entwicklung der Kernenergietechnik mit immer leistungsfähigeren Kraftwerken überholt. Schuld daran war auch die

---

388 Österreichische Studiengesellschaft für Atomenergie Ges.m.b.H, *10 Jahre Studiengesellschaft*, S. 106.

389 Karl Strauß. *Kraftwerkstechnik zur Nutzung fossiler, nuklearer und regenerativer Energiequellen*. Heidelberg, 2009, S. 415f.

390 Österreichische Studiengesellschaft für Atomenergie Ges.m.B.H. an Bundesministerium für Unterricht, 11. Januar 1965, ÖStA, BMU, Bestand „Atom" Zl. 32.834-I/3/65.

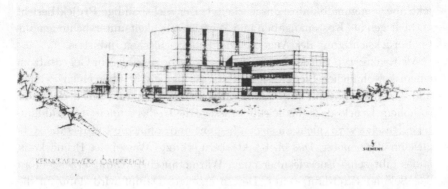

Abbildung 5.14: Das geplante Versuchskraftwerk Österreich. Aus: BMU, Zl. 32.834-I/3/65.

zögerliche Haltung der zentralen Verbundgesellschaft, die zunächst andere Projekte realisieren wollte. Nichtsdestotrotz macht das Beispiel das große Interesse der österreichischen Industrie am Bau eines Kernkraftwerkes deutlich.[391] So heißt es dann auch im Tätigkeitsbericht des Instituts für Reaktorentwicklung im Jahr 1966:

> Da das Projekt eines kleinen Versuchskernkraftwerkes endgültig fallen gelassen wurde und sich als nächster Schritt die Errichtung eines großen kommerziellen Kraftwerkes ausländischen Entwurfs abzuzeichnen beginnt, wurde das Institut den veränderten Bedingungen entsprechend, umbenannt in Institut für Reaktortechnik.[392]

Als Hauptaufgabenstellung des Instituts blieb auch nach der Umbenennung die Untersuchung der Fragen der Energiegewinnung aus Kernspaltung in Leistungskraftwerken. Dazu sollten zum einen reaktortechnische Grundlagenfragen in eigenen Studien und Experimenten, aber auch in Mitwirkung an internationalen Projekten, wie Halden und DRAGON, bearbeitet werden. Ebenso sollte das Institut die österreichische Industrie beraten und bei Entwicklungsarbeiten unterstützen, um in diesem neuen Wirtschaftsbereich Fuß zu fassen. Ebenso sollte das Institut mit der Elektrizitätswirt-

---

391 Österreichische Studiengesellschaft für Atomenergie Ges.m.b.H, *10 Jahre Studiengesellschaft*, S. 106.

392 Reaktorzentrum Seibersdorf. *Tätigkeitsbericht 1966*. Techn. Ber. Österreichische Studiengesellschaft für Atomenergie Ges.m.b.H., 1966, S. 65.

schaft den Einsatz von Kernkraftwerken vorbereiten und darüber hinaus Genehmigungsverfahren für Kernkraftwerke erarbeiten.[393]

5.4 Der Weg zum Atomkraftwerk Zwentendorf

Energieproduktion war in Österreich bis in die späten 1980er Jahre ein Regierungsmonopol. Zum einen wurde sie über die von der Bundesregierung kontrollierte zentrale Verbundgesellschaft (Österreichische Elektrizitätswirtschafts-Aktiengesellschaft) organisiert und zum anderen über die Landesgesellschaften, die den jeweiligen Landesregierungen unterstanden. Energiegewinnung aus Kernspaltung erschien noch zu Beginn der 1960er Jahre, als die Forschungsreaktoren gebaut wurden, als zu kostspielig im Vergleich zu Wasserkraft- oder thermischen Kraftwerken, welche auf Öl oder Kohle basieren. Auch die 1956 vorhergesagte Verdopplung des Energiebedarfs innerhalb eines Jahrzehnts, von Mitte der 1950er bis in die 1960er Jahre, führte zu keinem Meinungsumschwung.[394] Das Vorhergesagte trat ein, und der benötigte Energiezuwachs konnte nicht mehr aus Wasserkraft gedeckt werden, sondern erforderte den Bau weiterer thermischer Kraftwerke.

Dabei darf Österreichs Abhängigkeit von Energieimporten nicht außer Acht gelassen werden. Bereits seit 1955 musste Österreich Primärenergie importieren. Im Jahre 1970 machte dies bereits mehr als 50 Prozent aus. Die Abhängigkeit von Importen unterlag allerdings jahreszeitlichen Schwankungen. Während im Winter der Stromverbrauch besonders hoch war, erreichten Laufwasserkraftwerke ihre höchste Leistung im Sommer. Die vorhandenen Speicherkraftwerke reichten nicht aus, um den Mehrverbrauch im Winter und Verbrauchsspitzen allgemein abzudecken, so dass diese Verbrauchsspitzen durch zusätzlichen Import von Kohle und Öl gedeckt werden mussten. Die Kernenergie erschien als ein möglicher Ausweg aus der wachsenden Abhängigkeit Österreichs von Primärenergieimporten aus dem Ostblock und den OPEC-Staaten zu sein.[395]

---

393 Reaktorzentrum Seibersdorf, *Tätigkeitsbericht 1966*, S. 65f.
394 Kohlenholding Gesellschaft m.b.H., Hrsg. *Rot-Weiss-Rote Kohle*. Wien, 1956, S. 49–50.
395 Herbert Vetter. *Zwickmühle Zwentendorf. Ein Arzt untersucht die Kernenergie*. Wien, 1983, S. 44–50.

Hinzu kam das verstärkte Drängen der Industrie, der Arbeitsgemeinschaft Kernkraftwerke der österreichischen Elektrizitätswirtschaft und des
Österreichischen Atomforums, einem weiteren Zusammenschluss von Indus-
trieunternehmen.[396] Ende der 1960er Jahre war schließlich die Zeit gekommen, um die Kernenergiegewinnung zu realisieren. Unter der ÖVP-
Alleinregierung (1966-1970) ergriff das Bundesministerium für Verkehr und
verstaatlichte Betriebe die Initiative und veranstaltete im Oktober 1967 eine Enquete zur Atomenergie in Österreich. Die Energiegesellschaften waren
zu diesem Zeitpunkt noch uneinig, insbesondere was den Zeitpunkt der Rea-
lisierung eines Kernkraftwerks betraf, und standen teilweise im Gegensatz
zur konservativen Regierung, die das Projekt forcierte.[397] Das massivste
Drängen ging aber von Seiten der Industrie aus, die sich erhoffte, durch
den Bau eines Kernkraftwerkes und die dabei zu sammelnden Erfahrungen,
wie schon beim Bau der Forschungsreaktoren, einen neuen Marktsektor
zu erschließen.[398] Ein Ergebnis der Enquete war die Gründung der *Kernkraftwerksplanungsgesellschaft* m.b.H. (KKWP) im April 1968. Der Energieplan der österreichischen Bundesregierung aus dem Jahr 1969 sah für
die kommenden zehn Jahre den Bau von zwei Laufkraftwerken und eines
Kernkraftwerks vor.[399]

Enormen Schwung bekam das Projekt erst nach einer Tagung des Österreichischen Atomforums, die Vertreter aus Politik, Wissenschaft und Industrie zusammenbrachte.[400] Die Standortsuche innerhalb der KKWP begann im März mit der Konstituierung des Arbeitskreises „Standort". Später,
nachdem man ein Gebiet für das künftige Kernkraftwerk ausgewählt hatte,
wurde die *Gemeinschaftskernkraftwerk Tullnerfeld* GmbH (GKT) am 23.
März 1970 gegründet. Während die KKWP für die Planung der weiteren
Kernkraftwerke in Österreich zuständig war, sollte die GKT die konkrete
Planung für das Kraftwerk in Zwentendorf übernehmen. Das Gesamtkapi-
tal der Tullnerfeld Gesellschaft m.b.H. betrug 300 Millionen österreichische

---

396 Lackner, „Atomenergie als Leitbild", S. 216f.; Interview mit Thomas G. Dobner, geführt von Christian Forstner am 3. September 2009.

397 Christian Schaller. „Die Österreichische Kernenergiekontroverse. Meinungsbil-
dungs- und Entscheidungsfindungsprozesse mit besonderer Berücksichtigung
der Auseinandersetzung um das Kernkraftwerk Zwentendorf bis 1981". Dissertation. Universität Salzburg, 1997, S. 116-118.

398 Interview mit Thomas G. Dobner, geführt vom Autor am 3. September 2009.

399 Bundeskanzleramt. *Regierungsbericht Kernenergie. Bericht der Bundesregierung an den Nationalrat betreffend Nutzung der Kernenergie zur Elektriziätsgewinnung.* Wien, 1977, 81f.

400 Interview mit Thomas G. Dobner, geführt vom Autor am 3. September 2009.

Schilling. Davon entfielen 50 % auf die österreichische Verbundgesellschaft, 13,34 % auf die Tiroler Wasserkraftwerke AG, 10,83 % auf die Niederösterreichische Elektrizitätswerke AG, 10 % auf die Steirische Wasserkraft- und Elektrizitäts-AG, 8,33 auf die % Oberösterreichische Kraftwerke AG, 3,33 %, auf die Kärntner Elektrizitäts-AG, 2,5 % auf die Salzburger Aktiengesellschaft für Elektrizitätswirtschaft und 1,67 %, auf die Vorarlberger Kraftwerke AG. Die Wiener Stadtwerke beteiligten sich nicht an der neu gegründeten Gesellschaft.[401]

In den Jahren 1970/71 kam es zu heftigen Auseinandersetzungen zwischen den GKT-Gesellschaftern. Die zentrale Verbundgesellschaft veröffentlichte im Februar 1971 ein Memorandum, in dem sie die Kosten der Kernenergie im Vergleich zur Wasserkraft für zu hoch einschätzte, und plädierte deshalb für einen späteren Baubeginn. Dies führte zu heftigen Protesten der Landesgesellschaften, der Industrie und der Politik auf Landes- und Bundesebene. Die Befürworter konnten sich schließlich durchsetzen, und in einer außerordentlichen Generalversammlung der GKT am 22. März 1971 beschlossen die Anteilseigner den Baubeginn des AKW Zwentendorf. Zugleich forderte man den Bau eines weiteren Kernkraftwerkes. Die Planungsarbeiten dafür leitete die KKWP und diese mündeten in der Gründung der *Gemeinschaftskraftwerk Stein* Ges. m.b.H. (GKS) im Jahr 1974, benannt nach dem Standort Stein/St. Pantaleon in Oberösterreich.[402] Dafür erwarb die GKS 1974/75 Grundstücke und schloss Verträge über den Ankauf und die Anreicherung von Uran, sowie für die Bennelemente-Produktion. Allerdings unterlagen die Planungen ab 1975 einem Moratorium. Deshalb wurde eine Auswahl des Reaktortyps nie getroffen. Somit blieb auch das 1974 eröffnete Genehmigungsverfahren schon in den ersten Anfängen stecken. Bemerkenswert ist hier lediglich der Anreicherungsvertrag mit der sowjetischen Firma *Techsnabexport*.[403] Leider existieren hierzu keine zugänglichen Quellen. Im Jahr 1971 schloss *Techsnabexport* zunächst einen Vertrag mit der französischen Atomenergiekommission ab, dem 1975 ein Liefervertrag mit der französischen *Compagnie Générale des Matières Nucléaires* (COGEMA) folgte. Später folgten Verträge mit Italien, Westdeutschland,

---

401 Gemeinschaftskraftwerk Tullnerfeld Gesellschaft m.b.H., Geschäftsbericht 1970, Wien 1971, S. 7.
402 Bundeskanzleramt, *Regierungsbericht Kernenergie*, S. 82f.
403 Bericht und Antrag des Bundesministers für Handel, Gewerbe und Industrie, 2. April 1979, ÖStA, Arbeit und Soziales, Bestand „Zwentendorf". Zl. 50.803/1-V/s/79. S. 2.

Schweden, Finnland, Belgien und der Schweiz.[404] Der Energieplan der österreichischen Bundesregierung aus dem Jahr 1976 sah noch den Bau eines
dritten Kernkraftwerkes in St. Andrä in Kärnten vor, allerdings blieb es
hier bei der Absichtserklärung. Ein umfassendes Verfahren zur Genehmigung eines Kernkraftwerkes in Österreich wurde lediglich für Zwentendorf
eingeleitet.[405]

5.4.1 Die Anfänge des Genehmigungsverfahrens

Für das Genehmigungsverfahren war das Bundesministerium für soziale
Verwaltung (BMsV), ab 1972 das Bundesministerium für Gesundheit und
Umweltschutz (BMGU) gemäß dem 1969 verabschiedeten Strahlenschutzgesetz zuständig. Kurz nach der Gründung der GKT fand am 10. April
1970 die erste Aussprache zwischen Vertretern der GKT und des Bundesministeriums für soziale Verwaltung statt. Ziel dieser Vorsprache war es,
trotz zahlreicher noch unklarer Punkte, wie der Wahl des Reaktors, das
Ministerium in eine erste Bereitschaft zu versetzen. So heißt es in einem
Schreiben an das BMsV:

> Wir bitten Sie, die oben zitierten Unterlagen nur als erste und
> vorläufige Information über unser Projekt verstehen zu wollen,
> hervorgehend aus unserem Bemühen alle jene Behörden und
> Dienststellen welche im Rahmen des Genehmigungsverfahrens
> zur Entscheidung berufen sind in einem möglichst frühen Stadi-
> um über den Stand unserer Arbeiten zu informieren.[406]

Das Bundesministerium für soziale Verwaltung stellte sich aber zunächst
auf den Standpunkt, dass ohne ausreichende Unterlagen, wie meteorologische, hydrologische, geologische, seismologische und demographische Gutachten über den beabsichtigten Standort sowie ohne einen vorläufigen Sicherheitsbericht von Seiten des Ministeriums, kein Handlungsbedarf beste-
he. Daraufhin übersandte die GKT erläuternde Bemerkungen zur Wahl des
Standortes, zu den weiteren Punkten konnte die GKT noch keine Stellung
beziehen.[407]

---

404 Techsnabexport. *Booklet for TENEX's 50th anniversary.* Moskau, 2013. URL:
    http://www.tenex.ru, S. 5f.
405 Johannes Straubinger. *Die Ökologisierung des Denkens.* Salzburg, 2009, S.
    218f.
406 GKT an BMsV, 27.5.1970, ÖStA, Arbeit und Soziales, Bestand „Zwenten-
    dorf", Zl. 551.612/3-41/1-70.
407 GKT an BMsV, 27.5.1970, ÖStA, Arbeit und Soziales, Bestand „Zwenten-
    dorf", Zl. 551.612/3-41/1-70.

Für die Wahl des Standortes waren die Nähe zu Energieverbrauchsschwerpunkten, ein guter Anschluss zu Übertragungsanlagen, sowie der Kühlwasserbedarf entscheidend. Ursprünglich war eine Größe von 600 MW für das Kernkraftwerk geplant. Damit beschränkte sich die Auswahl auf Standorte an der Enns und der Donau. Im nächsten Schritt wurden Transportuntersuchungen angestellt, die den Anschluss des Kernkraftwerks an das Stromnetz ermöglichen sollten. Um Transportverluste zu vermeiden, lief gleichzeitig eine „Energieschwerpunktuntersuchung", bei der sich als Verbrauchsschwerpunkte einmal der Wiener Raum mit Teilen Niederösterreichs herauskristallisierte, sowie die in Oberösterreich beheimatete Großindustrie. Unter diesen Betrachtungen kamen neben Zwentendorf noch zwei weitere Orte infrage. Bei der finalen Auswahl spielten dann die „sekundären Komponenten" wie Geologie, Meteorologie, Hydrologie und Bevölkerungsdichte die entscheidende Rolle. Ausschlaggebend für den Standort Zwentendorf waren schließlich folgende Punkte:[408]

1. Es handelte sich um einen günstigen Flussabschnitt, der Vorteile bei der Kühlwasserentnahme bot.

2. Der Standort bot eine Möglichkeit zur Einspeisung in eine bestehende Hochspannungsleitung, die ca. 7 km entfernt lag.

3. Die Umgebung wies geringe Einwohnerzahlen auf. In einem Umkreis von 50 km lagen diese unterhalb vergleichbarer Kernkraftwerkstandorte der Bundesrepublik Deutschland oder der Schweiz.

4. Der Baugrund war trotz einer fehlenden Hochwasserfreiheit des Geländes von guter Qualität und für die schweren Reaktorkomponenten geeignet.

5. Die Lage bezüglich der Energieverbrauchszentren war günstig.

6. Ebenso war ein Anschluss an das bestehende Straßennetz relativ leicht zu bewerkstelligen.

7. Der avisierte Standort lag jenseits jeder Einflugschneise.

8. Meteorologische Verhältnisse und seismische Bedingungen wurden als „relativ günstig" beschrieben.

---

408 GKT an BMsV, 27.5.1970, ÖStA, Arbeit und Soziales, Bestand „Zwentendorf", Zl. 551.612/3-41/1-70.

Insbesondere der 8. Punkt, die Sicherheit vor Erdbeben, sollte in der Folgezeit zu kontroversen Diskussionen führen. Bezüglich des geforderten vorläufigen Sicherheitsberichtes äußerten sich die Vertreter der GKT nur soweit,
dass sie zum damaligen Zeitpunkt nicht in der Lage waren, einen solchen
zu liefern, da das Ausschreibungsverfahren noch in vollem Gange sei. Stattdessen übersandten sie den Vertretern des Ministeriums eine Kurzbeschreibung eines Angebots der deutschen *Kraftwerk Union* AG (KWU) für einen
Siedewasserreaktor und einen Druckwasserreaktor mit einer Leistung von
630 MW, sowie eine Kurzbeschreibung eines Angebots der schwedischen
ASEA-Atom für einen Siedewasserreaktor in einer Leistungsgröße von 600
MW und eine kurze Sicherheitsanalyse des ASEA Siedewasserreaktors. Darüber hinaus lag noch ein Angebot für einen Druckwasserreaktor der ASEA
und ein weiteres Angebot des amerikanischen Konzerns *BBC-Westinghouse*
vor. Das Ministerium hielt jedoch an seiner Position fest und sah auch nach
Übersendung der „Prospekte" keinen veränderten Handlungsbedarf.[409]

Vermutlich zögerten unterschiedliche Auffassungen der Elektrizitätsge-
sellschaften bezüglich der Reaktorwahl den Baubeginn hinaus. Nach der
Ausschreibung entschieden sich die Gesellschafter der GKT für einen Siedewasserreaktor, der von einem Konsortium aus der österreichischen *Siemens* GmbH, der österreichischen *Elin Union* AG und der KWU angeboten
wurde. Insbesondere der damalige Verbunddirektor hatte für diesen Siedewasserreaktor plädiert, während die anderen Beteiligten sich eher für einen
moderneren Druckwasserreaktor ausgesprochen hatten. Das technisch lu-
krativste Angebot kam von der schwedischen ASEA, dennoch wurde dem
genannten Konsortium der Vorzug gegeben, um insbesondere der österreichischen Industrie Möglichkeiten zur Beteiligung zu bieten.[410]

Am 22. März 1971 wurde in der zweiten außerordentlichen Generalversammlung der GKT der Baubeschluss für den Siedewasserreaktor gefasst.
Am 15. April unterzeichneten die Vertreter der GKT eine Kaufabsichtser-
klärung für die Anlage. Ebenso wurde im Herbst 1971 ein Vertrag mit der
südafrikanischen Firma *Nuclear Fuels Coorperation* Ltd (Nucfor) und der

---

409 GKT an BMsV, 27.5.1970, ÖStA, Arbeit und Soziales, Bestand „Zwenten-
         dorf", Zl. 551.612/3-41/1-70.
410 Zur Begründung der Reaktorwahl existieren verschiedene Varianten, die bis
         hin zur Vetternwirtschaft reichen, da der damalige Verbunddirektor Stahl ver-
         wandtschaftliche Beziehungen zur AEG-KWU hatte. Da die verschiedenen
         Angebote, ebenso wie die daraufhin geführten Diskussionen und Verhandlun-
         gen, nicht als Archivmaterial vorliegen, kann dies nicht weiter belegt werden.

westdeutschen *Urangesellschaft* m.b.H. & Co KG geschlossen.[411] Am 18. Juni 1971 reichte dann die GKT einen Bauantrag für die Errichtung eines Siedewasserreaktors mit einer Leistung von 730 MW gemäß den Bestimmungen des Strahlenschutzgesetzes beim Bundesministerium für soziale Verwaltung ein. Im Hinblick auf die Größe des Projektes bat die GKT, das Bewilligungsverfahren in einzelnen Abschnitten durchzuführen. Der erste Teilerrichtungsbescheid, den das Ministerium zu erlassen hatte, bezog sich auf die Genehmigung des Standortes, der Grundkonzeption der Anlage und der Errichtung einer Grundwasserisolierungswanne für das Reaktorgebäude, sowie des Maschinenhauses und dessen Anbauten. Mit dem Bauantrag wurde ein Sicherheitsbericht der Siemens Aktiengesellschaft Österreich eingereicht, der das geplante Atomkraftwerk nach Ansicht der GKT und Siemens umfassend darstellte.[412]

Der Sicherheitsbericht setzte zunächst mit einer Diskussion des gewählten Standortes ein. Aufgrund der Hochwassergefährdung des Gebiets wurde geplant, das für die Kraftwerksanlage vorgesehene Gelände um 2,30 m aufzuschütten, um das Kraftwerk ebenso wie die geplante Zufahrtsstraße hochwasserfrei zu errichten. Die Bodenbeschaffenheit und die geologischen Untersuchungen wurden als günstige Gründungsverhältnisse angepriesen. Gemäß eines seismologischen Gutachtens vom Oktober 1971 lag der Raum Zwentendorf noch niemals im Epizentrum eines fühlbaren Erdbebens. Lediglich einmal seit dem Jahr 1201 wurde im Rahmen Zwentendorf eine Bebenintensität von 5° Mercalli-Sieberg-Skala überschritten, nämlich im Jahr 1590. Windverhältnisse und jährliche Niederschlagsmenge am Standort ließen ebenfalls keine Bedenken aufkommen.[413]

Des Weiteren wurden noch Wahrscheinlichkeitsbetrachtungen bezüglich der Gefahr von Unfällen angestellt. Eine Untersuchung über die Wahrscheinlichkeit einer Kollision eines Flüssiggastankers mit nachfolgendem Gasaustritt und Explosion der Gaswolke unmittelbar am Kraftwerk, so dass dieses ernsthafte Schäden davontragen würde, hatte ergeben, dass solch ein Ereignis einmal im Zeitraum von 1 Milliarde Jahren auftreten würde. Auch

---

411 Gemeinschaftskraftwerk Tullnerfeld Gesellschaft m.b.H., Geschäftsbericht 1971, Wien 1972, S. 7.

412 Information für die Frau Bundesminister, 7. Februar 1972, ÖStA, Arbeit und Soziales, Bestand „Zwentendorf", Zl. 551.612/24-41/1/72.

413 Siemens AG Österreich, Das Gemeinschaftskraftwerk Tullnerfeld (Zusammenfassung des Sicherheitsberichtes), ÖStA, Arbeit und Soziales, Bestand „Zwentendorf", o.Z., S. 4f.

die nächstgelegenen Bundesstraßen schienen weit genug entfernt, um eine
Gefährdung des Kraftwerkes durch Unfälle auszuschließen. [414]

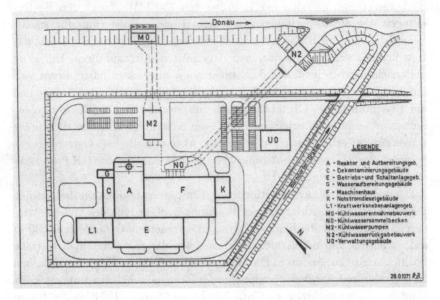

Abbildung 5.15: Der Lageplan des geplanten Atomkraftwerkes. Aus: Siemens AG Österreich, Sicherheitsbericht, S. 7.

Der in Abbildung 5.15 auf Seite 190 dargestellte Lageplan des geplanten Atomkraftwerkes zeigt die Anordnung der Gebäude. Zentral ist das
ca. 57 m hohe Reaktorgebäude (A) mit dem im Südosten angeordneten
Maschinenhaus (F). Um diese beiden Hauptgebäude wurden die weiteren
Nebengebäude gruppiert: das Betriebs- und Schaltanlagengebäude (E) im
Südwesten. Das Notstromdieselhaus (K) befand sich an der südöstlichen
Seite des Maschinenhauses. Bei M0 wurde der Donau das Kühlwasser mit-
hilfe der Kühlwasserpumpen (M2) entnommen und in das Kühlwassersam-
melbecken (N0) gepumpt. Nach der Nutzung wurde es bei N2 wieder in die
Donau zurückgeführt. [415]

---

414 Siemens AG Österreich, Das Gemeinschaftskraftwerk Tullnerfeld (Zusammen-
    fassung des Sicherheitsberichtes), ÖStA, Arbeit und Soziales, Bestand „Zwen-
    tendorf“, o.Z., S. 4f.
415 Siemens AG Österreich, Das Gemeinschaftskraftwerk Tullnerfeld (Zusammen-
    fassung des Sicherheitsberichtes), ÖStA, Arbeit und Soziales, Bestand „Zwen-
    tendorf“, o.Z., S. 6.

Die elektrische Nennleistung des geplanten Kraftwerks sollte 692 MW betragen, die Wärmeleistung etwa 2100 MW. Die Wärmeerzeugung erfolgte in den mit Urandioxid UO_2 gefüllten Brennstäben im Reaktorkern. Dieser befindet sich in einem zu zwei Drittel mit Wasser gefüllten Druckgefäß. Dabei durchströmt das Wasser den Reaktorkern von unten nach oben, nimmt dabei die in den Brennstoffstäben entstehende Wärme auf und verdampft zum Teil. Im oberen Teil des Druckbehälters wird dieser Dampf dann mit einem Druck von 72 Atmosphären direkt zu den Turbinen geführt. Der Dampf schlägt sich nach Expansion in der Turbine im gekühlten Kondensator nieder und wird dann über eine Vorwärmeanlage wieder in den Reaktor zurückgespeist.[416]

Abbildung 5.16 auf Seite 192 zeigt einen Querschnitt durch den Reaktorkern und das Containment. Die Höhe des aktiven Reaktorkerns betrug 3,66 m. Er bestand aus 484 Brennelementen, von denen jedes 49 Brennstoffstäbe enthielt. Die Hülle der Brennstäbe und Brennelemente bestand aus Zircaloy, Zirconiumlegierungen, die aufgrund ihres geringen Einfangquerschnitts für Neutronen verwendet wurden. Der Durchmesser eines Brennstoffstabes betrug 14,3 mm und enthielt das Uran in Form von UO_2-Sintertabletten. Insgesamt enthielt der Kern 94,4 t Uran. Zwischen vier benachbarten Brennelementen befanden sich die 113 Steuerstäbe, die Borkarbid als Neutronenabsorber enthielten. Der Reaktorkern befand sich in einem zylindrischen Reaktordruckgefäß aus Stahl, mit einem halbkugelförmigen Boden und einem halbkugelförmigen Deckel. Dieses Druckgefäß besaß eine Höhe von 20,5 m und einen Durchmesser von 5,4 m bei einem Gesamtgewicht von etwa 510 t.

Der Druckbehälter befand sich in einer Kammer aus Beton, der gleichzeitig die Funktion eines „biologischen Schildes" zur Abschirmung von Strahlen übernahm. Die komplette Anordnung war von einem doppelwandigen, druckfesten und gasdichten Sicherheitsbehälter, dem Containment, mit einem Innendurchmesser von 26 m umschlossen. Dabei befand sich zwischen der inneren und äußeren Hülle des Containments ein Unterdruck, so dass bei Undichtigkeiten keine Gase nach außen entweichen konnten. Eine große

---

416 Siemens AG Österreich, Das Gemeinschaftskraftwerk Tullnerfeld (Zusammenfassung des Sicherheitsberichtes), ÖStA, Arbeit und Soziales, Bestand „Zwentendorf", o.Z., S. 8.

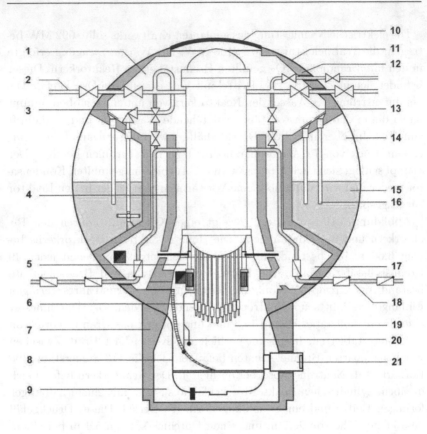

1	Oberer Ringraum	12	Splitterschutzbeton
2	Frischdampfleitung	13	Frischdampf-ISO-Ventil
3	Sich. -Entlastungsventil	14	Kondensationskammer
4	Biologisches Schild	15	Kondensationskammerwasser
5	Zwangsumwälzpumpen	16	Kondensationsrohr
6	Steuerstabantriebe	17	Unterer Ringraum
7	Fundament	18	Speisewasserleitung
8	Bodenwanne	19	Steuerstabantriebsraum
9	Ringspaltraum	20	Schnellabschaltleitung
10	Beladedeckel	21	Personenschleuse
11	Stahlhülle / Dichthaut		

Abbildung 5.16: Reaktorkern und Containment. Copyright: Martin Sonnenkalb, Gesellschaft für Reaktorsicherheit.

ringförmige Kondensationskammer im Inneren des Containments diente als Druckabbausystem, falls Dampf aus dem Reaktordruckgefäß austrat.[417] Im Bereich des Sicherheitssystems verfügte der Reaktor über mehrere redundante Kühlsysteme, um bei Kühlmittelverlust eine ausreichende Kühlung des Reaktors zu gewährleisten. Darüber hinaus garantierte ein Schnellschaltsystem das Abschalten des Reaktors durch Einschießen der Steuerstäbe aus jeder Position heraus. Ebenso konnte Borlösung aus einem Vorratsbehälter unmittelbar in das Kühlwasser des Reaktors gepumpt werden, um diesen unterkritisch zu halten.[418] Die Steuerstäbe dienten auch zur Leistungsregelung des Reaktors. Mit ihnen konnte die Reaktorleistung zwischen 10 % und 100 % geändert werden, wobei eine Änderung der Nennleistung um 10 % pro Minute möglich war. Eine weitere Möglichkeit, die Reaktorleistung zu regeln, bestand in der Änderung des Kühlmitteldurchsatzes durch den Reaktorkern. Erhöhte sich der Kühlmitteldurchsatz, dann wurden die vorhandenen Dampfblasen schneller aus dem Reaktorkern entfernt, und damit stieg auch die Dichte des Kühlmittels, das gleichzeitig als Moderator diente. Mithilfe dieser Umlaufregelung ließen sich Leistungsänderungen bis 1% der Nennleistung pro Sekunde (!) erzielen.[419] Als Sicherheitsgutachter zur Beurteilung des ersten Sicherheitsberichts beauftragte das Bundesministerium für soziale Verwaltung eine Arbeitsgemeinschaft um Gustav Ortner vom Atominstitut der österreichischen Universitäten, sowie das Institut für Reaktortechnik der Studiengesellschaft unter Leitung des Direktors Hans Grümm und des Institutsleiters Walter Binner. Ein weiterer Gutachter war gemäß der Dampfkesselverordnung aus dem Jahr 1950 der TÜV. Im September 1971 fasste das Bundesministerium die Kritikpunkte zusammen und leitete diese an die GKT weiter. Auf

---

417 Siemens AG Österreich, Das Gemeinschaftskraftwerk Tullnerfeld (Zusammenfassung des Sicherheitsberichtes), ÖStA, Arbeit und Soziales, Bestand „Zwentendorf", o.Z., S. 10.
418 Siemens AG Österreich, Das Gemeinschaftskraftwerk Tullnerfeld (Zusammenfassung des Sicherheitsberichtes), ÖStA, Arbeit und Soziales, Bestand „Zwentendorf", o.Z., S. 12f.
419 Siemens AG Österreich, Das Gemeinschaftskraftwerk Tullnerfeld (Zusammenfassung des Sicherheitsberichtes), ÖStA, Arbeit und Soziales, Bestand „Zwentendorf", o.Z., S. 14.

einer allgemeinen Ebene wurden folgende vier Punkte kritisiert und als ergänzungsbedürftig befunden:[420]

1. Im Sicherheitsbericht waren verschiedene angeführte Zahlenwerte nicht genügend belegt.

2. Literaturhinweise waren im Sicherheitsberichtnur ungenügend angeführt (zum Beispiel Berichte über Betriebserfahrungen bei anderen gleichartigen Kernkraftwerken).

3. Wünschenswert sei auch eine detaillierte Zusammenstellung aller Änderungen in der Konstruktion des Kernkraftwerkes Zwentendorf gegenüber dem in Brunsbüttel in der Bundesrepublik Deutschland.

4. Im Sicherheitsbericht wurden an verschiedenen Stellen anstatt der österreichischen Rechtsvorschriften die Vorschriften in der Bundesrepublik Deutschland zitiert.

Neben diesen vier allgemeinen Punkten ging die Kritik in den Details noch wesentlich tiefer.

Zunächst wurden die einzelnen Standortangaben kritisiert. Im Bereich der Geologie fehlten detaillierte Bodenaufschlüsse und Untersuchungsergebnisse des Standortbodens. Es fehlten Angaben über das Gesamtgewicht des Reaktorgebäudes und der übrigen Nebengebäude, sowie die damit verbundenen Flächenbelastungen. Es fehlte eine Untersuchung des Verhaltens des Bodens beim Eindringen radioaktiv kontaminierter Flüssigkeiten, die zum Beispiel bei Lecks oder als Löschwasser bei der Bekämpfung eventueller Brände auftreten könnten. Zudem wurden die geologischen und bodenmechanischen Verhältnisse als „willkürliche Exzerpte" aus Gutachten dargestellt, ohne dass diese Gutachten im Sicherheitsbericht angeschlossen waren.[421]

Im Bereich der Seismologie wurde die Annahme schwacher Beben kritisiert. Lediglich ein schwächeres Beben aus dem Jahr 1768 wurde berücksichtigt, nicht jedoch der geschätzte stärkere Wert für das Beben aus dem Jahr 1590. Dabei sah es das Ministerium als wesentlichen Inhalt des Sicherheitsberichtes an, dass ein Statiker zur erdbebensicheren Auslegung des

---

420 Bundesministerium für Soziale Verwaltung, Überprüfung des Sicherheitsberichtes. Zusammenfassung, ÖStA, Arbeit und Soziales, Bestand „Zwentendorf", Zl. 551.612/46-41/1-71, S. 1.

421 Bundesministerium für Soziale Verwaltung, Überprüfung des Sicherheitsberichtes. Zusammenfassung, ÖStA, Arbeit und Soziales, Bestand „Zwentendorf", Zl. 551.612/46-41/1-71, S. 2.

Kraftwerks Stellung nahm, und zwar erstens, bis zu welchen Beschleunigungswerten die Gesamtanlage schadlos bliebe, zweitens, bis zu welchen Beschleunigungswerten die wichtigsten Teile der Anlage (z.B. Kühlkreislauf, Containment, Brennelementelager) vollkommen funktionsfähig blieben, und drittens, bis zu welchen Beschleunigungswerten ein sicheres Abschalten der Anlage möglich wäre.[422]

Auch im Bereich der Hydrologie fiel die Kritik harsch aus:

> Der Sicherheitsbericht stellt die hydrologischen Verhältnisse nur durch willkürliche Auszüge aus Gutachten dar, ohne dass diese im Original angeschlossen sind. Im übrigen enthält er keinerlei Angaben über den Grundwassermechanismus im Tullnerfeld.[423]

Zudem enthielt der Sicherheitsbericht keine ausreichenden Angaben darüber, wieviel Grundwasser im Zuge des Kraftwerksbetriebes entnommen werden sollte. Ebenso war ein möglicher Dammbruch eines sich im Bau befindlichen Wasserkraftwerks im oberen Flussverlauf der Donau während eines Hochwassers nicht berücksichtigt worden.[424]

Im Bereich der Meteorologie fehlten eine Statistik zu den auftretenden Windrichtungen, den mittleren Windgeschwindigkeiten und den monatlichen Niederschlagsmengen. Es fehlten Berechnungen zur Aktivitätsausbreitung der geplanten Anlage im Normalbetrieb und bei ungünstiger Wetterlage. Ebenso war eine Einschätzung der Ausbreitungsbedingungen von Radioaktivität im Falle eines größten anzunehmenden Unfalls nicht im Sicherheitsbericht enthalten.[425]

Darüber hinaus blieb ein 17 km entfernter Militärflughafen in der ersten Fassung des Sicherheitsberichtes unerwähnt. Die Hauptstartrichtung dieses Militärflugplatzes ging über das Kraftwerksgelände. Es wurde gefordert, im

---

422 Bundesministerium für Soziale Verwaltung, Überprüfung des Sicherheitsberichtes. Zusammenfassung, ÖStA, Arbeit und Soziales, Bestand „Zwentendorf", Zl. 551.612/46-41/1-71, S. 2f.

423 Bundesministerium für Soziale Verwaltung, Überprüfung des Sicherheitsberichtes. Zusammenfassung, ÖStA, Arbeit und Soziales, Bestand „Zwentendorf", Zl. 551.612/46-41/1-71, S. 3.

424 Bundesministerium für Soziale Verwaltung, Überprüfung des Sicherheitsberichtes. Zusammenfassung, ÖStA, Arbeit und Soziales, Bestand „Zwentendorf", Zl. 551.612/46-41/1-71, S. 4.

425 Bundesministerium für Soziale Verwaltung, Überprüfung des Sicherheitsberichtes. Zusammenfassung, ÖStA, Arbeit und Soziales, Bestand „Zwentendorf", Zl. 551.612/46-41/1-71, S. 4.

Sicherheitsbericht eine Risikoabschätzung bezüglich eines Flugzeugabsturzes auf das Kernkraftwerk vorzunehmen und die erhaltenen Werte mit den in den USA und der BRD üblichen Standards zu vergleichen. Falls diese nicht verträglich sein sollten, forderte das Ministerium eine Erläuterung der entsprechenden Schutzmaßnahmen. Darüber hinaus blieb ein Schnittpunkt zweier internationaler Luftkorridore von 18 km Breite, der monatlich von etwa 1900 Verkehrsmaschinen überflogen wurde, unberücksichtigt. Auch der Sinkflug von Flugzeugen, die aus westlicher Richtung den Flughafen Schwechat anflogen, wurde nicht berücksichtigt. Des Weiteren wurde die Errichtung einer zweiten Zufahrtsstraße empfohlen, um im Unglücksfall die Erreichbarkeit des Kraftwerksgeländes zu sichern.[426]

In Bezug auf die Kraftwerksanlage selbst wurden Detailzeichnungen des Wärmeschaltplanes des Hauptwärmekreislaufs gefordert, Detailzeichnungen für den Raum unterhalb des Reaktordruckbehälters, Daten über die genehmigten und gemessenen Abgaberaten der in Betrieb befindlichen westdeutschen AEG-Siedewasserreaktoren, Angaben, mit welchen Aktivitäten im radiochemischen Laboratorium gearbeitet werden sollte, nähere Spezifikationen der Baumaterialien, Spannungsanalysen des Druckbehälters, Angaben über erforderliche Prüfungen und Prüfbedingungen, sowie Angaben über die Veränderungen des Materials durch radioaktive Bestrahlung. Die Annahmen zur Radioaktivitätsfreisetzung als Folge eines Kühlmittelverlustes erschienen dem Ministerium als „sehr gekünstelt". Das Ministerium forderte, der Vorschrift der US-AEC zu einer unfallbedingten Freisetzung von Radioaktivität zu folgen und deren Konsequenzen zu untersuchen. Die Auslegung der Notversorgung war nicht genügend spezifiziert, die räumliche Redundanz der Notkühlsysteme war nicht ausreichend gewährleistet. Zur Bestimmung der Strahlenbelastung bei normalen Betriebsbedingungen wurde eine gesamte radiologische Bilanz der Strahlenbelastung für Menschen in der Umgebung des Kernkraftwerks gefordert.[427]

Am 6. September 1971 hatte das Bundesministerium für soziale Verwaltung die fehlenden Informationen bei der GKT eingefordert. Diese lieferte die Unterlagen am 18. Oktober 1971 an die Sachverständigen und am 29. Oktober an das Ministerium. In einer Besprechung zwischen den Vertre-

---

426 Bundesministerium für Soziale Verwaltung, Überprüfung des Sicherheitsberichtes. Zusammenfassung, ÖStA, Arbeit und Soziales, Bestand „Zwentendorf", Zl. 551.612/46-41/1-71, S. 5f.

427 Bundesministerium für Soziale Verwaltung, Überprüfung des Sicherheitsberichtes. Zusammenfassung, ÖStA, Arbeit und Soziales, Bestand „Zwentendorf", Zl. 551.612/46-41/1-71, S. 7-10.

tern des Ministeriums und der GKT am 11. November 1971 äußerten die Vertreter der GKT ihren Unmut über das langsam fortschreitende Genehmigungsverfahren. So bemerkte der Direktor der GKT Friedrich Staudinger, dass sich die GKT bereits am 23. April 1970 bereit erklärt hatte, sämtliche Kosten von Gutachtern zu tragen, auch wenn das Formalverfahren noch nicht eröffnet worden war. Daraufhin entgegneten die Ministeriumsvertreter lapidar, dass es Aufgabe der GKT sei, die notwendigen Gutachten als „Konsenswerber" zu erbringen, nicht Aufgabe des Ministeriums, diese bereits vorab zu bestellen. In der Folge der Diskussion wurde ein Einvernehmen zwischen Gutachtern und Konsenswerber über die von den Gutachtern noch benötigten Unterlagen und Informationen hergestellt.[428]

Die Dauer des Genehmigungsverfahrens führte immer wieder zu Klagen bei der GKT. Das Ministerium ließ sich aber nicht unter Druck setzen und behielt seine Linie bei, was durch einen Aktenfund nochmals verdeutlicht wird: So fand am 28. Juni 1973 eine Vorsprache der beiden Geschäftsführer der GKT beim Bundesministerium für Gesundheit und Umweltschutz statt. Ursprünglich hatten sich die beiden Vertreter der GKT nur zur Vorstellung bei einem neu ernannten Ministerialrat angekündigt, brachten dann aber bald Vorschläge zur Beschleunigung des Genehmigungsverfahrens in das Gespräch ein. So schlugen sie vor,

> die Behörde solle einen neuen Weg in der Führung des Bewilligungsverfahrens einschlagen, durch den gewährleistet wäre, dass der Baufortschritt des KKW nicht durch die Erlassung von Bescheiden verzögert werden könne. Da dieser Vorschlag die Bewilligung aller Anlagenteile erst während oder nach der Errichtung vorsieht, könne das BMfGuU seine Vorstellungen hinsichtlich der Ausführung dieser Anlagenteile nur mehr ‚theoretisch' realisieren; in der Praxis hätte es dann nur noch die Aufgabe, die von der GKT errichteten Anlagenteile im Nachhinein für gut zu befinden.[429]

Eine solche Verfahrensweise lehnten die Vertreter des Ministeriums rundherum ab. Auch wenn es sich hier um den – positiv formuliert – kuriosesten Vorschlag handelt, der mir bei der Auswertung der Akten des Genehmi-

---

428 Resuméprotokoll über die Besprechung vom 11. November 1971 betreffend Bewilligungsverfahren nach dem Strahlenschutzgesetz für das geplante Kernkraftwerk in Zwentendorf, ÖStA, Arbeit und Soziales, Bestand „Zwentendorf", Zl. 551.612/73-41/1/71.

429 Vorsprache der Geschäftsführung der GKT am 28.6.1973, ÖStA, Arbeit und Soziales, Bestand „Zwentendorf", Zl. 551.612/73-4/0/3-73.

gungsverfahrens untergekommen ist, so lässt sich generell feststellen, dass
die GKT während des gesamten Genehmigungsverfahrens versuchte, das
Verfahren mit leichtem Druck zu beschleunigen. Ursprünglich war als Termin der Fertigstellung das Jahr 1976 angedacht worden. Insbesondere ein
Störfall im deutschen Kraftwerk Würgassen im April 1972, bei dem durch
die Fehlfunktion eines Ventils im Kühlkreislauf das Containment beschädigt
wurde, führte dazu, dass nochmals wesentliche Planänderungen vorgenom-
men werden mussten. Nach der Einschätzung von Zeitzeugen führte dies
zu einer Bauverzögerung von etwa zwei Jahren.[430]

Nachdem die notwendigen Gutachten eingeholt worden waren und die Anhörung der beteiligten Parteien im Pfarrsaal von Zwentendorf am 7. März
1972 stattgefunden hatte, erging am 4. April 1972 die erste Teilerrichtungs-
bewilligung, und so konnten anschließend die ersten Baumaßnahmen in
Zwentendorf beginnen.

Das Begutachtungsverfahren spielte sich nach dem holprigen Start zunehmend ein und orientierte sich weitestgehend an dem der Bunderepublik
Deutschland, nur anfänglich wurden auch US-Vorschriften herangezogen.
Bereits im August 1971 hatten Vertreter der Studiengesellschaft eine Reise
in die Bundesrepublik Deutschland unternommen, um das dortige Genehmigungsverfahren kennenzulernen. Über den Nutzen der Studienreise hielt
Walter Binner, der Leiter des Seibersdorfer Instituts für Reaktortechnik,
gleich zu Beginn seines Berichtes fest:

> Da sich dabei einerseits Ähnlichkeiten mit der Organisation des
> Verfahrens in unserem Land ergaben und andererseits die Be-
> urteilung des KKW Zwentendorf nach den Sicherheitskriterien
> der BRD zur Auflage gemacht wurde, sind die dort gemachten
> Erfahrungen für uns von großem Wert.[431]

Dabei stellten die Gutachter fest, dass die Rolle der Studiengesellschaft in
etwa mit der des deutschen Instituts für Reaktorsicherheit (IRS) zu vergleichen war und die Aufgabenteilung zwischen IRS/Studiengesellschaft und
dem TÜV in beiden Ländern ähnlich war. Die Studiengesellschaft nahm

---

430 Vgl. Interview des Autors mit Thomas G. Dobner, Wien, 3. September 2009;
    Interview des Autors mit Walter Binner und Johann Pisecker, Wien, 27. Au-
    gust 2009; Interview des Autors mit Helmuth Böck und Helmut Rauch, Wien,
    25. August 2009; Interview des Autors mit Walter Binner, Wien, 7. September
    2009.
431 Österreichische Studiengesellschaft für Atomenergie Ges.m.b.H. Technischer
    Bericht TB-I-171, August 1971.

bald die Möglichkeit wahr, als Hauptgutachter alle weiteren Gutachten neben dem TÜV zu koordinieren.[432] Insgesamt wurden über den gesamten Bauzeitraum von sechs Jahren 60 Teilerrichtungsbewilligungen und 1277 Auflagen erteilt.

Zunächst gebe ich noch einen kurzen Überblick zu den Baufortschritten des Kraftwerkes und gehe anschließend auf die zentralen, bis zum Schluss offenen Probleme ein, bevor ich mich der Anti-AKW-Bewegung in Österreich zuwende. Dabei konzentriere ich mich insbesondere auf die Punkte, die für das Genehmigungsverfahren zentral waren. Beispielsweise wurde die Erdbebensicherheit zwar geprüft, erreichte im Genehmigungsverfahren aber nie den Stellenwert wie in der öffentlichen Debatte. Auch nachdem ein Gutachten des Geologen und Atomkraftgegners Alexander Tollmann dem Kernkraftwerk eine hohe Erdbebenwahrscheinlichkeit bescheinigte, fragte zwar das für die Genehmigung zuständige Ministerium nochmal bei den eigenen Gutachtern an, war aber dann mit deren Aussage zufrieden und unternahm keine weiteren Schritte.[433]

5.4.2 Der Bauverlauf des Kernkraftwerkes

Die Bauarbeiten im Frühjahr 1972 starteten mit dem Aushub der Baugrube und deren Abdichtung gegen eindringendes Grundwasser. Nach erfolgtem Bodenaustausch wurden zunächst eine druckwasserdichte Isolierwanne und die Fundamentplatten für das Reaktorgebäude, das Maschinenhaus und das Schaltanlagengebäude betoniert. Bis zum Ende des Jahres 1972 erreichten die Wände des Reaktorgebäudes eine Höhe von 6 m, Maschinenhaus und Schaltanlagengebäude die Nullmarke. Die VOEST AG stellte außerhalb des Reaktorgebäudes das Containment mit einem Durchmesser von 26 m und einem Gewicht von ca. 1100 t von fertig. Das Containment wurde im Folgejahr über Schienen in das Reaktorgebäude eingeschoben.[434]

Schließlich war Mitte 1973 das Reaktorgebäude im Rohbau fertiggestellt. Das Maschinenhaus kam bis zum März 1974 auf eine Höhe von 29 m. Die Rohbaumaßnahmen des Schaltanlagengebäude fanden ebenfalls ihren Ab-

---

432 Österreichische Studiengesellschaft für Atomenergie Ges. m. b. H. am BMfsV, 30.11.1971, ÖStA, Arbeit und Soziales, Bestand „Zwentendorf", Zl. 551.612/24-41/1/72.

433 Stellungnahme des behördlichen Sachverständigen in Erdbebenfragen zum Thema Erdbebengefährdung von Zwentendorf (Tollmann-GA), Februar 1978, ÖStA, Arbeit und Soziales, Bestand „Zwentendorf", Zl. IV-645.002/37-4/78.

434 Gemeinschaftskraftwerk Tullnerfeld Gesellschaft m.b.H., Geschäftsbericht 1972, Wien 1973, S. 5.

Abbildung 5.17: Luftaufnahme der Baustelle. Links im Bild befindet sich das Reaktorgebäude, rechts das Containment auf Schienen. Copyright EVN

schluss, und die Ausbauarbeiten nahmen ihren Anfang. Bei den übrigen Gebäuden, wie Notstromdieselgebäude, Werkstättengebäude, Verwaltungsgebäude und Kühlwasserbauwerk, begannen die Bauarbeiten im Jahr 1973. Parallel zu den Bauarbeiten in Zwentendorf startete in den Lieferwerken die Fertigung einzelner Komponenten für das Kraftwerk, wie der Reaktordruckbehälter, die Turbine, der Generator und Schaltanlagen. Darüber hinaus unterzeichnete die GKT mit des US-Atomic Energy Commission einen langfristigen Vertrag über die Anreicherung des Urans.[435]

Im Jahr 1974 waren sämtliche Rohbauarbeiten für das Kernkraftwerk beendet. Nach Abschluss der Betonarbeiten im Containment brachte man den Reaktordruckbehälter in zwei Teilen in das Containment ein. Im Anschluss begann die Montage der einzelnen Systeme und Lüftungsanlagen. Die Pumpenanlagen im Reaktorgebäude waren weitgehend anschlussbereit aufgestellt. Ebenso schritten der Aufbau und Anschluss der elektrischen

---

435 Gemeinschaftskraftwerk Tullnerfeld Gesellschaft m.b.H., Geschäftsbericht 1973, Wien 1974, S. 5.

Schaltanlagen voran, zum Teil gingen sie bereits in Betrieb. So waren für die Kühlwasserversorgung nur noch Restmontagen bei den Pumpen und Rohrleitungen durchzuführen.[436] Der Geschäftsbericht der GKT für das Jahr 1975 lässt erstmals Verzögerungen erkennen. So heißt es darin:

Aufgrund erhöhter Sicherheitsanforderungen an verschiedenen Komponenten hat sich der Fertigstellungstermin und damit der Termin für die Übernahme des Kernkraftwerkes auf Mitte 1977 verschoben.[437]

Diese Arbeiten betrafen insbesondere Modifikationen am Containment und am Kühlsystem aufgrund des Störfalls im deutschen Kernkraftwerk Würgassen. Der Schwerpunkt der Bauarbeiten lag im Jahr 1975 auf dem Ausbau der Gebäude. Im Reaktorgebäude wurden Rohrleitungssysteme und Lüftungsanlagen montiert. Zentral waren die Auslieferung und Montage der Turbinenanlage und des Generators in der zweiten Jahreshälfte. Überdies ging das Kraftwerk „ans Netz" mit dem Anschluss zum nächsten Umspannwerk.[438]

In der Folge setzten auch die ersten Tests der eingebauten Komponenten ein, beispielsweise im Januar 1976 die Druckproben für das Reaktordruckgefäß und im März für das Containment, später erfolgten die Tests der verschiedenen Kühlwasserkreise. Der Geschäftsbericht erwähnt auch eine Erhöhung der Informationstätigkeit und Öffentlichkeitsarbeit, die sich vor allem auf das Informationszentrum bei der Baustelle konzentrierte. Mehr als 40.000 Menschen hatten es seit seiner Eröffnung im Dezember 1972 bis zum März 1976 besucht.[439]

Die Ausbauarbeiten in den Gebäuden wurden im Jahr 1976 zum überwiegenden Teil abgeschlossen, ebenso wie die Außenanlagen weitgehend fertiggestellt waren. Die Tests der einzelnen Systeme liefen nun auf Hochtouren: Die Reaktorhilfssysteme wurden gereinigt und Druckproben an ihnen ausgeführt. Die Schweißnähte des Containment und die Wände des Reaktordruckbehälters prüfte man mithilfe von Ultraschall. Die Notstromdie-

436 Gemeinschaftskraftwerk Tullnerfeld Gesellschaft m.b.H., Geschäftsbericht 1974, Wien 1975, S. 5.
437 Gemeinschaftskraftwerk Tullnerfeld Gesellschaft m.b.H., Geschäftsbericht 1975, Wien 1976, S. 5.
438 Gemeinschaftskraftwerk Tullnerfeld Gesellschaft m.b.H., Geschäftsbericht 1975, Wien 1976, S. 5.
439 Gemeinschaftskraftwerk Tullnerfeld Gesellschaft m.b.H., Geschäftsbericht 1975, Wien 1976, S. 5.

selanlagen absolvierten die Funktions- und Abnahmeprüfungen mit Erfolg, im Bereich der Reaktorschutzsysteme wurden diese Prüfungen gerade aufgenommen. Mit dem bevorstehenden Abschluss der Brennelementfertigung schien der Betrieb greifbar, aber:[440]

> Der Übergabetermin hat sich aufgrund der erhöhten Sicherheitsanforderungen an die Kraftwerksteile und verschiedener Montageschwierigkeiten auf das Frühjahr 1978 verschoben.[441]

Während des Jahres 1977 war die Kraftwerksanlage fast fertiggestellt, und die einzelnen Anlagen erfuhren die finalen Tests in kaltem wie in heißem Zustand mit Dampf, wobei dieser elektrisch erzeugt wurde. Die Lieferung der Brennelemente begann schließlich im Januar 1978 und wurde im März 1978 beendet. Die Betreiber ließen die Brennelemente per Hubschrauber einfliegen, nachdem Kernkraftwerksgegner von der bevorstehenden Liefe-

Ausladen der Brennelementtransportkisten aus dem Hubschrauber

Abbildung 5.18: Hubschrauber des Bundesheeres beim Entladen der Brennelemente am AKW Zwentendorf. Aus: GKT, 1977.

---

440 Gemeinschaftskraftwerk Tullnerfeld Gesellschaft m.b.H., Geschäftsbericht 1976, Wien 1977, S. 5.
441 Gemeinschaftskraftwerk Tullnerfeld Gesellschaft m.b.H., Geschäftsbericht 1976, Wien 1977, S. 5.

rung erfahren hatten.[442] Zunächst brachte man die Brennstäbe in das Lagerbecken ein, denn um den Reaktorkern mit ihnen zu beladen, war die erste Teilbetriebsbewilligung notwendig. Hierfür forderte das Ministerium eine Dokumentation, aus der hervorging, dass sämtliche Auflagen erfüllt wurden und eine geschlossene Entsorgungskette vorlag. Diese geschlossene Entsorgungskette entwickelte sich im Verlauf des Baus des Kraftwerks und des Genehmigungsverfahrens zu einem der größten Probleme.[443]

Abbildung 5.19: Das fertiggestellte Kernkraftwerk gegen Ende des Jahres 1978. Copyright: Bildarchiv Austria FO402420/05.

5.4.3 (K)eine geschlossene Entsorgungskette

Die Frage der Entsorgung abgebrannter Brennelemente und radioaktiver Abfälle trat im Zuge des Genehmigungsverfahrens erstmals während eines Antrags der GKT zur Bewilligung einer erweiterten Lagerkapazität für abgebrannte Brennelemente auf. Das Bundesministerium für Gesundheit und

---

442 ÖStA, Arbeit und Soziales, Bestand „Zwentendorf", Zl.645.002/15-4/78
443 Gemeinschaftskraftwerk Tullnerfeld Gesellschaft m.b.H., Geschäftsbericht 1977, Wien 1978, S. 5.

Umweltschutz leitete den Antrag zur Begutachtung an den TÜV und an die Studiengesellschaft weiter.[444]

Der TÜV stellte sich auf den Standpunkt, dass die Unterlagen der Studiengesellschaft für eine technische Beurteilung nicht ausreichten. Nach Ansicht des TÜV musste stets gewährleistet sein, dass der Reaktorkern vollständig ausgeladen werden kann. Ein Betrieb könne nur dann bewilligt werden, wenn diese Auslademöglichkeit besteht. Ferner sah der TÜV den Umgang mit den radioaktiven Abfällen als noch nicht geklärt an. Beides war für ihn eine essenzielle Voraussetzung für die erste Betriebsbewilligung:

> Zusammenfassend sei also nochmals festgehalten, dass die Frage des Umgangs mit radioaktiven Abfällen sowie die Frage, unter welchen Bedingungen der Betrieb aufrecht bleiben darf, in der Betriebsbewilligung festzuhalten ist, die Frage der Verbringung radioaktiver Abfälle aufgrund der bis jetzt vorliegenden Unterlagen nicht beurteilt werden kann.[445]

Auch die Studiengesellschaft wies in einem 17 Seiten umfassenden Antwortschreiben darauf hin, dass die von der GKT übermittelten Unterlagen nicht ausreichten, um das Problem der Versorgung oder Lagerung schwach-, mittel- und hochradioaktiver Abfälle zu ermöglichen. Grundsätzlich war das Gutachten der Studiengesellschaft weitaus wohlwollender abgefasst worden als das des TÜV. So verwiesen die Gutachter darauf, dass schwach- und mittelaktive Abfälle zum Teil bereits heute bei der Studiengesellschaft zwischengelagert werden und auch verarbeitet werden. Zwar werde ein weiterer Ausbau der Anlagen der Studiengesellschaft notwendig, ein prinzipielles Problem entstünde dadurch jedoch nicht.[446]

Bezüglich der hochaktiven Abfälle machten die Gutachter deutlich, dass der weltweite Bedarf zur Wiederaufbereitung abgebrannter Brennelemente zum damaligen Zeitpunkt nicht abgedeckt werden konnte. Der Bereich der Wiederaufarbeitung der Brennelemente umfasste die Separation hoch-

---

444 Aktennotiz im Einlagebogen, ÖStA, Arbeit und Soziales, Bestand „Zwentendorf", Zl.645.002/515-4/76.

445 Technischer Überwachungs-Verein Wien an Bundesministerium für Gesundheit und Umweltschutz, ÖStA, Arbeit und Soziales, Bestand „Zwentendorf", Zl.645.002/515-4/76.

446 Österreichische Studiengesellschaft für Atomenergie Ges.m.b.H. an Bundesministerium für Gesundheit und Umweltschutz, 15. November 1976, ÖStA, Arbeit und Soziales, Bestand „Zwentendorf", Zl.645.002/515-4/76, S.1-3.

aktiver Abfälle (etwa 0,5 %), sowie ihre Verfestigung und Endlagerung, die Separation des Resturans und die Separation des Plutoniums.[447]

Die Gutachter wiesen darauf hin, dass Wiederaufbereitungsanlagen und Endlagerstätten für hochaktive Abfälle erst um einige Jahre verspätet einsatzbereit sein werden. Als Konsequenz daraus sahen sie die Notwendigkeit, abgebrannte Brennelemente so lange zwischenzulagern, bis ihre Wiederaufarbeitung möglich wurde. Der GKT legten sie daher nahe, eine Kompaktlagerung im internen Brennelemente-Lagerbecken und ein externes Zwischenlager für abgebrannte Brennelemente einzuplanen.[448]

In der Folge zählten die Gutachter der Studiengesellschaft die erforderlichen Unterlagen für eine Begutachtung einer Kompaktlagerung in einem internen Brennelemente-Lagerbecken auf: Zentral waren der Nachweis der Unterkritikalität, eine geregelte Wärmeabfuhr, Strahlenschutz, Betrachtungen zu beschädigten Brennelementen und die Diskussion möglicher Unfälle. Auch sollte die Bewilligungspraxis in der Bundesrepublik Deutschland und den USA Berücksichtigung finden. Für ein externes Zwischenlagerbecken stellten sie ebenfalls Forderungen auf, wiesen aber gleichzeitig darauf hin, dass ein solches bisher weder in den USA noch in der Bundesrepublik Deutschland genehmigt wurde. Zudem bestünde die Möglichkeit, dass sich eine Wiederaufbereitungsanlage verpflichtet, die abgebrannten österreichischen Brennelemente bis zu ihrer Verarbeitung zwischenzulagern. Das wäre auch das ursprüngliche Konzept der GKT gewesen.[449]

Bezüglich einer endgültigen Lösung der Behandlung hochaktiver Abfälle behandelten die Gutachter zwei Unterpunkte. Der erste Punkt betraf die Wiederaufarbeitung und Verfestigung des hochaktiven Abfalls. Hier wiesen die Gutachter zum wiederholten Male darauf hin, dass die vorhandenen Wiederaufarbeitungskapazitäten noch nicht ausreichten, um die erwarteten abgebrannten Brennstäbe zu recyceln. Sie schätzten den Ausbaufortschritt der Anlagen ab und forderten Zwischenlagerkapazitäten bis zum Jahr 1990. Der zweite Punkt bezog sich auf die Endlagerung hochaktiver Abfälle. Da eine Verfestigung der in flüssiger Form extrahierten Abfälle aufgrund der

---

447 Österreichische Studiengesellschaft für Atomenergie Ges.m.b.H. an Bundesministerium für Gesundheit und Umweltschutz, 15. November 1976, ÖStA, Arbeit und Soziales, Bestand „Zwentendorf", Zl.645.002/515-4/76, S. 3f.

448 Österreichische Studiengesellschaft für Atomenergie Ges.m.b.H. an Bundesministerium für Gesundheit und Umweltschutz, 15. November 1976, ÖStA, Arbeit und Soziales, Bestand „Zwentendorf", Zl.645.002/515-4/76, S. 1-3.

449 Österreichische Studiengesellschaft für Atomenergie Ges.m.b.H. an Bundesministerium für Gesundheit und Umweltschutz, 15. November 1976, ÖStA, Arbeit und Soziales, Bestand „Zwentendorf", Zl.645.002/515-4/76, S. 4-9.

Wärmeentwicklung erst 5-10 Jahre nach der Extraktion erfolgen könnte, forderten die Gutachter, dass erst ab dem Jahr 1995 die Endlagerungsfrage endgültig geklärt sein müsste.[450] Ein technisches Problem sahen sie nicht:

> Es ist von technischer Seite kein Grund zu sehen, der die Installation einer solchen Lagerungsstelle auf österreichischem Gebiet ausschlöße [sic!]. Allerdings sind Barrieren psychologischer Art zu überwinden... da es fast unmöglich ist, ohne Beeinflussung durch bestimmte Bevölkerungskreise und Massenmedien in wissenschaftlich und technisch einwandfreier Art die entsprechenden Arbeiten durchzuführen. Um dies tun zu können, bedarf es eines Entschlusses, der sich einer großen politischen Unterstützung erfreuen muß.[451]

Da bis zum damaligen Zeitpunkt keine technisch erprobte Variante für ein Endlager in tiefen geologischen Schichten vorlag, empfahlen die Gutachter, als eine Variante einen Kunstbau als Zwischenlager für hochaktive Abfälle weiterzuverfolgen. Anschließend legten sie einen detaillierten Terminplan zur Entsorgung der abgebrannten Brennstäbe und der radioaktiven Abfälle dar: Insgesamt waren für das Kernkraftwerk Zwentendorf drei Teilbetriebsbewilligungen geplant: die erste Teilbetriebsbewilligung für das Beladen des Reaktorkerns mit Brennelementen, die zweite Teilbetriebsbewilligung für die schrittweise Erhöhung des Leistungsbetriebes bis 100 % und die dritte Teilbetriebsbewilligung für den unbeschränkten Leistungsbetrieb. Im Gutachten folgte dann eine Diskussion darüber, ob ein internes Kompaktlager und ein externes Brennelementlagerbecken bereits zur zweiten oder erst mit der dritten Teilbetriebsbewilligung notwendig sein würden. Aufgrund des damaligen Standes der Konditionierung und Endlagerung radioaktiver Abfälle rieten die Gutachter davon ab, vor der dritten Teilbetriebsbewilligung einen Vertragsabschluss von der GKT einzufordern, da damit unbefriedigende Lösungen erzwungen werden könnten.[452]

Die GKT sah in der Folge den Abschluss eines Wiederaufarbeitungsvertrages als ihr vordringlichstes Ziel. Für den Fall, dass es bei der Vertrags-

---

450 Österreichische Studiengesellschaft für Atomenergie Ges.m.b.H. an Bundesministerium für Gesundheit und Umweltschutz, 15. November 1976, ÖStA, Arbeit und Soziales, Bestand „Zwentendorf", Zl.645.002/515-4/76, S. 9-11.

451 Österreichische Studiengesellschaft für Atomenergie Ges.m.b.H. an Bundesministerium für Gesundheit und Umweltschutz, 15. November 1976, ÖStA, Arbeit und Soziales, Bestand „Zwentendorf", Zl.645.002/515-4/76, S.11.

452 Österreichische Studiengesellschaft für Atomenergie Ges.m.b.H. an Bundesministerium für Gesundheit und Umweltschutz, 15. November 1976, ÖStA, Arbeit und Soziales, Bestand „Zwentendorf", Zl.645.002/515-4/76, S.9-17.

unterzeichnung zu Verzögerungen kommen sollte, hatte sie die Einrichtung eines kraftwerksinternen Kompaktlagers im Lagerbecken vorgesehen und dessen Bewilligung beantragt. Im Rahmen des Wiederaufarbeitungsvertrages bestand aber auch die Möglichkeit, dass ein Rücktransport noch nicht aufgearbeiteter Brennelemente erfolgen könnte. Deshalb übermittelte die GKT im September 1977 dem Bundesministerium für Gesundheit und Umweltschutz ein standardneutrales Projekt, in Form eines zweibändigen Sicherheitsberichtes der Firma *Brown Boveri & Cie* AG mit der Bitte um Prüfung, ob diese Unterlagen als Entsorgungsnachweis für die Erlangung der Teilbetriebsbewilligungen ausreichend waren.[453]

Das Ministerium antwortete schnell, aber nicht zur Zufriedenheit der GKT. Es wies darauf hin, dass das Projekt aufgrund seiner Standortunabhängigkeit für eine Beurteilung nach dem Strahlenschutzgesetz nicht ausreichte. Weiter heißt es:

> Außerdem würde auch das externe Brennelementelagerbecken als Voraussetzung für eine Betriebsbewilligung nicht ausreichen, solange die Kette der Entsorgungsmaßnahmen nicht geschlossen ist bzw. nicht als geschlossen angesehen werden kann.[454]

Die geschlossene Entsorgungskette war das Ziel der GKT bzw. die Voraussetzung für die erste Teilbetriebsbewilligung. Im September beantragte sie die Bewilligung einer mobilen Anlage zur Konditionierung von schwach- und mittelaktiven Abfällen direkt auf dem Kraftwerksgelände. Das Ministerium anwortete nach Befragen der Gutachter im März 1978,

> dass gegen eine Konditionierung schwach- und mittelaktiver Abfälle mit mobilen Anlagen am Kraftwerksstandort grundsätzlich nichts einzuwenden ist, eine endgültige Aussage jedoch erst bei Vorliegen entsprechend genauer Unterlagen und Detailauskünfte getroffen werden kann.[455]

Im Dezember 1977 legte die GKT dem Bundesministerium für Gesundheit und Umweltschutz einen Kurzbericht über erste Erkundungsarbeiten von Standorten zur Errichtung eines geologischen Endlagers für radioaktive Abfälle vor. In die engere Auswahl kamen dabei vor allem Standorte im

---

453 GKT an BMfGuU, 5. September 1977, ÖStA, Arbeit und Soziales, Bestand „Zwentendorf", Zl.645.002/381-4/77

454 BMfGuU an GKT, 9. September 1977,ÖStA, Arbeit und Soziales, Bestand „Zwentendorf", Zl. Zl.645.002/381-4/77.

455 GKT an BMfGuU, 28. Oktober 1977, ÖStA, Arbeit und Soziales, Bestand „Zwentendorf", Zl. Zl.645.002/58-4/78.

österreichischen Waldviertel, unter anderen der Ort Göpfritz. Dieser Standort war bereits im Kontext einer Bewerbung beim CERN für den Standort eines Teilchenbeschleunigers gut untersucht. Die österreichischen Salzstollen wurden aufgrund ihrer Beweglichkeit von Beginn an ausgeklammert. In dem Bericht wurde aber betont, dass es sich lediglich um eine erste Vorauswahl an Standorten handle und weitere Untersuchungen notwendig waren. Das Ministerium verwies jedoch auch wieder darauf, dass es sich aufgrund der Vielzahl der genannten Standorte ohne konkrete Planung nicht dazu äußern könne.[456]

Parallel zu diesen Arbeiten innerhalb Österreichs bemühte sich die GKT um einen Vertrag zur Wiederaufarbeitung der abgebrannten Brennelemente. Am 31. März 1978 kam es schließlich zur Unterzeichnung eines Vertrages zwischen der GKT und der französischen COGEMA. Dieser Vertrag sah vor, dass alle bis einschließlich zum Jahr 1989 abgebrannten Brennelemente zur Wiederaufarbeitung aus Österreich nach Frankreich abtransportiert werden. Dieser Vertrag wurde schließlich im österreichischen Ministerrat gebilligt.[457]

Am 7. April 1978 übermittelte die GKT dem Bundesministerium für Gesundheit und Umwelt einen neuen Sicherheitsbericht für ein externes Brennelementlager zur Zwischen- und Dauerlagerung von Brennelementen, diesmal spezifiziert auf den Standort Zwentendorf. Das Ministerium leitete den Sicherheitsbericht erst am 8. Juni 1978 weiter an die Studiengesellschaft und den TÜV als Gutachter, die gebeten wurden, innerhalb einer Frist von 12 Wochen ihre Expertise zu erstellen. Gleichzeitig wurden sie darauf hingewiesen, dass in begründeten Ausnahmefällen eine Fristverlängerung möglich sei. Die Möglichkeit einer Volksabstimmung zur Kernenergie lag bereits in der Luft, und tatsächlich suchte die Studiengesellschaft am 25. August 1978 um eine Fristverlängerung an, der TÜV einen Tag später.[458]

Am 5. Juni 1978 fand im Bundesministerium für Handel, Gewerbe und Industrie eine Besprechung zwischen Vertretern der GKT, des Bundeskanzleramts und der Bundesministerien für Inneres, für Gesundheit und Um-

---

456 Kurzbericht. Auswahl von Standorten für die Errichtung eines geologischen Endlagers für radioaktive Abfälle unter Berücksichtigung diverser Kriterien. Erstellt für Gemeinschaftskraftwerk Tullnerfeld Ges.m.b.H. von Kernkraftwerk Planungsgesellschaft m.b.H., Dezember 1977, ÖStA, Arbeit und Soziales, Bestand „Zwentendorf", Zl. Zl.645.002/558-4/77.
457 ÖStA, Arbeit und Soziales, Bestand „Zwentendorf", Zl. Zl.645.002/58-4/77.
458 Brennelemente Dauerlager, ÖStA, Arbeit und Soziales, Bestand „Zwentendorf", Zl. IV-645.002/137-4/78.

weltschutz und für Handel, Gewerbe und Industrie statt. Das Resümee-Protokoll der Sitzung zeigt ein nahezu verzweifeltes Drängen der Vertreter der GKT auf eine Anerkennung der Bemühungen der GKT um ein Entsorgungskonzept und auf eine baldige Erteilung der ersten Teilbetriebsbewilligung. Doch die Vertreter der Ministerien blieben unnachgiebig und bestanden auf eine geschlossene Entsorgungskette als Voraussetzung für diese Bewilligung. Selbst nach dreieinhalb Stunden Diskussion konnte keine Einigung erzielt werden.[459]

Am 2. August 1978 teilte die GKT dem Bundesministerium für Gesundheit und Umweltschutz mit, dass es über Vermittlung des Bundesministeriums für Handel, Gewerbe und Industrie Gespräche mit Ägypten zur Endlagerung der radioaktiven Abfälle führte. Im Zuge der Gespräche wurde vereinbart, bis zum Jahresende 1978 eine Machbarkeitsstudie über mögliche Endlager in Ägypten zu erstellen, die dann der IAEA vorgelegt werden sollte. Diese Machbarkeitsstudie sollte die Grundlage für einen völkerrechtlichen Vertrag zwischen beiden Staaten sein. Damit bot die GKT folgendes Konzept für die Entsorgungsmaßnahmen an:

• ein Kompaktlager für abgebrannte Brennelemente (Kapazität für neun Betriebsjahre);

• einen Wiederaufarbeitungsvertrag mit der französischen Firma COGEMA;

• einen Vertrag mit der österreichischen Studiengesellschaft für Atomenergie über Konditionierung und Zwischenlagerung der schwach- und mittelaktiven Abfälle im Forschungszentrum Seibersdorf;

• einen Vertrag mit Ägypten über die Lagerung radioaktiver Abfälle auf ägyptischem Staatsgebiet.

Weiter heißt es in dem Schreiben der GKT:

> Unbeschadet unserer divergierenden Rechtsmeinung ersuchen wir Sie um Mitteilung, ob diese Entsorgungsmaßnahmen ihres Erachtens die Formulierung ,die Kette der Entsorgungsmaßnahmen muss als geschlossen anzusehen sein' erfüllen würde.[460]

---

459 Resümé-Protokoll der Besprechung vom 5. Juni 1978 im Bundesministerium für Handel, Gewerbe und Industrie, ÖStA, Arbeit und Soziales, Bestand „Zwentendorf", Zl. IV-645.002/223-4/78.

460 GKT an BMfGuU, 2. August, 1978, ÖStA, Arbeit und Soziales, Bestand „Zwentendorf", Zl. IV-645.002/394-4/78. S. 2.

Nach Einholen der verschiedenen Meinungen beabsichtigte die Bundesministerin, ein positives Schreiben an die GKT zu verfassen. Vorher rückversicherte sie sich aber während der Ministerratsvorbesprechung am 26. September 1978 bei Bundeskanzler Kreisky bezüglich der Verfahrensweise. Dieser empfahl, zunächst eine Stellungnahme der IAEA einzuholen. Daraufhin verfügte die Bundesministerin beim anschließenden Jour fixe ihres Ministeriums, „daß das in Aussicht genommene Schreiben an die GKT vorerst zu cessieren ist."[461] Zunächst wurde beim Direktor der IAEA Sigvard Eklund informell angefragt, ob die IAEA grundsätzlich bereit sei, eine derartige Äußerung abzugeben. Eklund erklärte, dass er dies gerne tun würde, sofern ein entsprechendes Schreiben der Bundesregierung an ihn gerichtet wird. Schließlich kam man am 16. Oktober 1978 bei einer Ministerratsvorbesprechung überein, dass das Bundesministerium für Auswärtige Angelegenheiten ein entsprechendes Schreiben an den Generaldirektor der IAEA richten wird.[462] Über den weiteren Fortgang dieser Anfrage liegen keine Archivmaterialien vor. Es ist anzunehmen, dass die Volksabstimmung am 5. November 1978 diesen Vorgang beendete.

5.4.4 Der überörtliche Alarmplan

Der überörtliche Alarmplan hatte sich im Verlauf der Baumaßnahmen zu einem Streitpunkt zwischen der niederösterreichischen Landesregierung mit dem ÖVP Landeshauptmann Andreas Maurer an der Spitze und dem SPÖ-Bundesministerium für Gesundheit und Umweltschutz als Genehmigungsbehörde entwickelt. Die seit 1975 zunehmenden Proteste gegen das Kernkraftwerk ließen die ÖVP von ihrer ursprünglich positiven Haltung gegenüber der Kernenergie abrücken und weitere Sicherungsmaßnahmen einfordern. Auch der niederösterreichische Landeshauptmann Maurer, der sich anfangs um Zwentendorf als Standort des Kernkraftwerkes bemüht hatte, wollte im Jahr 1978 jeden Eindruck einer positiven Haltung seiner Landesregierung gegenüber dem Kernkraftwerk vermeiden. Diese Wendung wurde ihm auch stets in Landtagsdebatten zum Vorwurf gemacht. Hier beispielsweise vom SPÖ-Abgeordneten Ernest Brezovszky:

> Sie haben am 2.2.1969 in der Zeitung ‚Die Presse' erklärt, der Landeshauptmann verlange auch, daß das geplante Atomkraftwerk in Niederösterreich errichtet werden muß. Dann haben Sie

461 Aktennotiz im Einlagebogen, ÖStA, Arbeit und Soziales, Bestand „Zwentendorf", Zl. IV-645.002/394-4/78.
462 ÖStA, Arbeit und Soziales, Bestand „Zwentendorf", Zl. IV-645.002/525-4/78.

am 1. August 1969 in einer Rundfunkansprache erklärt, daß Sie
sich von der Leistungsfähigkeit von Kernkraftwerken überzeu-
gen und gleichzeitig feststellen konnten, daß die Menschen, die
in der Nachbarschaft solcher Werke wohnen, keine Angst ken-
nen, weil sie genau wissen, daß für ihre Sicherheit vorbildlich
gesorgt ist. Im Jahre 1969: ‚vorbildlich gesorgt ist für die Sicher-
heit‚

Sie haben dann die Proteste gegen den Bau eines Atomkraftwerkes mit jenen gegen den Eisenbahnbau vor hundert Jahren
verglichen, und Sie haben vor allem am 28. März 1971 die Entscheidung für den Bau von Zwentendorf für Niederösterreich
besonders begrüßt: ‚Sie werden daher verstehen, wenn ich als
Landeshauptmann die Entscheidung freudig begrüße; Niederösterreich hat allen Grund, darüber froh zu sein.‘ [463]

So kam es, dass der Landeshauptmann Maurer sich im Gegensatz zum SPÖ-
regierten Land Wien einer Beteiligung bei der Erarbeitung eines überörtlichen Alarmplanes verweigerte. Dabei berief er sich auf eine Interpretation
der Strahlenschutzgesetzes, nach dem die komplette Verantwortung im Ka-
tastrophenfall beim Bundesministerium für Gesundheit und Umweltschutz
als Bewilligungsbehörde liegen würde.[464]

Dies führte zu massiven Verzögerungen bei der Erstellung des überörtlichen Alarmplanes. Als im Frühjahr 1978 eine knapp 150 Seiten umfassende
Informationsschrift des Bundesministeriums für Gesundheit und Umweltschutz mit dem Titel Kernenergie und Sicherheit erschien, war plötzlich
die GKT alarmiert: In der Schrift wurde nämlich die Erteilung einer Betriebsbewilligung vom Vorliegen eines überörtlichen Alarmplans abhängig
gemacht.[465] War der überörtliche Alarmplan nun plötzlich doch Voraussetzung für eine Betriebsbewilligung? In einem Schreiben an das Bundesministerium bat die GKT um baldmöglichste Klärung des Sachverhaltes:

Wegen des großes Echos, das die Frage des Alarmplanes insbesondere des überörtlichen Alarmplanes in der Öffentlichkeit

---

463 Landtag von Niederösterreich, X. Gesetzgebungsperiode, V. Session, 11. Sitzung am 6. April 1978, www.landtag-noe.at/service/politik/landtag/
sitzungen/10-gpw/1977-78/11-si.doc, eingesehen am 14. März 2015.
464 Überörtlicher Alarmplan, ÖStA, Arbeit und Soziales, Bestand „Zwentendorf",
Zl. III-630.003/39-/78.
465 Friedrich Katscher. *Kernenergie und Sicherheit.* Hrsg. von Bundesministerium
für Gesundheit und Umweltschutz. Wien, 1978, S. 106.

immer wieder findet, ersuchen wir um möglichst rasche Klarstellung des Sachverhaltes.[466]

Die verschiedenen Stellen des Ministeriums diskutierten nun die Frage des überörtlichen Alarmplans als notwendige Voraussetzung für die Erteilung einer Teilbetriebsbewilligung. Dabei stellten sie fest, dass ein solcher zwar nicht zwingend aus dem Strahlenschutzgesetz gefordert wird, aber eine logische Folge aus dem Genehmigungsverfahren ist.[467]

Bezüglich der Aufgabenverteilung zwischen Bund und Ländern im überörtlichen Alarmplan wurde schließlich der Verfassungsdienst des Bundeskanzleramts befragt. Dieser teilte Ende Mai seine verbindliche Deutung der Strahlenschutzgesetzes mit: Nach den §§ 17 und 18 kann die genehmigende Behörde, also das Bundesministerium für Gesundheit und Umweltschutz, den Betrieb des Kernkraftwerkes bei drohender Gefahr untersagen. Diese Paragrafen beziehen sich aber nur auf Maßnahmen, die an dem Kernkraftwerk selbst durchgeführt werden. Alle weiteren Aspekte bezüglich der Erstellung eines überörtlichen Alarmplanes regelte der § 38 des Strahlenschutzgesetzes und verwies die Verantwortung klar an die Landesregierungen.[468]

Diese Rechtsauffassung wurde dem Landeshauptmann Maurer am 19. Juni 1978 mitgeteilt. In seiner Antwort vom 10. August 1978 stellte er zunächst fest, dass er diese Rechtsauffassung nicht teilte. Grundsätzlich lehnte er gemäß der Kompetenzabgrenzung zwischen Bund und Ländern sämtliche Vollzugsmaßnahmen ab, die auf der Basis von Gesetzen zu treffen waren, die der Bund erlassen hatte. So handelte es sich beim Katastrophenschutz um eine Länderaufgabe, da die jeweiligen Landeskatastrophenhilfegesetze auch von den Ländern erlassen wurden. Das Strahlenschutzgesetz war jedoch ein Bundesgesetz, und nach Maurers Auffassung war in diesem Fall auch der Bund für den Vollzug zuständig. Abschließend bat er die Bundesministerin Ingrid Leodolter, ihm mitzuteilen, ob es sich bei dem Schreiben an ihn um eine Weisung handle oder nicht.[469]

---

466 GKT an BMfUuG, 11. April 1978, ÖStA, Arbeit und Soziales, Bestand „Zwentendorf", Zl. IV-645.002/149-4/78.

467 Einlageblatt, ÖStA, Arbeit und Soziales, Bestand „Zwentendorf", Zl. III-630.003/77-4/78.

468 Bundeskanzleramt an Bundesminsiterium für Gesundheit und Umweltschutz, 30. Mai 1978, ÖStA, Arbeit und Soziales, Bestand „Zwentendorf", Zl. III-630.003/77-4/78.

469 Andreas Maurer an Ingrid Leodolter, 10. August 1978, ÖStA, Arbeit und Soziales, Bestand „Zwentendorf", Zl. III-630.003/77-4/78.

Zwischenzeitlich sendete der Landeshauptmann Niederösterreichs zwar positive Signale in Richtung der Bundesregierung,[470] letztlich lehnte er aber eine Umsetzung des überörtlichen Alarmplanes als Landeshauptmann ab. Dies wird in einer Besprechung deutlich, die am 16. Oktober 1978 zwischen Vertretern des Bundesministeriums für Gesundheit und Umweltschutz und Vertretern der Ämter der Landesregierungen von Wien und Niederösterreich stattfand. So erklärte der von der niederösterreichischen Regierung entsandte Hofrat Hoffmann gleich zu Beginn der Besprechung, dass die niederösterreichische Regierung sämtliche bisher übergebenen Unterlagen und alle früheren Besprechungen als gegenstandslos betrachte und erst nach Weisung durch das Bundesministerium handeln werde. Die Wiener Landesregierung hatte dagegen den Modell-Alarmplan des Bundesministeriums übernommen und an die lokalen Gegebenheiten angepasst.[471] Auch diesem strittigen Punkt setzte die Volksabstimmung am 5. November 1978 ein Ende, bevor er gelöst wurde.

5.5 Wissenstransfers in der Bauphase des Kernkraftwerkes

Grundsätzlich handelt es sich beim Kauf von Technik im Ausland um einen internationalen Transfer von technischem Wissen. Interessant ist nun am Beispiel Zwentendorf, dass das amerikanische Angebot nahezu keine Beachtung fand und man sich sehr schnell auf die Angebote aus Schweden und insbesondere aus der Bundesrepublik Deutschland konzentrierte. Dies weist auf eine Verschiebung der Gewichtung der Knotenpunkte in einem internationalen Netzwerk des Wissenstransfers hin, in dem bis zum Bau des Reaktors die USA einen hegemonialen Knotenpunkt bildeten. Dennoch behielten die USA die Schlüsseltechnologien in der Hand, wie der Vertrag zur Anreicherung des Urans mit der US-AEC zeigt. Auch in anderen Bereichen, wie dem Genehmigungsverfahren und der Ausbildung der Mitarbeiter, zeigte sich eine Gewichtsverschiebung im Netzwerk, die als Übergang von ei-

---

470 Vergleiche hierzu einem Brief des Bundesministers für Handel, Gewerbe und Industrie Staribacher an die Gesundheitsministerin vom 11. Oktober 1978, ÖStA, Arbeit und Soziales, Bestand „Zwentendorf", Zl. III-630.003/77-4/78.
471 Bericht über eine Besprechung am 16. Oktober 1978 mit Vertretern der Ämter der Landesregierung von Wien und NÖ, ÖStA, Arbeit und Soziales, Bestand „Zwentendorf", Zl. III-630.003/101-4/78.

nem transatlantischen Netzwerk hin zu einem innereuropäischen Netzwerk interpretiert werden kann.

Vor allem während der ersten Genehmigungsphase orientierte sich das Bundesministerium für Gesundheit und Umweltschutz stark an der deutschen Praxis zur Genehmigung von Kernkraftwerken und Abschätzung von Risiken. Einen Monat nachdem die GKT den Antrag auf Bewilligung zur Errichtung des Kernkraftwerkes Zwentendorf gestellt hatte, ließ sich das Ministerium den Sicherheitsbericht und die Genehmigungsbescheide der deutschen Kernkraftwerke Würgassen und Brunsbüttel übermitteln.[472] Die Gutachter waren angehalten, wie oben dargestellt, sich an deutschen Normen und Grenzwerten zu orientieren. Gelegentlich zogen sie dabei auch US-amerikanische Normen heran. Auch die Entwicklung in der Schweiz fand Beachtung. So enthält die oben zitierte Akte auch einen Vermerk vom 16. Juli 1971, dass der schweizerische Bundesrat dem Kanton Aargau verboten hatte, Kernkraftwerke mit Frischwasserkühlung zu genehmigen, falls der Vorfluter eine spezielle Gütestufe nicht erreicht hatte.[473]

Im August 1971 beantragte das österreichische Ministerium die Überlassung des meteorologischen Gutachtens des Deutschen Wetterdienstes bezüglich des Kernkraftwerkes Niederaichbach beim Bayerischen Staatsministerium für Wirtschaft und Verkehr.[474] Im Dezember 1971 erfolgte eine Anfrage beim deutschen Institut für Reaktorsicherheit in Köln bezüglich der Praxis von Flugbeschränkungen in der Umgebung von Kernkraftwerken.[475] Schließlich erhielt das österreichische Ministerium vom Ministerium für Arbeit, Gesundheit und Soziales des Landes Nordrhein-Westfalen am 28. Juli 1972 die Messprogramme bezüglich der Überwachung der Weser, sowie jene zur Überwachung der Luft, des Bodens und des Bewuchses in der Umgebung des Kernkraftwerkes Würgassen.[476]

Auch die Schulung der Mitarbeiter erfolgte meist in Deutschland am Kernforschungszentrum Jülich und zu einem kleinen Teil in der Schweiz,

---

472 20. Juli 1971, ÖStA, Arbeit und Soziales, Bestand „Zwentendorf", Zl. 551.612/22-41/1-71.

473 Aktennotiz, 16. Juli 1971, ÖStA, Arbeit und Soziales, Bestand „Zwentendorf", Zl. 551.612/22-41/1-71.

474 Bundesministerium für soziale Verwaltung an Bayerisches Staatsministerium für Wirtschaft und Verkehr, 16. August 1971, ÖStA, Arbeit und Soziales, Bestand „Zwentendorf", Zl. 551.612/22-41/1-71.

475 9. Dezember 1971, ÖStA, Arbeit und Soziales, Bestand „Zwentendorf", Zl. 551.612/107-41/1-71.

476 28. Juli 1972, ÖStA, Arbeit und Soziales, Bestand „Zwentendorf", Zl. 551.612/161-4/3-72.

wie sich der designierte Betriebsleiter des Kernkraftwerkes Zwentendorf, Johann Pisecker, in einem Interview erinnerte.[477] Eine Besonderheit im Verlauf der Ausbildung im Ausland war die Schulung an einem Reaktorsimulator in den USA, der von der Firma General Electric gebaut wurde. Die GKT hatte etwa die Hälfte des künftigen Personals für das Kernkraftwerk Zwentendorf zu diesem Lehrgang in die USA entsandt. Die Teilnehmer hatten zwei Wochen lang theoretische Vorbereitung in Österreich erhalten. Die Dienst- und Trainingseinteilung entsprach den regulären Schichten. Die jeweiligen Schichten mussten dann den Reaktor auf Leistung bringen, den Generator mit dem Netz synchronisieren bzw. den Reaktor planmäßig wieder herunterfahren. Dabei wurden Störungen eingebaut wie der Ausfall von Pumpen, Ventilen oder Versorgungseinrichtungen, worauf die Lehrgangsteilnehmer entsprechend zu reagieren hatten. Der Beobachter des Ministeriums war voll des Lobes.[478]

Darüber hinaus führt er in seinem Bericht ein Treffen mit der US-AEC an. Hier wurden ihm nicht nur die allgemeinen Qualifikationsanforderungen für das Betriebspersonal von amerikanischen Kernkraftwerken überlassen, sondern auch Prüfungsprotokolle und die Zusammenstellung von Fragen für das künftige Personal. Noch nützlicher erschienen ihm Unterlagen über die in den USA durchgeführte Umgebungsüberwachung von Kernkraftwerken, da für Zwentendorf ein ähnliches System geplant war.[479]

5.6 Das „Nein" zu Zwentendorf und die Konsequenzen

Als die Proteste gegen das Kernkraftwerk Zwentendorf sich immer weiter verschärften und sich auch zwischen ÖVP und SPÖ kein Konsens abzeichnete, kündigte Bundeskanzler Bruno Kreisky Ende Juni 1978 an, eine Volksabstimmung über die Inbetriebnahme des Kernkraftwerkes Zwentendorf

---

477 Interview des Autors mit Walter Binner und Johann Pisecker, Wien, 27. August 2009.
478 Bericht des VB Dr. Wolfgang Pusch über seine Informationsreise vom zweiten bis 6. Dezember 1974 zum Reaktorsimulator bei Chikago [sic!] und zur USAEC in Washington, ÖStA, Arbeit und Soziales, Bestand „Zwentendorf", Zl. III-630.003/8-4/75. S. 1-3.
479 Bericht des VB Dr. Wolfgang Pusch über seine Informationsreise vom zweiten bis 6. Dezember 1974 zum Reaktorsimulator bei Chikago [sic!] und zur USAEC in Washington, ÖStA, Arbeit und Soziales, Bestand „Zwentendorf", Zl. III-630.003/8-4/75. S. 5.

durchzuführen. Diese Volksabstimmung war mehrfacher Untersuchungsgegenstand soziologischer, historischer und demokratietheoretischer Arbeiten. Aus historischer Perspektive und den obigen Betrachtungen zum Genehmigungsverfahren entsteht der Eindruck, als wäre eine klare Entscheidung durch die Volksabstimmung von den historischen Akteuren herbeigesehnt worden. Auf Seiten des Ministeriums herrschte Verunsicherung, man beabsichtigte, sich die geschlossene Entsorgungskette erst von der IAEA bescheinigen zu lassen. Ebenso fällt auf, dass die Abstände zwischen den einzelnen Briefwechseln zwischen dem niederösterreichischen Landeshauptmann Maurer und dem Bundesministerium für Gesundheit und Umweltschutz immer größere Zeiträume umfassen, je näher die Volksabstimmung rückte.

Am 5. November 1978 war es soweit: Die österreichische Bevölkerung war aufgerufen, über die Verwendung der Kernenergie in ihrem Land und die Inbetriebnahme des Kernkraftwerks Zwentendorf abzustimmen. Kreisky hatte diese Abstimmung mit einer Vertrauensfrage verbunden und seinen Rücktritt erklärt, falls eine Mehrheit gegen das Kernkraftwerk stimmen sollte.

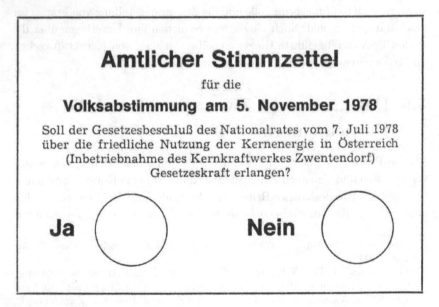

Abbildung 5.20: Stimmzettel der Volksabstimmung 1978. Aus: Wikimedia Commons, gemeinfrei.

Insgesamt beteiligten sich an der Volksabstimmung nur 64,1% der Wahl-
beteiligten, davon stimmten 50,47 % gegen die Inbetriebnahme. Ein inter-
essantes Ergebnis zeigt die Aufschlüsselung nach Bundesländern in Tabelle 5.6. Insbesondere in den westlichen Bundesländern lag die Ablehnungsquote am höchsten. Der SPÖ war es nicht gelungen, ihre Anhänger zu
mobilisieren. Dafür spricht insbesondere die vergleichsweise niedrige Wahlbeteiligung. So lag die Wahlbeteiligung bei den Nationalratswahlen 1971,
1975 und 1979 stets zwischen 91% und 92%, allerdings unterlagen diese im
Gegensatz zur Volksabstimmung auch der Wahlpflicht.[480] Das Bundesland
Vorarlberg stellt einen Sonderfall dar, auf den ich im folgenden Abschnitt
noch eingehen werde.

Tabelle 5.1: Abstimmungsverhalten nach Bundesländern aufgeschlüsselt.
Aus: http://www.bmi.gv.at/cms/BMI_wahlen/
volksabstimmung/Ergebnisse.aspx (27.02.2016).

Bundesland	Ja-Stimmen in %	Nein-Stimmen in %
Burgenland	59,8	40,2
Kärnten	54,1	45,9
Niederösterreich	50,9	49,1
Oberösterreich	47,2	52,8
Salzburg	43,3	56,7
Steiermark	52,8	47,2
Tirol	34,2	65,8
Vorarlberg	15,6	84,4
Wien	55,4	44,4
Gesamt	49,5	50,5

Kreisky blieb Kanzler und initiierte das „Atomsperrgesetz", das am 15.
Dezember 1978 vom Nationalrat beschlossen wurde. Es umfasste zwei Paragrafen und trägt den eigentlichen Namen: Bundesgesetz vom 15. Dezember
1978 über das Verbot der Nutzung der Kernspaltung für die Energieversorgung in Österreich:

§1 Anlagen, mit denen zum Zwecke der Energieversorgung elektrische Energie durch Kernspaltung erzeugt werden soll, dürfen
in Österreich nicht errichtet werden. Sofern jedoch derartige An-

---

480 Bundesministerium für Inneres, Nationalratswahlen, historischer Rückblick,
http://www.bmi.gv.at/cms/BMI_wahlen/nationalrat/NRW_History.aspx,
eingesehen am 25. Mai 2016.

lagen bereits bestehen, dürfen sie nicht in Betrieb genommen werden.

§2 Die Vollziehung dieses Bundesgesetzes obliegt der Bundesregierung.[481]

Das Atomsperrgesetz beendete alle Pläne für den Auf- und Ausbau der Kernenergie in Österreich. Die einzelnen Gesellschaften zogen daraus ihre Konsequenzen. So beschloss die zentrale Kernkraftwerk-Planungsgesellschaft m.b.H. in einer ordentlichen Generalversammlung am 15. November 1978 ihre Auflösung zum 31. Dezember 1978 und die Einleitung der Liquidation ab 1. Januar 1979. Die Gemeinschaftskraftwerk Stein Gesellschaft GmbH St. Pantaleon-Erla (GKS) beschloss ebenfalls ihre Auflösung und Liquidation in einer außerordentlichen Generalversammlung am 15. November 1978 zum 31. Dezember 1978. Diese Gesellschaft hatte neben Grundstücken für das geplante Kraftwerk bereits Uran erworben. Das Natururan, das sich bereits im Eigentum der GKS befand, konnte bis zum April 1979 verkauft werden. Bezüglich des angereicherten Urans waren noch Verhandlungen im Gange. Ein bereits geschlossener Anreicherungsvertrag wurde gegen eine Abschlagszahlung aufgekündigt.[482]

Weit umfassender waren die Maßnahmen, die die GKT zu treffen hatte. Kurz nach der Volksabstimmung wurde am 9. November 1978 eine außerordentliche Generalversammlung der GmbH einberufen, in der beschlossen wurde, dass alle Arbeiten mit dem Ziel der Fertigstellung und der Inbetriebnahme des Kernkraftwerkes Zwentendorf sofort einzustellen und eine Einstellung des Genehmigungsverfahrens einzuleiten waren. Ferner mussten die bestehenden Brennstoffverträge und der Wiederaufbereitungsvertrag mit der französischen COGEMA aufgelöst werden. Hier war es der GKT gelungen, ihre Anteile an deutsche und belgische Kernkraftwerksbetreiber abzutreten. Im Gegensatz zur Berufung auf den Passus „höhere Gewalt" gelang es der GKT so, sämtliche bisher geleistete Zahlung zurückzuerhalten.[483]

---

481 Bundesgesetzblatt für die Republik Österreich, Jahrgang 1978, ausgegeben am 29. Dezember 1978, 232. Stück.

482 Bericht und Antrag des Bundesministers für Handel, Gewerbe und Industrie, 2. April 1979, ÖStA, Arbeit und Soziales, Bestand „Zwentendorf". Zl. 50.803/1-V/s/79. S. 2.

483 Bericht und Antrag des Bundesministers für Handel, Gewerbe und Industrie, 2. April 1979, ÖStA, Arbeit und Soziales, Bestand „Zwentendorf". Zl. 50.803/1-V/s/79. S. 3.

Auch bezüglich der Brennstoffversorgung war die GKT vertragliche Verpflichtungen eingegangen. Mit dem Department of Energy der USA war
ein Vertrag geschlossen worden, der die Anreicherung des Urans für das
Kernkraftwerk Zwentendorf bis zum Jahr 1994 garantierte. Damit bestand
zum einen das Problem einer möglichst kostengünstigen Auflösung des bestehenden Vertrages, zum anderen das des Verkaufs der Brennelemente für
den Erstkern, die sich bereits im Lagerbecken befanden, und der Brennelemente für die Nachladungen, die sich noch in der Produktion befanden.
Der Verkauf der Brennelemente ins Ausland war nach dem Vertrag mit den
USA nicht ohne deren Zustimmung möglich. Schließlich gingen die Brennelemente des Erstkernes zurück nach Deutschland, und auch die bereits für
die Nachladung gefertigten Brennelemente konnten an die KWU verkauft
werden.[484]

Bezüglich der Verwertung der Kernkraftwerks-Anlage wurde im Februar
1979 beschlossen eine Umrüstungsstudie in Auftrag zu geben. Diese Studie
sollte untersuchen, ob eine Umrüstung in ein konventionell fossil befeuer-
tes Wärmekraftwerk möglich war. Pläne in diese Richtung wurden jedoch
nie umgesetzt. Daneben wurde die Dokumentation der für Kernkraftwerke spezifischen Komponenten vorangetrieben, da nur so ein Verkauf dieser
Teile für andere Kernkraftwerke möglich war. Unabhängig davon wurde
auch über ein Ersatzkraftwerk am gleichen Standort nachgedacht, so dass
es möglich gewesen wäre, die dort aufgebaute Infrastruktur zu nutzen. Das
Betriebspersonal für das Kraftwerk sollte bei den in Aussicht genommenen
konventionellen Ersatzkraftwerken Verwendung finden.[485]

Alle Anläufe, das Atomsperrgesetz rückgängig zu machen, scheiterten.
Der letzte Versuch, das Ergebnis der Volksabstimmung zu revidieren, wurde im Jahr 1985 unternommen. Hier initiierte der SPÖ-Bundeskanzler Fred
Sinowatz, der Nachfolger Bruno Kreiskys, einen SPÖ-Antrag auf Durchführung einer Volksabstimmung über die friedliche Nutzung der Kernenergie.
Im Falle einer Mehrheit für die Kernenergie wäre das Atomsperrgesetz auto-
matisch außer Kraft getreten. Allerdings fand dieser Antrag weder im parlamentarischen Ausschuss noch im Nationalrat die erforderliche Mehrheit.
Daraufhin beschloss die GKT am 27. März 1985 ihre „stille Liquidation".

---

484 Bericht und Antrag des Bundesministers für Handel, Gewerbe und Industrie, 2. April 1979, ÖStA, Arbeit und Soziales, Bestand „Zwentendorf". Zl.
50.803/1-V/s/79. S. 4f.
485 Bericht und Antrag des Bundesministers für Handel, Gewerbe und Industrie, 2. April 1979, ÖStA, Arbeit und Soziales, Bestand „Zwentendorf". Zl.
50.803/1-V/s/79. S. 5.

Das Kernkraftwerk Zwentendorf, das bis dahin im Standby-Betrieb gehalten worden war, wurde endgültig stillgelegt und das Atomsperrgesetz 1999 in den Rang eines Verfassungsgesetzes gehoben. Mit dem „Nein" zu Zwentendorf und der endgültigen Stilllegung setzte ein Transformationsprozess ein, der in dem heutigen für die österreichische Identität grundlegenden Narrativ „Österreich ist frei von Kernenergie" mündete. Die umstrittene Ablösung der Stromgewinnung aus Kernenergie durch Kraft-Wärme-Kopplung (Kohle, Öl, Gas) und sogenannte „alternative Energien", insbesondere Wasserkraft, erscheint als Ausdruck eines Transformationsprozesses weg von der Präferenz der Atomenergie. Im Jahr 2009 wurde schließlich eine Photovoltaikanlage auf dem Areal des Kernkraftwerks errichtet.[486]

Allerdings wurde hier keineswegs ein altes Leitbild durch ein neues ersetzt – was sich im Streit um den Ausbau der Donau und die Errichtung neuer Wasserkraftwerke in den 1980ern zeigte.[487] Dies ist auch an den zugehörigen Institutionen festzumachen: Die ehemalige Studiengesellschaft Seibersdorf verlor ihr klares Forschungsprogramm und stürzte in mehrere existenzgefährdende Krisen, die zu ihrer mehrfachen Umbenennung sowie Umstrukturierung und beinahe zu ihrer Auflösung führten. Gegenwärtig firmiert die Studiengesellschaft unter dem unverfänglichen Namen *Austrian Institute of Technology*.

Das nie in Betrieb genommene Kernkraftwerk Zwentendorf dient heute als Ausbildungsanlage für baugleiche Kernkraftwerke in einer Umgebung frei von Radioaktivität, als Filmkulisse, als touristischer Magnet oder Veranstaltungsort für Festivals. Bedeutender ist aber die Präsenz des Kraftwerks in der österreichischen Erinnerungskultur. Das AKW Zwentendorf nimmt als Erinnerungsort in der österreichischen Ökologiebewegung bis heute eine zentrale Rolle ein. So ist die Bezugnahme auf Zwentendorf in der aktuellen Diskussion um ein gentechnikfreies Österreich in den Debatten stets gegenwärtig.[488]

---

486 Österreich Journal, Alle Parteien gegen Atomkraft, Nr. 94, 1. April 2011, S. 1-11.
487 Andreas Kuchler. „Die Entwicklung der österreichischen Wasserkraft nach Zwentendorf und Hainburg". Diss. Universität Wien, 2015.
488 Vergleiche hierzu beispielsweise die Webseiten der aus der Anti-AKW-Bewegung hervorgegangenen Arbeitsgemeinschaft *Ja zur Umwelt, Nein zur Atomenergie*, insbesondere: http://www.arge-ja.at/ gentechnik-landwirtschaft_faissner.html (Zuletzt abgerufen am 13. August 2013).

5.7 Die Anti-AKW Bewegung und internationale Reaktionen

5.7.1 Die österreichische Anti-AKW-Bewegung

Während die deutsche Anti-AKW-Bewegung bereits gut untersucht ist, liegt im Falle Österreichs ein unbearbeitetes Forschungsfeld über eine Bewegung vor, die nur in begrenztem Rahmen auf eine außerparlamentarische Tradition, wie die deutsche „Kampf dem Atomtod"-Bewegung Ende der 1950er Jahre, zurückblicken kann. In den Anfangsjahren kam es nur zu sporadischer und lokaler Kritik, die in weiten Teilen ignoriert wurde. In diesem Kontext ist beispielsweise ein Memorandum der niederösterreichischen Ärztekammer aus dem Jahr 1969 zu nennen. Dabei handelt es sich um die erste Protestnote gegen den Bau des Atomkraftwerkes in Zwentendorf. Nachdem Zwentendorf als Standort des Kernkraftwerkes festgelegt worden war, versuchte Rudolf Drobil, als Vertreter der niederösterreichischen Ärztekammer, gemeinsam mit der Biologin Gertrud Pleskot der Universität Wien in einer Sprechstunde den niederösterreichischen Landeshauptmannes Andreas Maurer vom Bau des Kernkraftwerkes aufgrund der gesundheitlichen Gefahren abzubringen. Als sie mit der persönlichen Vorsprache scheiterten, gingen sie mit dem Memorandum an die Öffentlichkeit.[489]

In diesem Memorandum forderten sie nicht nur die Beteiligung von Kernphysikern und Atomtechnikern an der Planung des Kraftwerkes, sondern auch die Einbeziehung von Medizinern und Biologen, um die Auswirkungen radioaktiver Strahlung zu beurteilen. Die Verfasser des Memorandums betonten, dass jede Art hochenergetischer Strahlung für den menschlichen Körper und seine Zellen schädlich ist, unabhängig von der Höhe der Dosis. Insbesondere hoben sie die Gefahr einer Schädigung des Erbgutes durch ionisierende Strahlung hervor. Als Beispiele für Opfer dieser Schädigungen zählten sie die ersten Wissenschaftler auf, die mit Röntgenstrahlen oder radioaktiven Stoffen arbeiteten, ebenso führten sie die Opfer radioaktiver Strahlung der Atombombenabwürfe von Nagasaki und Hiroshima an. Die Autoren wiesen darauf hin, dass selbst bei genauester Begutachtung und einer Minimierung des Restrisikos letzteres stets erhalten blieb. Auch wenn die Wahrscheinlichkeit für das Eintreten eines Erdbebens extrem gering sei, so konnte es nicht zur Gänze ausgeschlossen werden. Darüber hinaus führten sie an, dass sich die an die Umwelt abgegebene Radioaktivität

---

489 Straubinger, *Ökologisierung*, S. 211f.

in Lebewesen anreicherte. Hierzu zitierten sie Zahlen des Kernkraftwerkes Hanford in den USA. Ebenso bezweifelten die Autoren die Rentabilität des Kernkraftwerkes und verwiesen auf die Möglichkeiten zum Ausbau der Wasserkraft in Österreich. All dies wäre es nicht wert, das Risiko eines Kernkraftwerks auf sich zu nehmen.[490]

Dieses Memorandum fand ebenso wenig Beachtung wie die ersten frühen Proteste des *Bundes für Volksgesundheit* mit Richard und Walther Soyka als Hauptprotagonisten. Nach dem Tod von Richard Soyka übernahm sein Sohn Walther die Leitung des *Bundes für Volksgesundheit*, der der eugenischen/rassenhygienischen Bewegung zuzurechnen ist. Er wurde 1926 gegründet, löste sich nach dem Anschluss Österreichs an NS-Deutschland auf und gründete sich 1946 wieder. Die Hauptthemen, mit denen sich der Bund für Volksgesundheit in der Nachkriegszeit beschäftigte, waren die Themen Ernährung und Alkohol- bzw. Nikotinmissbrauch. Mit den Planungen zum Atominstitut der österreichischen Hochschulen wurde auch die Gesundheitsgefährdung durch Radioaktivität ein Thema des Bundes für Volksgesundheit. In der frühen Phase des Protestes gegen Zwentendorf forderte der Bund ein Volksbegehren gegen die Verseuchung durch Kernkraftwerke (1969) und veranstaltete 1970 zwei Sternmärsche als Protestkundgebungen nach Zwentendorf. Unter der Leitung von Walther Soyka gründete sich ebenfalls 1970 eine Gesellschaft für biologische Sicherheit, die sich den Kampf gegen die Kernenergie zum Ziel gesetzt hatte.[491] Im März 1972 versuchte Walther Soyka, ausgestattet mit mehreren Hundert Vollmachten von Anliegern des Kernkraftwerkes, an der Anhörung im Rahmen des Genehmigungsverfahrens im Zwentendorfer Pfarrsaal teilzunehmen. Da Anliegern nach dem Strahlenschutzgesetz jedoch kein Parteienstatus zukam, wurde er nach Protesten schließlich von der Polizei aus dem Pfarrsaal entfernt. 1972 erhielt Soyka eine Mitarbeiterstelle an der Universität Bremen und bewegte sich dort am Rande des rechtsextremen Spektrums[492] bis hin zur Kandidatur als Parteiloser für die DVU bei den Wahlen zum deutschen Bundestag 1998.[493]

---

490 Memorandum der Niederösterreichischen Ärztekammer, 1969, Institutsarchiv des Atominstituts der TU Wien.

491 Hermann   Soyka,   Der   „Bund   für   Volksgesundheit",   2007, http://www.academia.edu/6641682/Der_Bund_fuer_Volksgesundheit, eingesehen am 14.03.2007.

492 Oliver Geden. *Rechte Ökologie. Umweltschutz zwischen Emanzipation und Faschismus.* Berlin, 1996, S. 116.

493 Gerhard Hertel. *Die DVU – Gefahr von Rechtsaußen.* München, 1998, S. 26.

Der Bund für Volksgesundheit arbeitete stark mit dem ebenfalls konservativ bis völkisch geprägten *Weltbund zum Schutz des Lebens* zusammen, dessen Sektionen Deutschland und Österreich 1960 von Günther Schwab gegründet wurden. Der Umwelthistoriker Johannes Straubinger kommt in seiner Analyse von Schwabs Arbeiten zu dem Schluss, dass dieser zwar eine erhebliche Nähe zu nationalsozialistischem Gedankengut besaß, aber in seinen Arbeiten der Erste war, der vor den Gefahren der Atomenergie in Deutschland und Österreich warnte.[494] Diese Auffassung wird weithin geteilt.[495] Zentral war dabei sein Buch *Morgen holt Dich der Teufel. Neues, Verschwiegenes und Verbotenes von der „friedlichen" Atomkernspaltung*, das 1968 in Deutschland und Österreich erschien.[496] Schwab lieferte darin, in Dialogform verpackt, Fakten und Argumentationshilfen für die Kernkraftgegner. So erinnerte sich beispielsweise Peter Weish, ein ehemaliger Mitarbeiter im Forschungszentrum Seibersdorf und später führender Kopf in der Anti-AKW-Bewegung in Wien, in einem Interview an die Bedeutung des Buches für seine Gegnerschaft zur Atomenergie.[497] Dennoch schafften es die anfänglichen Proteste nicht, eine breite Massenbasis zu erreichen.

Eine Ausnahme war hier das Bundesland Vorarlberg, das im Westen Österreichs an die Schweiz grenzt. Hier setzten ab 1971 massive Proteste des Naturschutzbundes mit Unterstützung des Weltbundes gegen das grenznahe Schweizer Atomkraftwerk Rüthi ein. Bei ihren Protesten gegen das Schweizer Atomkraftwerk konnten die Vorarlberger auf eine Protesttradition zurückblicken. Die sogenannte Fußacher Schiffstaufe aus dem Jahr 1964 ging als ein Akt zivilen Widerstands in das Bewusstsein der Vorarlberger Bevölkerung ein. Am 21. November 1964 verhinderte eine aufgebrachte Menge von ca. 20.000 Vorarlbergern die Taufe eines Schiffs der Bodenseeflotte auf den Namen „Karl Renner", dem ersten SPÖ-Bundespräsidenten Österreichs nach 1945. Die Bodenseeflotte unterstand der österreichischen Bundesbahn, die wiederum dem Verkehrsministerium unter dem Minister Otto Probst zugeordnet war. Als die geplante Namensgebung durch das Verkehrsministerium bekannt wurde, regte sich die Wut der Vorarlberger Bevölkerung gegen den „Wiener Zentralismus", die noch zusätzlich durch

---

494 Straubinger, *Ökologisierung*, S. 65–75.
495 Geden, *Rechte Ökologie. Umweltschutz zwischen Emanzipation und Faschismus*, S. 105–107. Geden legt klar Schwabs Nähe zur Rassenhygiene und völkischen Organisationen dar.
496 Günther Schwab. *Morgen holt Dich der Teufel. Neues, Verschwiegenes und Verbotenes von der „friedlichen" Atomkernspaltung*. Salzburg, 1968.
497 Interview mit Peter Weish, geführt vom Autor am 16. Februar 2016.

das lokale Leitmedium, die Vorarlberger Nachrichten, befeuert wurde. Nach Abschaffung der Monarchie hatte man auf Schiffsbenennungen nach Personen verzichtet und wählte stattdessen unverfängliche Namen. Auch die Vorarlberger Landesregierung beschloss, aus Protest keine Vertreter zur Schiffstaufe zu entsenden. Stattdessen versammelten sich die genannten 20.000 Vorarlberger im Hafen der Gemeinde Fußach und führten eine Nottaufe des Schiffs auf den Namen „Vorarlberg" durch. In das kollektive Bewusstsein der Vorarlberger ging die Fußacher Schiffstaufe bis heute als ein erfolgreicher Protest gegen den Wiener Zentralismus ein.[498]

Abbildung 5.21: Demonstration anlässlich der geplanten Schiffstaufe in Fußach 1964. Copyright: Bildarchiv Austria E9/97.

Zwischen 1972 und 1975 führten die Vorarlberger mehrere sogenannte Anti-Rüthi-Märsche über die Grenze zur Schweiz mit bis zu 20.000 Teilnehmern durch. Gestützt wurden diese Aktionen wiederum von den Vorarlberger Nachrichten, die dann auch bei dem späteren Widerstand gegen das Kernkraftwerk Zwentendorf eine zentrale Rolle einnahmen. Dies ging in Vorarlberg so weit, dass selbst der Landesverband der Vorarlberger SPÖ zu einem Nein zu Zwentendorf entgegen der Leitlinie der Bundespartei aufrief. Die hohe Ablehnungsquote von 84 % im Bundesland Vorarlberg bei der

---

498 Interview mit Hildegard Breiner, geführt vom Autor am 29. Juni 2012 in Bregenz.

Volksabstimmung zu Zwentendorf lässt sich damit keineswegs als ein einfaches Nein zum Kanzler Kreisky verstehen, sondern beruht vielmehr auf einer langjährigen Tradition zivilen Widerstands und Protests auch gegen die Kernenergie in Österreichs westlichstem Bundesland.[499]

Auch im Bundesland Oberösterreich und in dessen Hauptstadt Linz regte sich früh der Widerstand gegen das geplante Kernkraftwerk in Stein/St. Pantaleon. Hier wurde der Widerstand vom Naturschutzbund und vom Weltbund zum Schutz des Lebens getragen, etwas später kam noch der maoistisch orientierte Kommunistische Bund Linz dazu, der die treibende Kraft im Arbeitskreis Atomenergie Linz darstellte und vor allem unter den Studenten großen Anklang fand. Die oberösterreichische Anti-AKW-Bewegung deckte das komplette politische Spektrum von links bis rechts ab. Aufgrund ihrer Heterogenität kam es des Öfteren zu Unstimmigkeiten bezüglich der Aktionsformen zur Durchsetzung der Ziele. Ein entscheidender Schritt zur Einigung der Bewegung fand am Rande eines Vortrags des deutschen AKW-Gegners und Atomphysikers Karl Bechert statt. Es kam zu einer Vernetzung von Funktionären des österreichischen Naturschutzbundes, oberösterreichischen Aktivisten und der Wiener Gruppe um Peter Weish und Bernhard Lötzsch. Darüber hinaus kam es zum Zusammenschluss der oberösterreichischen AKW-Gegner in der Bürgerinitiative gegen Atomgefahren.[500]

Zusätzlich erhielt die österreichische Anti-AKW-Bewegung von den Ereignissen in Deutschland Auftrieb. Als im Februar 1975 die Baumaßnahmen für das baden-württembergische Atomkraftwerk in Wyhl begannen, gelang es Demonstranten, den Bauplatz neun Monate lang zu besetzen. Eine Diskussionsveranstaltung in Linz im April 1975, an der mehr als 3500 Personen teilnahmen, stellt einen ersten Höhepunkt in der Entwicklung der österreichischen Anti-AKW-Bewegung dar. An der Diskussion nahmen sowohl der Handelsminister Josef Staribacher als auch Bundeskanzler Kreisky teil. Die Diskussion verlief turbulent und wurde vom ORF im gesamten österreichischen Bundesgebiet übertragen. Der Streitpunkt Kernenergie war damit kein lokaler Problemfall mehr, sondern beschäftigte das gesamte Bundesgebiet. In nahezu allen Städten und Universitäten gründeten sich Arbeits-

---

499 Interview mit Hildegard Breiner geführt, vom Autor am 29. Juni 2012 in Bregenz.
500 Straubinger, *Ökologisierung*, S. 218f.

kreise und Aktionsgruppen, die sich die Aufklärung über die Gefahren der Atomenergie zum Ziel gesetzt hatten.[501]

Die Bundesregierung geriet durch die Entwicklung unter zunehmenden Druck, schließlich standen im Oktober 1975 die Nationalratswahlen bevor. Am 1. April 1975 verkündete Handelsminister Staribacher einen vorläufigen Baustopp aus ökonomischen Gründen für das AKW Stein/St. Pantaleon. Im April 1976 initiierte die Bundesregierung eine Informationskampagne in zehn österreichischen Städten, bei der Experten verschiedene Aspekte der Kernenergie diskutierten und sich den Fragen der Bevölkerung stellten. Unter den Experten waren sowohl Befürworter als auch Gegner der Kernenergie vertreten. Durch diese Kampagne sollte eine harter Konfrontationskurs wie in der Bundesrepublik Deutschland vermieden werden. Diese bundesweite Initiative des Kanzlers hatte aber auch eine bundesweite Einigung der verschiedenen Anti-AKW-Gruppen zur Folge. Im Mai 1976 trafen sich die Vertreter der verschiedenen Gruppen und gründeten einen Dachverband, die *Initiative Österreichischer Atomkraftwerksgegner*. Sie setzten sich zum Ziel, die Inbetriebnahme des Atomkraftwerkes Zwentendorf zu verhindern.[502]

Vermutlich hatte auch das Ergebnis der Wahlen in Schweden vom September 1976 einen Einfluss auf das Umschwenken der Politik der österreichischen Bundesregierung. Die schwedischen Sozialdemokraten unter Olof Palme hatten die Wahl unter anderem aufgrund ihrer Atompolitik verloren. In der Arbeiterzeitung, der Tageszeitung der SPÖ, wurden die Ereignisse in Schweden genau verfolgt.[503] So erklärte Kreisky zwei Tage nach den Wahlen in Schweden, dass der Bau des AKWs Stein/St. Pantaleon, so lange ruhen werde, bis die Entsorgungsfrage gelöst sei.[504]

Die Informationskampagne der Bundesregierung startete im Oktober 1976 und endete letztlich in einem Fiasko für die Bundesregierung. Die Veranstaltungen im Herbst 1976 und Frühjahr 1977 waren klar von den Atomkraftgegnern dominiert. So hielt die IAEA in ihren Dossiers fest:[505]

9 December 1976, Salzburg: 'Judging the Risks at Nuclear Power Stations.' This turned into a festival for professional demonstra-

---

501 Florian Bayer. „Die Ablehnung der Kernenergie in Österreich. Ein Anti-Atom-Konsens als Errungenschaft einer sozialen Bewegung?" In: *Momentum Quarterly. Zeitschrift für sozialen Fortschritt* (2014), S. 170–187, S. 173.
502 Straubinger, *Ökologisierung*, S. 219f.
503 Vgl. beispielsweise Arbeiterzeitung vom 21. September 1976.
504 Arbeiterzeitung vom 22. September 1976.
505 Nuclear controversy in Austria, 1976-77, IAEA Archives, Box 15521.

Abbildung 5.22: Anti-Atom-Demonstration auf dem Wiener Ballhausplatz, 25. Oktober 1977. Copyright Bildarchiv Austria FO402105/01.

tors, using speaking choruses. The main scientific opponents, Dr. Bernhard Lötzsch and Dr. Peter Weihs [sic!] from Vienna's Boltzmann Institut für Umweltwissenschaften received ovations.

...

27 January 1977, Vienna: 'Effects on Society and Control of Operation of Nuclear Plants.' This was the biggest demonstration of anti-nuclear groups in Austria, about 1000 persons attended, 90% of them anti-nuclear. No discussion was possible, only opposition groups made their demands known and elected their chairman. After this, official organizers asked themselves if the campaign should be continued in this climate.

Manche der Veranstaltungen verliefen ruhiger, insgesamt kann man aber klar von einem Scheitern der Kampagne aus Sicht der Bundesregierung

sprechen. Im Verlauf des Jahres 1977 kam es zu mehreren bundesweiten Aktionen und Demonstrationen. Die Situation verschärfte sich zunehmend.[506]
Als im Frühjahr 1978 offensichtlich geworden war, dass kein gemeinsamer Parlamentsbeschluss zwischen ÖVP und SPÖ zur Inbetriebnahme des Kernkraftwerkes Zwentendorf zustande kam, entschied sich die SPÖ-Spitze, die Entscheidung in einer Volksabstimmung zu suchen. Im Zuge der Vorbereitung dieser Volksabstimmung gründete sich aus den bürgerlichen und konservativen Teilen der Anti-AKW-Bewegung die *Arbeitsgemeinschaft NEIN zu Zwentendorf* mit dem Geologen Alexander Tollmann an der Spitze. Schließlich gelang es ihnen, auch dank der mangelnden Mobilisierung der Anhänger der SPÖ, sich bei der Volksabstimmung knapp durchzusetzen.[507]

5.7.2 Die Reaktion der IAEA

Die Internationale Atomenergiebehörde in Wien begann ab 1977 die österreichischen Debatten genau zu beobachten. Dabei beschränkte sie sich nicht nur auf die Aktivitäten der Atomkraftgegner, sondern hielt auch die Aktivitäten der Befürworter in ihren Dossiers fest. Diese Dossiers enthalten eine detaillierte Beschreibung der verschiedenen Gruppen, ihrer Hauptvertreter und der zentralen Argumente, auf denen ihre Standpunkte aufbauten. Nach der Ankündigung des Referendums nahm die Detailtiefe der Observationen nochmals zu. Zudem wurden die Beobachtungen vermutlich ab März 1978 auf sämtliche demokratische Länder der westlichen Welt ausgedehnt, und alle Aktivitäten im Rahmen der „nuclear controversy" wurden in Dossiers festgehalten.[508]

Aktiv griff die IAEA nicht in die österreichische Atomenergiekontroverse ein. So gab der Generaldirektor der IAEA Sigvard Eklund nahezu kein öffentliches Statement für Zwentendorf ab. Solche, wie in einem Fernsehinterview für die österreichische Nachrichtensendung Zeit im Bild am 21. September 1978, blieben die Ausnahme. Allerdings stellte sie Informationsmaterial für die Debatte zur Verfügung. So versorgte sie die Verbundgesellschaft mit Informationsmaterial drei Monate vor dem Referendum, und auch Tageszeitungen und der ORF erhielten Informationsmaterial zur Entsorgung radioaktiver Abfälle.[509]

---

506 Bayer, „Anti-Atom-Konsens", S. 173.
507 Interview mit Peter Weish, geführt vom Autor am 16. Februar 2016.
508 Austrian Nuclear Controversy, Reports, IAEA Archives, Box 15521.
509 Information output in connection with Austrian referendum as known to OPI [Office for Public Information], IAEA Archives, Box 15521.

Ferner initiierte die IAEA eine Wanderausstellung zu ihrem 20-jährigen Bestehen. Diese zeigte eine Karte von Kernkraftwerken in den an Österreich angrenzenden Ländern und diskutierte Entsorgungs- und Sicherheitsfragen. Nachdem die Ausstellung bereits in der ersten Nacht am 24. Oktober 1977 in der Kärntnerstraße, einer der Straßen, die zum zentralen Stephansplatz führt, zerstört wurde, zog sie für die Monate November und Dezember 1977 in das Wiener Rathaus um. Im Mai 1978 wurde sie an drei weiteren Stationen in Niederösterreich gezeigt. Die IAEA stellte auch Informationsfilme über die Kernenergie zur Verfügung. Dem Gründungsziel der IAEA entsprechend, die friedliche Nutzung der Atomenergie zu fördern, dürften diese Filme wohl das Ziel gehabt haben, einen positiven Zugang zur Atomenergie zu vermitteln.[510]

Am 23. November 1978 richtete die IAEA ein Informationstreffen zur österreichischen Volksabstimmung aus. Insgesamt nahmen 21 Personen teil, davon vier aus der Schweiz, zwei aus der Bundesrepublik Deutschland, drei aus Schweden und jeweils ein Repräsentant aus Frankreich, den Niederlanden, Spanien und Italien. Zunächst referierte ein Vertreter des österreichischen Bundeskanzleramtes zum Hintergrund des Referendums und zu den anstehenden Maßnahmen, um die Ergebnisse des Referendums in die Gesetzgebung zu implementieren.[511]

Anschließend wurde eine erste Fehleranalyse verbunden mit Verhaltensratschlägen für ähnliche Situationen gegeben. Diese umfassten die folgenden Punkte: Es wurde empfohlen, grundsätzlich weniger als 50 Zuhörer für eine Informationsveranstaltung zuzulassen. Für Diskussionen sollte ausreichend Zeit anberaumt werden, und die Vorträge sollten deshalb kurz gehalten werden. Von noch größerer Bedeutung schien es, ausreichend Zeit für informelle Diskussionen einzuräumen. Die Zuhörerschaft sollte ernst genommen werden, Fragen sollten nicht abgewiegelt, sondern in einer Antwort detailliert erklärt werden. Auf Risiken der Kernenergie sollte von Beginn an hingewiesen werden, um zu vermeiden, dass man im Verlauf des Diskussionsprozesses eingestehen muss, dass es noch „kleinere Probleme" zu lösen gibt. Grob vereinfachende Darstellungen sollten nicht gegeben werden, ebenso wenig wie vereinfachende Vergleiche zwischen den Risiken der Kernenergie und der Gefahr, die einstündiges Skifahren oder das Trinken

---

510 Information output in connection with Austrian referendum as known to OPI [Office for Public Information], IAEA Archives, Box 15521.

511 Information Meeting on Austrian Referendum held on 23 November 1978, Files from D.G.'s [Director General's] Office - 1978, IAEA Archives, P-156 Box 4.

einer halben Flasche Wein mit sich brachten. Ausschließlich Personen mit einem breiten Basiswissen zum Themenbereich Energie sollten zu solchen Diskussionen entsandt werden. So könne vermieden werden, dass der Referent Fragen nicht beantworten kann, weil seine Expertise zu eng ist und damit gegenüber der Zuhörerschaft unglaubwürdig erscheint. Zudem sollte in persönlichen Diskussionen versucht werden, ein Thema gemeinsamen Interesses fernab der Kernenergie zu finden, um zu zeigen, dass Nuklearwissenschaftler normale Menschen mit gewöhnlichen Interessen sind.[512]

Die Teilnehmer des Meetings nahmen die Anregung dankbar auf, ebenso wie die Möglichkeit, sich beim Mittagessen über die gemeinsamen Erfahrungen auszutauschen. Die Bedeutung des am 18. Februar 1979 anstehenden Schweizer Referendums zur Atomenergie wurde betont. Für den französischsprachigen Teil der Schweiz bot der Vertreter der Öffentlichkeitsarbeit des französischen Atomkommissariats Unterstützung an, die von den Schweizer Teilnehmern wohlwollend angenommen wurde. Ebenso wurde das Angebot einer Informationsbroschüre der IAEA zur Entsorgung radioaktiven Mülls begrüßt, da dieses Thema den Kernpunkt der Schweizer Kontroverse berührte. Grundsätzlich wurde gewünscht, dass die Bedeutung des österreichischen Referendums für andere Staaten untersucht wird, ebenso wie die Frage, ob das Ergebnis des Referendums von Kernenergiegegnern für ihre Zwecke genutzt wird. Darüber hinaus wurde erbeten, dass die IAEA aktiver die Vorteile der Kernenergie bewirbt oder ihre Vorzüge im Vergleich zu alternativen Energiequellen herausstellt.[513]

Kurzfristig sollte die IAEA nicht nur bei Pro-Kernenergieveranstaltungen präsent sein, sondern auch bei solchen, die sich mit allgemeinen Fragen zu Energieproblemen auseinandersetzten. Parlamentarier und falls möglich Journalisten sollten mit Informationen versorgt werden. Für diesen Zweck sollten auch andere UN-Institutionen eingebunden werden. So sollte langfristig auch die UNESCO eingebunden werden, um technischen Fortschritt (inklusive Kernenergie) im 20. Jahrhundert in den Lehrplänen der Sekundärschulen zu verankern.[514]

---

512 Information Meeting on Austrian Referendum held on 23 November 1978, Files from D.G.'s [Director General's] Office - 1978, IAEA Archives, P-156 Box 4.
513 Information Meeting on Austrian Referendum held on 23 November 1978, Files from D.G.'s [Director General's] Office - 1978, IAEA Archives, P-156 Box 4.
514 Information Meeting on Austrian Referendum held on 23 November 1978, Files from D.G.'s [Director General's] Office - 1978, IAEA Archives, P-156 Box 4.

Aus diesen Überlegungen wurde eine zwölf Punkte umfassende Liste für ein Public Acceptance-Programm erstellt:[515]

1. Fairy tales and facts on Nuclear Energy including description of accidents

2. Publication of positive assessments on Nuclear Energy from outsiders

3. Increased rebuttals in technical literature (New Scientist etc...)

4. Increased reviews of reports (Club of Rome...) and Dissemination

5. Full use of UN media system (radio, press releases, UNCSTD, papers supplement)

6. Efforts to launch secondary school teachers training on energy matters

    a) approach to UNESCO

    b) to governments : Austria, FRG, Sweden

    c) summer schools training by IAEA

7. Better presentation of Agency's Annual Report

8. Prepare short factual rebuttal to Austrian "NO" arguments and disseminate

9. Increase information on comparative health costs and Env. aspects of Energy sources

    a) IAEA/UNEP Panel

    b) 1980 Agency Symposium

    c) Include WHO

10. Increased participation by Agency staff in the preparation of information on the results of Agency's technical meetings (140 a year)

11. Increased Agency participation in meetings dealing with energy matters in general — and increased participation of environmentalism Agency meetings

12. Planning for future Agency actions on specific subjects (decommissioning)

---

515 List of Actions on Public Acceptance, November 1978, Files from D.G.'s [Director General's] Office - 1978, IAEA Archives, P-156 Box 4.

Aus diesen zwölf Punkten wurde anschließend ein konkreter Arbeitsplan erarbeitet, der mit einem Sonderbudget von 87.155.- USD versehen wurde.[516] Damit endete das österreichische Kernenergieprogramm, das mit einem transnationalen Wissenstransfer begann, wieder mit einem ebensolchen. Die österreichischen Erfahrungen wurden von der IAEA ausgewertet und ihren Mitgliedsstaaten zur Verfügung gestellt. So wandelte sich das lokale nationale Wissen zurück in transnationales Wissen.

---

516 Public Acceptance Programme, November 1978, Files from D.G.'s [Director General's] Office - 1978, IAEA Archives, P-156 Box 4.

6 Schlussbetrachtungen

Der Untersuchungsgegenstand der vorliegenden Arbeit erstreckt sich über knapp 100 Jahre: von der Entdeckung der Radioaktivität Ende des 19. Jahrhunderts bis hin zur Errichtung eines Kernkraftwerkes und dem endgültigen Nein Österreichs zur Kernenergie am Ende des 20. Jahrhunderts. Mit der Entdeckung des Neutrons als einem Bestandteil des Atomkerns im Jahr 1932 ging die frühe Radioaktivitätsforschung über in die Kernforschung. Die untersuchte Epoche lässt sich damit in vier Phasen untergliedern:

1. Die frühe Kernforschung von 1932 – 1945/1954,

2. Abschottung und Freigabe nuklearen Wissens 1945 – 1954,

3. *Atoms for Peace* und die Forschungsreaktoren 1954 – ca. 1970,

4. Umsetzung in ein großtechnisches Projekt ca. 1970 – 1999.

Unter Berücksichtigung der eingangs aufgeworfenen Fragestellungen nach der Interaktion gesellschaftlicher Gruppen als Grundlage für eine erfolgreiche Innovation und transnationalem Wissenstransfer zeigt sich, dass in jeder dieser Phasen verschiedene Gruppen als Hauptakteure hervortraten und um eine gesellschaftliche Hegemonie wetteiferten. In diesen Schlussbetrachtungen unterziehe ich die einzelnen Phasen einer abschließenden Analyse.

6.1 Die frühe Phase Kernforschung von 1932 – 1945

Die Entdeckung des Neutrons im Jahr 1932 markiert formal den Übergang von der Radioaktivitätsforschung zur Kernforschung. Setzten die Physiker zuvor die neu entdeckten Strahlen zur Strukturaufklärung von Atomen ein, so verlagerte sich nun das Interesse auf die Struktur der Kerne und schließlich auch der Kernumwandlungen. In der Praxis der Forscher änderte sich

© Springer Fachmedien Wiesbaden GmbH, ein Teil von Springer Nature 2019
C. Forstner, *Kernphysik, Forschungsreaktoren und Atomenergie*,
https://doi.org/10.1007/978-3-658-25447-6_6

dadurch nicht viel. Sie beschossen die verschiedenen Elemente mit Neutronen, maßen Zerfallskurven und stellten chemische Untersuchungen zu
den Spaltprodukten an. Auf diesem Weg gelang es 1938 Otto Hahn und
Fritz Straßmann, die Kernspaltung von Uran nachzuweisen. Ihre Kollegin
Lise Meitner hatte zwar an zahlreichen Vorarbeiten mitgewirkt und auch
die Möglichkeit der Spaltung in die Diskussion eingebracht, musste NS-
Deutschland aber bereits 1938 verlassen. Es war zunächst der personelle
Verlust durch die nationalsozialistische Gesetzgebung, der die Universitäten traf. Auf die physikalischen Forschungsarbeiten war der Einfluss gering,
vielmehr erhofften Physiker sich neue Forschungsfelder zu erschließen.

Nach der Entdeckung der Kernspaltung war innerhalb weniger Monate
klar, dass eine Kettenreaktion möglich war und ungeheure Energiemengen
— kontrolliert oder unkontrolliert — freigesetzt werden konnten. Eine erste
Konsequenz war, dass ab 1940/41 die Forschungsergebnisse zur Kernspaltung kaum mehr publiziert wurden. Noch bedeutsamer ist, dass die Wissenschaftler an die Machthaber, einmal an den Reichsforschungsrat und einmal
an das Heereswaffenamt herantraten, um auf die Möglichkeiten hinzuweisen,
die sich aus der Kernspaltung ergeben, und um Ressourcen für ihre Zwecke
zu akquirieren. Sie scheuten nicht davor zurück, Kollaborationsverhältnisse
mit den Machthabern im NS-Staat einzugehen.

Zunächst scheint es zu einer Interaktion zwischen Militär und Wissenschaft gekommen zu sein. Die Industrie, insbesondere die *Auergesellschaft*
und die *Degussa*, hatten zwar ebenfalls Interesse an der Kernspaltung, doch
zeigte sich sehr bald das Scheitern dieser versuchten Interaktionen: Ein in-
tensiver Austausch trat nicht ein. Zur Jahreswende 1941/42 zog sich das
Heereswaffenamt aus dem Projekt zurück und übergab es dem Reichsforschungsrat, da es als nicht kriegsrelevant eingeschätzt wurde. Abraham
Esau gelang es als Leiter der Fachsparte Physik nur eingeschränkt, nach-
haltige Querverbindungen zwischen den einzelnen Teilen des Uranvereins
und anderen gesellschaftlichen Teilbereichen herzustellen und den Reichsforschungsrat in diesem Bereich als zentrale Kommunikationsinstanz zu installieren. Was blieb, war der Versuch, eine solche Kommunikationsinstanz
zu schaffen und einzelne Forschergruppen, die gegeneinander agierten und
um Ressourcen für ihre Versuche konkurrierten.

Mark Walker hat diese Strukturen bereits aufgezeigt. Geht man analy-
tisch eine Ebene tiefer, so zeigt sich das Fehlen von Kommunikationsstruk-
turen als Bindegliedern sowohl zwischen den einzelnen Gruppen, als auch
zwischen Wissenschaft und Industrie. Robert Döpel nahm seine Streuver-
suche zu schnellen Neutronen in Uran 238 im Versuch L-III auf, als andere

Gruppen, wie die in Wien, längst daran arbeiteten. Ferner fehlte es an jeglicher Standardisierung innerhalb des *Uranvereins*. Jede der Gruppen arbeitete nach eigenen Messverfahren, stellte sich die Neutronenindikatoren selbst her, die eine schützte sie mit Aluminiumfolie, die andere nicht. Jede der Gruppen entwickelte ihre eigenen Verfahren, ihre eigenen Versuchsgeometrien. Erst im letzten Versuch in Haigerloch übernahm die Berliner Gruppe schließlich die Würfelanordnung der Gottower Gruppe. Auch die Unfälle mit Uranmetall legen Zeugnis von der fehlenden Kommunikation zwischen den Gruppen ab. Kurz nachdem Döpels Labormeister Paschen schwere Verbrennungen an der Hand beim Umfüllen des Uranpulvers davontrug, ging Diebners Mitarbeiter Hartwig in Gottow mit einer Säge auf metallisches Uran los und erntete einen Funkenregen. Dass Warnungen der *Degussa* und der *Auergesellschaft* für den Umgang mit Uran fehlten, zeugt ebenfalls von fehlender Kommunikation zwischen den beteiligten Akteursgruppen. Kopplungen zwischen verschiedenen gesellschaftlichen Teilsystemen kamen im *Uranverein* nicht zustande. Erst mit der Reform des Reichsforschungsrates und dem neuen Leiter der Fachsparte Physik Walther Gerlach intensivierte sich die Kommunikation, und es gelang Gerlach, die Fachsparte Physik im Reichsforschungsrat als eine zentrale Kommunikationsinstanz zu installieren. Für den Uranverein kam dies nach der gegenwärtigen Quellenlage zu spät. Alles Weitere ist den Bereich der Spekulation zu verweisen.

Welche Konsequenzen hatte die Arbeit im Uranverein für die Handlungspraktiken im Forschungsalltag der Wissenschaftler? Letztlich blieben sie ihrer traditionellen Laborwissenschaft verhaftet. Dies zeigt sich bereits an den Modellversuchen zu den Uranmaschinen. Die Berliner und Leipziger Experimente waren von Werner Heisenbergs theoretischen Betrachtungen, die Gottower Versuche waren von einem experimentellen Herantasten unter Berücksichtigung der theoretischen Abschätzungen geleitet. Erstellt wurden die Reaktormodelle handwerklich: Paraffin wurde gegossen, mit Sägen zurechtgeschnitten, gehobelt und mit Lötkolben verschmolzen, bis das Gerüst für den Reaktor erstellt war. Metallisches Uranpulver füllte Döpel mit einem geerdeten Löffel unter einem Kohlendioxidstrom in die Versuchsanordnung ein. Messungen wurden durchgeführt und anschließend die Versuchsgeometrien variiert. Bei den Leipziger Kugelversuchen gaben die gedrehten Aluminiumhalbkugeln und -schalen die Versuchsgeometrien restriktiver vor als zunächst Paraffin und später schweres Wasser, in das die Uranplatten oder Uranwürfel eingebracht wurden.

Die später von Heisenberg und Wirtz als „Grossversuche"[517] bezeichneten Experimente verschleiern den Blick auf die wesentliche Tätigkeit der Wissenschaftler, die am *Uranverein* beteiligt waren. Dazu zählten ganz entscheidend die Bestimmung von Streu- und Wirkungsquerschnitten, um mit diesen ein genaueres Verständnis der Kernprozesse zu erreichen, oder, trivialer gesagt, um über die genauere Kenntnis der kernphysikalischen Größen die Geometrie einer Uranmaschine besser abschätzen zu können. An Beispielen der Wiener Arbeiten wurde gezeigt, dass experimentelles Geschick in der Herstellung dünner Uranschichten ebenso gefragt war wie ein geschickter Aufbau der Messapparatur. Das alles war nichts anderes als klassische Laborarbeit, nichts anderes als das, was die Wiener Physiker vor dem deutschen *Uranverein* taten, nichts anderes als das, was sie nach der Befreiung von der Nazi-Herrschaft in den Wiener Labors unternahmen. Der *Uranverein* erscheint so als ein Mittel, um Ressourcen von den NS-Herrschern für die eigenen Zwecke zu requirieren. Dies war allerdings nur möglich, indem man mit ihnen zusammenarbeitete und ihnen das Wissen und Forschungsarbeiten zur Verfügung stellte.

Was ergab die Untersuchung der Forschungsarbeiten im *Uranverein*? Zunächst zeigt die präzise Analyse eines Teils der physikalischen Arbeiten der *Uranvereins*, dass es hier zu keinen neuen Formen der Wissensproduktion kam. Wissen wurde zwar in Form von Geheimberichten weitergegeben, es fehlte jedoch an grundlegendem Austausch zwischen den einzelnen Gruppen. Unter der Ägide der Fachsparte Physik im Reichsforschungsrat wurden mehrere Konferenzen organisiert. Aufgrund der Quellenlage können weitere Formen des Austausches nur vermutet werden. Personalfluktuationen zwischen den einzelnen Arbeitsgruppen waren vernachlässigbar gering. Ein solcher personeller Austausch wäre beispielsweise die Basis für den Austausch von praktischem, personengebundenen Wissen gewesen. Wie gezeigt wurde, musste jede der Gruppen dieses Wissen selbst erwerben. Dies hemmte letztlich entscheidend den Erfolg des Projekts und verhinderte die Entwicklung eines Großforschungsprojektes.

---

517 Heisenberg und Wirtz, „Großversuche".

6.2 Abschottung und Freigabe nuklearen Wissens 1945–1954

Die deutschen Wissenschaftler, die am *Uranverein* beteiligt waren, wurden nach Kriegsende in Großbritannien auf dem Landsitz Farm Hall interniert. Dort wurden sie abgehört, mit dem Ziel, Wissen über die Fortschritte des deutschen Atomprojekts zu sammeln. Diese Maßnahme war Teil der amerikanischen Alsos-Mission, die ein breitangelegtes Unternehmen darstellte, um naturwissenschaftliches und technisches Wissen aus Deutschland nach der Befreiung abzuziehen. Im Rahmen der Projekte *Overcast* und *Paperclip* wurden Wissenschaftler, Berichte und nachrichtendienstlich gesammeltes Material in die USA transferiert. Dort glaubte man, dass die militärische Überlegenheit und der wissenschaftlich-technische Vorsprung der USA durch Horten und Abschotten des Wissens zu sichern sei. So sollte auch die Kernforschung nach dem Ende des Zweiten Weltkrieges militärischer Kontrolle unterworfen und als sicherheitsrelevant klassifiziert werden. Diese Absicht stand im direkten Widerspruch zu den Interessen der wissenschaftlichen Basis. Die Wissenschaftler hatten die Einschränkungen der Kommunikation ihrer Forschungsergebnisse während des Krieges akzeptiert, aber sie waren nicht bereit, dies in Friedenszeiten weiter hinzunehmen. Auch das Sicherheitskonzept, das den Maßnahmen zugrunde lag, lehnten sie als unrealistisch ab. Sicherheit konnte ihrer Ansicht nach nur auf Basis internationaler Abkommen und Kontrolle gewährleistet werden. Dafür begannen sich die *Atomic Scientists* zusammenzuschließen, was in der *Federation of American Scientists* (FAS) und ihrem Engagement für eine zivile Kontrolle der Kernforschung mündete.

Die FAS beschritt in ihrer Kampagne zwei Wege. Sie versuchte, zum einen über klassischen Lobbyismus direkt auf die Politik wirken und zum anderen durch eine breite Bündnispolitik mit anderen gesellschaftlichen Gruppen, sowie durch eine breit angelegte Aufklärungskampagne, eine hegemoniale Position in der Zivilgesellschaft zu erreichen. Dies gelang mithilfe einer breiten Bündnispolitik, die den akademischen Rahmen verließ und die zwei größten amerikanischen Gewerkschaftsorganisationen umfasste. Innerhalb der Zivilgesellschaft konnte die FAS die Hegemonie ihrer Ansätze durchsetzen. Im Teilsystem Politik/Regierung stellte sich dieser Prozess differenzierter dar. Die FAS wirkte zwar auf die Regierung ein, kam aber über die Ernennung von Ed Condon, als wissenschaftlichem Berater in einem Senatskomitee, nicht hinaus. Die MacMahon-Bill war ihr größter Erfolg. Als aber der Kalte Krieg aufzog, gewannen konservative Kräfte im Teilsystem Politik zunehmend Einfluss, und vom ursprünglichen liberalen Gesetzesentwurf blieb nur mehr die zivile Kontrolle durch die *Atomic Energy Commission* übrig. Wissenstransfer über die Grenzen der USA hinaus wurde damit extrem reguliert bzw. unterbunden.

Diese Betrachtung zeigt, dass die Freigabe von Wissen bzw. dessen Externalisierung auch stets von den Kräfteverhältnissen zwischen den verschiedenen gesellschaftlichen Akteursgruppen innerhalb einer Nation abhängt. Es reicht für eine moderne Wissenschaftsgeschichte eben nicht aus, sich auf die „transnationalen" Wissensströme zu konzentrieren. Diese Wissensströme entstehen nicht aus dem Nichts. Um zu einem detaillierten Verständnis einer Wissenschaftsgeschichte im Zeitalter der Globalisierung zu kommen, sind nationale Studien, die in den internationalen Kontext gesetzt werden, nach wie vor unerlässlich.

Mit dem *European Recovery Program* im Jahr 1948 setzten die USA den Entschluss um, Westeuropa als ein Bollwerk gegen die Sowjetunion auszubauen. Nukleares Wissen blieb zu diesem Zeitpunkt noch unter Verschluss. Die erste sowjetische Atombombe aus dem Jahr 1949 und die erste Wasserstoffbombe aus dem Jahr 1953 zeigten aber, wie wenig erfolgsträchtig die Strategie des Hortens und Abschottens war. Mit Präsident Eisenhowers *Atoms for Peace*-Rede im Dezember 1953 erfolgte ein Umschwenken hinsichtlich dieser Position. Nukleares Wissen und Technik sollten befreundeten Nationen zur Verfügung gestellt werden, wobei die USA die Anreicherungstechnologie als Schlüsseltechnologie nie aus der Hand gaben, ebenso wie das Eigentum an angereichertem Uran, das den jeweiligen Nationen zur Verfügung gestellt wurde. Damit konnten die USA eine mögliche militärische Nutzung der Kerntechnik in den Partnerstaaten unterbinden. Zudem sicherten sich die USA in bilateralen Abkommen den Zugriff auf das in den Anlagen neu produzierte Wissen, das sie aufgrund ihrer technologischen Überlegenheit schneller verwerten konnten als konkurrierende Staaten. Formal musste 1954 noch der *Atomic Energy Act* geändert werden, damit den US-Firmen ein Export der Kerntechnik möglich wurde. Somit war der Weg frei für die transnationalen Wissensströme und ihre Implementierung im nationalen Rahmen.

6.3 Atoms for Peace und die Forschungsreaktoren 1954–1970

Atoms for Peace fiel in Österreich auf fruchtbaren Boden. Erstmals schien neun Jahre nach Kriegsende ein Atomreaktor für Österreich greifbar. Erste Studiengruppen gründeten sich an den Hochschulen und im industrienahen *Elektrotechnischen Verein Österreichs*. Schnell übernahm die Politik die Führungsrolle in diesem Prozess. Die Atomenergiekommission wurde von Ressortvertretern der einzelnen Ministerien dominiert, mit Berta Karlik als Vertreterin der Wissenschaft. In dieser ersten Phase der Implementierung des US-Programmes interagierte die Wissenschaft eng mit der österreichischen Bundesregierung. Sämtliche Arbeitskreise waren mit akademischen Wissenschaftlern besetzt, Wissenschaftler verfassten die zentralen Schriftstücke und Memoranda, die wiederum zwischen Ministerien und Hochschulen zirkulierten. Die Oberhoheit der Bundesregierung wurde dabei nicht in Frage gestellt. Weder Industrie noch Militär spielten in dieser frühen Phase eine Rolle.

Dies ändert sich mit der Gründung der *Österreichischen Studiengesellschaft für Atomenergie* m.b.H., die die industriellen Interessen bündeln sollte. Das waren sowohl die Interessen der Elektrizitätswirtschaft, als auch die Interessen der Stahl-, Maschinenbau-, und chemischen Industrien. Hier kam es im Zuge der Gründung der Gesellschaft zu ersten Konflikten zwischen Staat und Wirtschaft, als die Bundesregierung darauf drängte, sich in der Gesellschaft eine Mehrheit zu sichern. Die akademische Wissenschaft wurde in der Führungsstruktur der Studiengesellschaft marginalisiert. Lediglich ein Wissenschaftler war im Aufsichtsrat vertreten. Die Wissenschaftler waren aber eingeladen, sich an den verschiedenen Arbeitskreisen der Gesellschaft zu beteiligen, und kamen dieser Einladung auch nach. Im Verlauf der Jahre 1956/57 spitzte sich die Diskussion darüber zu, wer über den neuen Reaktor verfügen können sollte. Schließlich fiel die Entscheidung zugunsten der Wirtschaft und der Studiengesellschaft. Für die Hochschulen wurde wenige Wochen später der Kauf eines eigenen Reaktors beschlossen. Trotzdem erhielten die Hochschulen die Möglichkeit, Forschungsarbeiten am neuen Reaktorzentrum Seibersdorf durchzuführen, angefangen von Diplom- und Doktorarbeiten, bis hin zu eigenen Experimenten. Im Gegenzug beteiligte sich das Unterrichtsministerium an den Betriebskosten des Reaktors.

Im Reaktorzentrum Seibersdorf sehen wir damit eine enge Interaktion dreier Akteursgruppen realisiert: Staat, Wirtschaft und akademische Wissenschaft. Diese Interaktionen vollzogen sich nicht ohne Auseinandersetzungen: Die Wissenschaft wurde von der Wirtschaft aus ihrer anfangs tonangebenden Position gedrängt. Dabei versäumte es die Wirtschaft aber nicht, sich das nukleare Wissen der akademischen Wissenschaftler in den einzelnen Arbeitskreisen anzueignen, ohne diese an der Leitung des Projekts zu beteiligen. Schließlich konnten die akademischen Wissenschaftler dennoch in eingeschränktem Rahmen Teile ihrer Forschungsarbeiten am Reaktorzentrum Seibersdorf durchführen. Darüber hinaus stand den Hochschulen ein eigener weniger leistungsstarker Reaktor am Prater zur Verfügung.

Damit hatten sich mit der Inbetriebnahme der Reaktoren neben den traditionellen akademischen Forschungsstrukturen neue Strukturen herausgebildet und die traditionellen ergänzt. Dieser Prozess wurde von den entsprechenden forschungspolitischen Weichenstellungen begleitet[518] Folgt man den geläufigen Erzählungen der Akteure, so wurden am privatwirtschaftlichen Reaktorzentrum Seibersdorf „angewandte" Arbeiten und am Atominstitut der Hochschulen „Grundlagenforschung" durchgeführt. Diese Erzählungen fügen sich scheinbar gut in neuere Ansätze der Wissenschaftsforschung wie der *New Production of Knowledge*[519] ein: ein klassisches Hochschulinstitut im traditionellen Mode 1 und ein modern organisiertes Institut als Mischform von Staat, Industrie und Wissenschaft als Mode 2. Auf den ersten Blick scheint sich dies zu bestätigen: Herausragende Forschungsarbeiten am Atominstitut waren die 1974 von Helmut Rauch durchgeführten Experimente zur Neutroneninterferenz. Weitere Experimente zur Quantenphysik unterstreichen dies. Im Gegensatz dazu hebt das Inhaltsverzeichnis der Forschungsberichte des Reaktorzentrums Seibersdorf, gegliedert nach den Abteilungen unter Punkt A, das Forschungsprogramm der jeweiligen Abteilung und unter Punkt B „Bedeutung der Forschungsprojekte des Instituts [...] im Hinblick auf die angewandte und industrielle Forschung" hervor. Macht man sich aber die Mühe, den Bericht über das Inhaltsverzeichnis hinaus durchzusehen, so stellt man fest, dass zahlreiche Projekte mit dem Zusatz „(Grundlagenforschung)" versehen sind. Die in Seibersdorf durchgeführten Arbeiten sind höchst heterogen und lassen sich nicht in das klassische Korsett mit der Unterteilung in „angewandte Forschung" und „Grundlagenforschung" zwängen. Einerseits zeigen gemeinsame Projekte mit der

---

518 Rupert Pichler, Michael Stampfer und Reinhold Hofer. *Forschung, Geld und Politik. Die staatliche Forschungsförderung in Österreich 1945–2005.* Innsbruck, 2007.

519 Gibbons u. a., *New Production of Knowledge*; Nowotny, Scott und Gibbons, „Mode 2 revisited".

IAEA wie die Konservierung von Fruchtsäften mit radioaktiver Strahlung ab 1964 klar den Charakter einer Anwendungsorientierung, aber auch das Atominstitut der Hochschulen kooperierte mit der IAEA und bildete zahlreiche der IAEA-Experten aus. Andererseits stehen Helmut Rauchs Experimenten zur Neutroneninterferenz, am Atominstitut, Experimente zum Neutronenzerfall in Seibersdorf gegenüber. Die Entwicklung eines nationalen Kernenergieprogramms, die Ausbildung von Personal, die Kooperation insbesondere mit der Maschinenbau-, Stahl- und Energieindustrie blieben dennoch eine der Hauptaufgaben des Reaktorzentrums Seibersdorf.

Der New Production of Knowledge-Ansatz bildet hier lediglich ein forschungspolitisch gewünschtes Konstrukt ab und zwängt dem Forschungsgegenstand eine analytische Struktur auf. Seine Erklärungskraft erscheint in diesem Kontext als sehr begrenzt.[520] Vielmehr sehe ich aus der Analyse des historischen Prozesses im Reaktorzentrum Seibersdorf eine Überschneidung dreier gesellschaftlicher Teilsysteme in Form einer engen Interaktion der jeweiligen Akteursgruppen, analog zu den Strängen der Triple-Helix, realisiert.

Der Kalte Krieg und Österreichs politische Neutralität spielten bei der Akzeptanz des amerikanischen *Atoms for Peace*-Programs keine Rolle. Mit der Akzeptanz des Marshall-Planes 1948 akzeptierte man bereits die Integration in den westlichen Block. Kurzzeitig kamen Ideen auf, die Sowjetunion in das Spiel mit einzubeziehen, diese Absichten wurden aber nie ernsthaft verfolgt. Allerdings war man darauf bedacht, keine Verärgerung bei der Sowjetunion durch die Verträge mit den USA hervorzurufen. Die Verträge selbst diktierten die USA. Österreich war zwar unzufrieden mit den Bedingungen, konnte jedoch keine Änderung erwirken.

Somit erscheint der Integrationsprozess der transnationalen Wissensströme klar als nichtlinearer Prozess, in dem die verschiedenen gesellschaftlichen Gruppen um die Implementierung dieses Wissens wetteiferten. Auch hier zeigt sich, dass eine moderne Wissenschaftsgeschichte nicht ohne solche transnationalen Wissensströme verständlich wird, aber ebenso wenig ohne die lokalen und nationalen Prozesse bei der Implementierung dieser Wissensströme. Aus der historischen Analyse resultiert, dass nicht alles Wissen bei diesem Prozess übertragbar war. Praktisches Handlungswissen für den Bau der Reaktoren musste erst erworben werden. Das Beispiel der Betonmischung des Reaktorpools mag als trivial erscheinen, aber es ist grundlegend

---

520 Vgl. auch Terry Shinn. „The Triple Helix and New Production of Knowledge. Prepackaged Thinking on Science and Technology". In: *Social Studies of Science* 32 (2002), S. 599–614.

für den Reaktorbetrieb, für die Neutronenproduktion, für die damit durchgeführten wissenschaftlichen Forschungen. Risse im Reaktorpool führen zu einer sofortigen Aussetzung des Reaktorbetriebs und damit auch zum Ende der Experimente. Praktisches Handlungswissen und wissenschaftliches Wissen sind nicht voneinander zu trennen.

6.4 Umsetzung in ein großtechnisches Projekt ca. 1970–1999

Die Industrie konnte Teile der beim Bau der Forschungsreaktoren gesammelten Erfahrungen bereits bei internationalen Projekten, wie dem OECD-Reaktor-Projekt DRAGON in England, umsetzen. Das Seibersdorfer Institut für Reaktorentwicklung arbeitete zwischen den Jahren 1963 und 1965 gemeinsam mit den Siemens-Schuckert-Werken in Erlangen ein Versuchskraftwerk aus, das aber über die Standortsuche nie hinauskam und von der Entwicklung der Leistungskraftwerke überholt wurde.

Es galt, einen neuen Marktzweig zu erschließen, und die Wirtschaftsvertreter drängten im Österreichischen Atomforum und in der Arbeitsgemeinschaft Kernenergie der Elektrizitätswirtschaft auf den Bau eines Kernkraftwerkes in Österreich. Schließlich beschloss die konservative Bundesregierung den Bau zunächst eines Kernkraftwerkes, und eine Kernkraftwerksplanungsgesellschaft wurde gegründet. Nach der Festlegung des Standortes gründeten die Vertreter der Österreichischen *Elektrizitätswirtschaft die Gemeinschaftskernkraftwerk Tullnerfeld* GmbH (GKT). Diese wickelte gemeinsam mit dem Bundesministerium für soziale Verwaltung, dem späteren Bundesministerium für Gesundheit und Umweltschutz, das Bewilligungsverfahren ab.

In diesem Bewilligungsverfahren trafen Wirtschaft und Regierung aufeinander. Wissenschaftler spielten nur mehr eine untergeordnete Rolle, sie stellten ihr Wissen in Form von Expertisen und Gutachten sowohl der Genehmigungsbehörde als auch der Antragstellerin zur Verfügung. Dies geschah in Form der Sachverständigengutachten zum Standort, wie Geologie, Meteorologie, etc. für die GKT und in der Tätigkeit als Gutachter für die Bewilligungsbehörde. Der Sicherheitsbericht des Kernkraftwerkes wurde noch von einer Arbeitsgemeinschaft um Gustav Ortner vom Atominstitut der Hochschulen mit begutachtet. Ortner war jedoch am späteren Verlauf des Begutachtungsprozesses nicht mehr beteiligt. Als Hauptgutachter verblieben das Reaktorinstitut aus Seibersdorf und der österreichische TÜV.

Das anfangs überaus selbstbewusste Auftreten der GKT wandelte sich gegen Ende des Verfahrens in die Rolle eines Bittstellers, als die Frage der geschlossenen Entsorgungskette als Voraussetzung für die erste Teilbetriebsbewilligung diskutiert wurde. Auch die Sicherheit, mit der man von Seiten des Ministeriums zu Beginn des Genehmigungsverfahrens auftrat, wich in dessen Verlauf einer lähmenden Unsicherheit, was sich insbesondere bei der bis zur Volksabstimmung offenen Frage der geschlossenen Entsorgungskette zeigte. Ein bereits erstelltes positives Schreiben an die GKT wurde zurückgezogen und bei der *International Atomic Energy Agency* (IAEA) eine Rückversicherung eingeholt.

Deutlich zeigt sich auch eine Verschiebung der Gewichtung der internationalen Netzwerke. Während beim Bau der Forschungsreaktoren innerhalb eines transatlantischen Netzwerkes mit den USA als hegemonialem Kontenpunkt wissenschaftliches und technisches Wissen transferiert wurde, verschob sich mit dem Kraftwerksbau die Gewichtung hin zu einem kleinen innereuropäischen Netzwerk zwischen Österreich, Deutschland und der Schweiz. Nur noch kleine Teile der Ausbildung erfolgten in den USA, der große Rest in Deutschland und der Schweiz. Das Genehmigungsverfahren orientierte sich an dem Westdeutschlands. Anfangs herrschte ein reger Austausch zwischen den deutschen und österreichischen Ministerien. Nur zu einem kleinen Teil wurden Erfahrungen aus den USA herangezogen. Dennoch behielten die USA mit der Anreicherung des Urans weiterhin eine Schlüsseltechnologie in der Hand. Als ab 1973 die sowjetische *Techsnabexport* auf den europäischen Markt drängte, brach auch dieses Monopol zusammen, und Österreich schloss für sein zweites geplantes Kernkraftwerk einen Anreicherungsvertrag mit der russischen Firma.

Ein Reaktor wurde für dieses Kraftwerk nie ausgewählt. Ein Bauaufschub aus dem Jahr 1975, herbeigeführt durch den Druck der Anti-AKW-Bewegung, verhinderte, dass das Projekt über den Ankauf von Grundstücken hinauskam. Eines der zentralen Versäumnisse, sowohl der Bundesregierung als auch der Wirtschaft, war es, eine Kopplung zur Zivilgesellschaft herzustellen. Als dies im Jahr 1976 noch versucht wurde, förderte man lediglich den bundesweiten Zusammenschluss der bisher lose vernetzten Initiativen. Hier trat erneut die akademische Wissenschaft in das Geschehen ein, zum einen als Experten während der öffentlichen Diskussionsveranstaltungen, zum anderen als Teil der Protestbewegung. Aber auch die akademische Wissenschaft war ebenso wie andere Bevölkerungsgruppen gespalten. Einige ihrer Vertreter traten als Gegner der Kernenergie auf, wie Peter Weish von der Universität für Bodenkunde, Bernhard Lötzsch, Engelbert Broda oder Alexander Tollmann von der Universität Wien, sie blieben aber Einzelvertreter ihrer Gruppe, ebenso wie Robert Jungk und Konrad Lorenz als prominente Aushängeschilder der Anti-AKW-Bewegung. Auch im Falle universitärer und studentischer Arbeitskreise handelt es sich nur um Teile der Studentenschaft und der Universitätsangehörigen. Wie der Rest der Bevölkerung war diese soziale Gruppe gespalten.

Die fehlende Kopplung mit der Zivilgesellschaft und damit auch fehlende Mobilisierung der eigenen Anhänger führte schließlich zum Scheitern des Versuchs der SPÖ, mit einem Referendum die Inbetriebnahme des Kernkraftwerks Zwentendorf durchzusetzen. Im Atomsperrgesetz, das 1999 zu einem Verfassungsgesetz erhoben wurde, besiegelte der Gesetzgeber das Aus endgültig. Die Betrachtung der Vorarlberger Tradition zivilen Widerstands zeigte auch, dass dieses Nein zu Zwentendorf nicht einfach als ein Nein zum Kanzler Kreisky gedeutet werden darf.

Die nationalstaatliche Protestbewegung gab schließlich einer internationalen Organisation den Anstoß, ein transnationales Handlungsprogramm zu entwickeln. Die IAEA hatte bereits im Vorfeld der Volksabstimmung zunächst die österreichische und schließlich die internationale Kernenergiekontroverse detailliert verfolgt. Nach der Volksabstimmung handelte sie schnell und rief ein Public Acceptance-Programm ins Leben. So führte eine nationale Spaltung zu einer transnationalen Reaktion.

6.5 Innovation, Interaktion und Wissensströme

Was folgt aus den eingangs vorgestellten Ansätzen der Innovationsgeschichte für das gescheiterte Projekt Kernenergie in Österreich? Zunächst ist festzuhalten, dass es sich um keine geradlinige Entwicklung hin zur ‚Innovation Kernkraftwerk' handelte. Wir sehen keinen linearen Prozess, in dem eine Akteursgruppe eine andere ablöste, sondern eine dynamische Interaktion verschiedener Akteursgruppen, die versuchten ihre Interessen in einem komplexen Beziehungsgeflecht durchzusetzen. Die Intensität dieser Interaktion veränderte sich im Verlauf der Geschichte ebenso wie die an ihr beteiligten Akteursgruppen. Wissen wurde zwischen verschiedenen Akteursgruppen transferiert und zwischen ihnen verhandelt. So liegen beispielsweise bei den Wahrscheinlichkeitsabschätzungen eines größten anzunehmenden Unfalls, durch Explosionen von Flüssiggastankschiffen oder Flugzeugabstürzen, Konstrukte vor, ebenso bei Grenzwerten. Aber was ist durch diese Erkenntnis gewonnen? Die alleinige Feststellung führt nicht weiter. Interessant wird die Diskussion dann, wenn diese Expertisen zwischen unterschiedlichen Akteursgruppen verhandelt werden und die Analyse diesen Verhandlungssträngen folgt. Genau diese Stränge und ihre Schnittstellen waren der Gegenstand dieser Arbeit, über einen für eine wissenschaftshistorische Untersuchung vergleichsweise langen Zeitraum.

Die Länge des betrachteten Zeitraumes und die Vielfalt der historischen Entwicklungen machen es zugleich schwierig, den Untersuchungsgegenstand über die innovationsgeschichtlichen Ansätze hinaus in ein spezifisches theoretisches Konzept zu zwängen. Einzelne Entwicklungsabschnitte ließen sich durchaus mithilfe solcher analytischen Konzepte untersuchen. Beispielsweise indem man Neutronenquellen als eine *Forschungstechnologie* im Sinne von Shinn und Joerges betrachtet.[521] Dies ermöglicht zwar ein tieferes Verständnis des Einzelabschnittes, lässt sich aber kaum über den gesamten Untersuchungszeitraum hinweg anwenden und beleuchtet so nur eine Facette des gesamten Bildes.

Daher legte ich in dieser Arbeit den Schwerpunkt auf eine Innovationsgeschichte, welche die Interaktionen verschiedener gesellschaftlicher Gruppen analysiert. Die jeweiligen Ausprägungen der Interaktionen der Akteursgruppen sind historisch bedingt, abhängig von den Kräfteverhältnissen zwischen ihnen. Diese legen Bedingungen für die Externalisierung von Wissen oder die Implementierung des transferierten Wissens fest. Fünf Gruppen traten im Verlauf der Arbeit in Erscheinung: Wissenschaft, Wirtschaft, Staat, Militär und Zivilgesellschaft. Davon spielte im Rahmen der Analyse das Militär die geringste Rolle. Nur kurzzeitig kam es im Rahmen des deutschen *Uranvereins* zu einer Verbindung von Militär und Wissenschaft, zwischen Wissenschaft und Wirtschaft entstanden allenfalls Berührungspunkte. Die deutschen und österreichischen Wissenschaftler blieben in den akademischen Labors verwurzelt. Zu einer Uranmaschine als Innovation kam es nie.

Für die österreichische Nachkriegswissenschaft spielte das Militär im Gegensatz zu anderen europäischen Staaten, wie beispielsweise der Schweiz, Norwegen oder Schweden, keine Rolle.[522] Ein weiterer Vergleich zu Däne-

---

521 Christian Forstner. „Neutronenquellen. Von Atomzertrümmerung zu zerstörungsfreier Materialprüfung." In: *Zur Geschichte von Forschungstechnologien. Generizität — Interstitialität — Transfer.* Hrsg. von Klaus Hentschel. Diepholz, Stuttgart, Berlin: GNT-Verlag, 2012, S. 140–160.
522 Atsrid M. Kirchhof, Hrsg. *Pathways into and out of Nuclear Power in Western Europe: Austria, Denmark, Federal Republic of Germany, Italy, and Sweden.*

mark, das über eine ähnliche Tradition in der Kernforschung wie Österreich verfügte, schärft den Blick für die entscheidenden Kopplungen. Militär spielte, wie in Österreich, in Dänemark keine Rolle. Auch das dänische Atomenergieprogramm erfuhr mit dem amerikanischen *Atoms for Peace*-Programm und der Genfer Konferenz 1955 einen signifikanten Aufschwung, was zum Bau mehrerer Forschungsreaktoren auf der Halbinsel Risø führte. Ebenso wie in Österreich war die dänische Entwicklung anfangs von Wissenschaftlern dominiert. Diese klare Dominanz der Wissenschaft innerhalb der dänischen Atomenergiekommission bestand in Dänemark jedoch durchgehend. Die Vertreter der Wirtschaft konnten sich mit ihren Vorstellungen bezüglich der Auswahl eines Reaktors in keinem der Punkte durchsetzen. Auch in Hinblick auf die Organisation des Forschungszentrums Risø scheiterte die Wirtschaft, das Institut war aufgebaut wie ein reines Hochschulinstitut. Parallel zu den von Hochschulen und Staat dominierten Aktivitäten bildete die Wirtschaft mit der 1956 gegründeten Danatom[523] ihre eigenen Strukturen heraus. Zu einer Kopplung zwischen den beiden Teilsystemen kam es nie. Als das Forschungszentrum Risø bereit war, sich zu öffnen, verweigerte Danatom die Kooperation. Nach einer heftigen Debatte um die Energiepolitik, ausgelöst durch die Ölkrise 1973/74, kam es 1976 zum Parlamentsbeschluss, alle weiteren Entscheidungen bezüglich Kernenergie zu vertagen, bis die Entsorgungsproblematik gelöst ist. In der Folge unterlag das Forschungszentrum Risø einem Transformationsprozess und entwickelte neue Forschungsschwerpunkte im Bereich der Umwelttechnologie und der alternativen Energien, insbesondere der Windenergie. Ähnlich wie in Österreich verabschiedete das Parlament 1985 ein Gesetz, das die Stromgewinnung aus Kernenergie verbot.[524]

München, 2019; Tobias Wildi. *Der Traum vom eigenen Reaktor. Die schweizerische Atomtechnologieentwicklung 1945-1969*. Zürich, 2003; Thomas Jonter. *Nuclear Weapon Research in Sweden. The Co-operation Between Civilian and Military Research, 1947-1972*. 02:18. SKI, 2001; Roland Wittje. „Nuclear Physics in Norway, 1933-1955". In: *Physics in Perspective* 9 (2007), S. 406–433.

523 Danatom wurde 1956 auf Initiative der privat organisierten und industrienahen Akademiet for de Tekniske Videnskaber gegründet. Die Aufgabe von Danatom war, die weltweite Reaktorentwicklung in Hinblick auf ihre industrielle Verwertbarkeit zu beobachten.

524 Henry Nielsen. „Riso and the Attempts to Introduce Nuclear Power into Denmark". In: *Centaurus* 41 (1999), S. 64–92; Henry Nielsen und Hendrik Knudsen. „The Troublesome Life of Peaceful Atoms in Denmark". In: *History in Technology* 26 (2010), S. 91–118.

Dieser kurze Vergleich macht nochmals deutlich, dass eine frühzeitige enge Interaktion zwischen Wissenschaft und Wirtschaft in einem solchen Innovationsprozess entscheidend für eine erfolgreiche Entwicklung einer marktfähigen Technologie ist. Marktfähig bedeutet jedoch nicht, dass eine Technologie auch am Markt erfolgreich ist. Hier zeigt das österreichische Beispiel ganz klar die Probleme einer fehlenden Kopplung mit der Zivilgesellschaft auf. Anfängliche Zweifel an der Kernenergie wurden nicht ernst genommen, und beiseite gewischt. Als die österreichische Bundesregierung 1976 die Informationskampagne startete, war es zu spät, sie verhalf lediglich den Gegnern der Kernenergie zu weiterem Aufschwung. Die Markteinführung der Kernenergie in Österreich scheiterte aufgrund der gescheiterten Kommunikation der Hauptakteursgruppen Wirtschaft und Staat mit der Zivilgesellschaft.

Die Interaktionen zwischen den Hauptakteursgruppen haben entscheidenden Einfluss auf die Prozesse, in denen Wissen zum Transfer aus einem Bereich herausgelöst, transferiert und in einen anderen Bereich wieder eingebettet wurde. Innerhalb des deutschen *Uranvereins* kam es nur zu begrenzten Transfers zwischen den konkurrierenden wissenschaftlichen Gruppen, die Kommunikation zwischen diesen war unzureichend, die zwischen Wissenschaft und anderen gesellschaftlichen Gruppen war mangelhaft. In der zweiten Hälfte des 20. Jahrhunderts wurden diese Wissensströme zentral für die Wissenschaften. Im aktuellen Hype der Wissenschaftsgeschichte um transnationale und globale Wissenstransfers darf nicht vergessen werden, dass für diese Transfers entscheidend ist, unter welchen Bedingungen das übertragene Wissen externalisiert und implementiert wird. Dabei handelt es sich klar um lokale und zumeist nationale Bedingungen, die für die Externalisierung des Wissens bestimmend sind.

Für die westliche Welt war nach Ende des 20. Jahrhunderts ein transatlantisches Netzwerk mit den USA als hegemonialer Knotenpunkt dominant. Ähnliche Netzwerkstrukturen lassen sich auch für den ehemaligen Ostblock attestieren.[525] Wissenschaft und Wissenschaftspolitik wurden zu einem Herrschaftsinstrument innerhalb der jeweiligen Machtblöcke. Das amerikanische *Atoms for Peace*-Programm ist in diesen Kontext einzuordnen.

---

525 Sonja D. Schmid. „Nuclear Colonization? Soviet Technopolitics in the Second World". In: *Entangled Geographies. Empire and Technopolitics in the Global Cold War.* Hrsg. von Gabrielle Hecht. Cambridge, MA, 2011, S. 125–154; Paul R. Josephson. *Red Atom. Russia's Nuclear Power Program from Stalin to Today.* New York, Basingstoke, 1999; Schmid, „Nuclear Colonization? Soviet Technopolitics in the Second World".

Es war ein außenpolitisches Mittel der USA, um mithilfe eines kontrollierten Wissensflusses eine hegemoniale Position zu etablieren bzw. zu sichern. Die USA behielten die Schlüsseltechnologie der Urananreicherung in ihrer Hand, und die Brennstäbe verblieben im Eigentum der USA. Gleichzeitig sicherten sich die USA den Zugriff auf das in den neuen Zentren produzierte Wissen.

Dieses Projekt war im Bereich der Nukleartechnologie über mehrere Jahrzehnte erfolgreich. Ab Ende der 1960er Jahre begann die amerikanische Hegemonie zugunsten innereuropäischer Netzwerke aufzuweichen. Das Forschungszentrum Seibersdorf entwickelte gemeinsam mit den Siemens-Schuckert-Werken in Erlangen ein Versuchskraftwerk, im Rahmen der Ausschreibung für das Kernkraftwerk Zwentendorf fanden nur europäische Angebote ernsthafte Beachtung. Schließlich fiel die Entscheidung für das österreichisch-deutsche Konsortium. Auch für Dänemark lässt sich eine ähnliche Entwicklung feststellen: In den Jahren 1965–1968 versuchte das Forschungszentrum Risø, gemeinsam mit der schwedischen Firma *AB Atomenergi,* den schwedischen Marviken-Reaktor zum „DK-400" weiterzuentwickeln. Dänemark scheiterte auch hier aufgrund der mangelnden Kooperation und Kommunikation zwischen den beteiligten schwedischen und dänischen Teams, zwischen denen es kaum zum Austausch kam. Dennoch unterstützt diese innerskandinavische Entwicklung das Argument einer Schwächung des transatlantischen Netzwerkes zugunsten kleinerer europäischer Netzwerke. Lediglich die Anreicherung des Urans erfolgte noch in den USA. Das amerikanische Monopol in der Anreicherungstechnologie brach, als die sowjetische Firma *Techsnabexport* zu Beginn der 1970er Jahre auf den westeuropäischen Markt drängte. So sollte auch die Anreicherung des Urans für Österreichs zweites Kraftwerk in der Sowjetunion erfolgen. Sein endgültiges Ende fand das Monopol, als die „Schurkenstaaten" Iran und Nordkorea in Besitz der Anreicherungstechnologie kamen.

Im Zeitalter der Globalisierung haben Wissenstransfers eine neue Dimension angenommen und erreichen mit dem Internet beinahe auch die letzten Winkel der Welt. Dies hat zur Folge, dass westliches wissenschaftliches Wissen auch auf traditionelles indigenes Wissen trifft und sich häufig mit diesem nicht vereinbaren lässt. Sehr deutlich wird dies beispielsweise an der Seuchenbekämpfung in Afrika, wo moderne westliche Medizin auf traditionelle Heilverfahren stößt und versuchen muss, diese in ihre Bestrebungen mit aufzunehmen. Ein Impfstoff gegen das Ebola-Virus wird kaum hilfreich sein, wenn die Menschen die Impfung verweigern oder es an Strukturen fehlt, diese durchzuführen.

Ohne eine entsprechende Analyse des Kontextes, in den das Wissen implementiert werden soll, sind Wissenstransfers zum Scheitern verurteilt. Es müssen Instrumente und lokale Strukturen geschaffen werden, die es ermöglichen, Wissenstransfers erfolgreich zu etablieren. Es geht hier nicht darum, das veraltete Bild westlichen technischen Heils in den letzten Winkel der Erde zu tragen; die globale Erwärmung und die Folgen des Klimawandels oder die Bekämpfung von Seuchen stellen globale Probleme dar, die nur gemeinsam durch erfolgreiche Transfers gelöst werden können.

Ein Paradebeispiel für einen gescheiterten technischen Transfer ist das Stahlwerk im indischen Rourkela, das von deutschen Unternehmen mit Unterstützung von Entwicklungshilfegeldern Ende der 1950er Jahre im indischen Dschungel aus dem Nichts ohne weitere Anbindung an andere Industrien als modernstes Stahlwerk Asiens errichtet wurde. Das Projekt wurde den traditionellen Strukturen übergestülpt und führte zu deren Zerstörung. Für das Stahlwerk waren die Folgen gravierend: 1962 stellte die Wochenzeitung *Die Zeit* fest, dass 25% der Arbeiter nicht oder nur unregelmäßig zur Arbeit erschienen, nur 30% der extra für das Stahlwerk ausgebildeten Arbeiter wurden fachgerecht eingesetzt, die Produktion erreichte nicht einmal die Hälfte der angestrebten Kapazität.[526]

Besser Lowtech als Hightech? Eines der positiven Beispiele für den Einsatz von Lowtech ist der Ausbau kleiner Biogasanlagen in Asien und Afrika, die Kuhdung als Ausgangsstoff für die Gasproduktion verwenden. Eine solche Anlage spart je nach Auslegung ca. 9 t CO_2 jährlich ein. Abgesehen davon, werden Baumbestände geschont, und die Luftqualität verbessert sich, wenn der Kuhdung nicht mehr verbrannt wird. Die Familien ziehen direkten Nutzen aus einer solchen Anlage und sind motiviert, sie zu erhalten. Solche Projekte weisen einen Weg. Natürlich lässt sich damit nicht die industrielle CO_2-Produktion von Schwellenländern eindämmen. Hier ist der Zugang zu nachhaltigen und energieeffizienten Hochtechnologien erforderlich. Im Zuge der friedlichen Nutzung der Atomenergie hat die IAEA gezeigt, wie ein nukleares internationales Wissensmanagementsystem funktionieren kann. Das *International Nuclear Information System*, kurz INIS, wurde 1966 initiiert und nahm 1970 seinen Betrieb auf. Zunächst wurden mit dem *Atomindex* internationale Publikationen für die Recherche erschlossen und auf Magnetbändern gespeichert, die anschließend verteilt wurden. 1977 erreich-

---

526 Hans Walter Berg, „Haben die Inder in Rourkela versagt? Ein deutscher Untersuchungsbericht diagnostiziert die Schwierigkeiten des Stahlwerks," *Die Zeit* vom 13. Juli 1962. online unter www.zeit.de/1962/28/haben-die-inder-in-rourkela-versagt, eingesehen am 30.06.2016.

te man die Zahl von 100.000 Publikationen, die auf Microfiche verfilmt wurden. Seit 1998 ist die INIS-Datenbank frei über das Internet verfügbar. Heute beteiligen sich 128 Mitgliedsstaaten und 24 internationale Organisationen an INIS. In nationalen INIS-Zentren werden die Informationen für die Datenbank gesammelt und in diese eingespeist. Diese Informationen umfassen auch nicht publizierte Berichte, Proceedings, Artikel etc. aus allen Bereichen, die die Kernenergie betreffen: wissenschaftliche Aspekte, Reaktortechnik, Einsatz von Strahlung und Isotopen in der Medizin, Landwirtschaft und Industrie, sowie Rechts-, Gesellschafts-, Wirtschafts- und Umweltaspekte der Kernenergie. Zentral ist, dass sämtliche Informationen der INIS-Datenbank über ein Global Open Access Program frei, ohne politische oder kommerzielle Schranken zur Verfügung gestellt werden.

Eine freie Zirkulation des nuklearen Wissens und dessen internationale Kontrolle forderte bereits die *Federation of American Scientists* im Jahr 1946. Damit ist der Bogen zurück in die Geschichte geschlagen. Die historische Betrachtung von erfolgreichen und gescheiterten Wissenstransfers zeigt, dass die Wissenschaftsgeschichte durch die historische Analyse sehr wohl auch einen Beitrag zur Lösung aktueller Probleme leisten kann. Wissenschaft kann erkennen und verändern. Wie, das können wir auch aus der Geschichte lernen.

Literatur

Albrecht, Ulrich und Andreas Heinemann-Grüder. *Die Spezialisten: Deutsche Naturwissenschaftler und Techniker in der Sowjetunion nach 1945.* Berlin, 1992.

Anderson, Herbert L., Enrico Fermi und Leo Szilard. „Neutron Production and Absorption in Uranium". In: *Physical Review* 56 (1939), S. 284–286.

Anderson, Herbert, Enrico Fermi und Henry B. Hanstein. „Production of Neutrons in Uranium Bombarded by Neutrons". In: *Physical Review* 55 (1939), S. 797–798.

Angetter, Daniela und Michael Martischnig. *Biografien österreichischer (Physiker)innen. Eine Auswahl.* Wien, 2005.

Arnold, Heinrich. *Zu einem autobiographischen Brief von Robert Döpel an Fritz Straßmann.* Ilmenau, 2012. URL: www.tu-ilmenau.de/ilmedia.

Ash, Mitchell. „Die Kaiser-Wilhelm-Gesellschaft im Nationalsozialismus". In: *NTM* (2010), S. 79–118.

– „Die Universität Wien in den politischen Umbrüchen des 19. und 20. Jahrhunderts". In: *Universität — Politik — Gesellschaft.* Hrsg. von Mitchell Ash und Josef Ehmer. Göttingen, 2015, S. 29–172.

– „Wissens- und Wissenschaftstransfer. Einführende Bemerkungen". In: *Berichte zur Wissenschaftsgeschichte* 29 (2006), S. 181–189.

– „Wissenschaft und Politik als Ressourcen für einander". In: *Wissenschaften und Wissenschaftspolitik. Bestandsaufnahme zu Formationen, Brüchen und Kontinuitäten im Deutschland des 20. Jahrhunderts.* Hrsg. von Rüdiger vom Bruch und Brigitte Kaderas. Stuttgart, 2002, S. 32–51.

Bauer, Reinold. „Failed Innovations - Five Decades of Failure". In: *ICON. Journal of the International Committee for the History of Technology* 20 (2014), S. 33–40.

– *Gescheiterte Innovationen: Fehlschläge und technologischer Wandel.* Frankfurt am Main, 2006.

Bayer, Florian. „Die Ablehnung der Kernenergie in Österreich. Ein Anti-Atom-Konsens als Errungenschaft einer sozialen Bewegung?" In: *Momentum Quarterly. Zeitschrift für sozialen Fortschritt* (2014), S. 170–187.

© Springer Fachmedien Wiesbaden GmbH, ein Teil von Springer Nature 2019
C. Forstner, *Kernphysik, Forschungsreaktoren und Atomenergie,*
https://doi.org/10.1007/978-3-658-25447-6

Bayer, Florian. „Politische Kultur, nationale Identität und Atomenergie. Die österreichische Kernenergiekontroverse von 1978 bis 1986 im Lichte des Nationalrats". Magisterarb. Universität Wien, 2013.

Berger, Peter. *Kurze Geschichte Österreichs im 20. Jahrhundert.* Wien, 2007.

Beyerchen, Alan D. *Wissenschaftler unter Hitler. Physiker im Dritten Reich.* Köln, 1980.

Bobleter, Ortwin. „Chemische Forschungsarbeiten am Atominstitut der österreichischen Hochschulen". In: *Österreichische Chemiker-Zeitung* 66 (1965), S. 142–148.

Bohr, Niels. „Resonance in Uranium and Thorium Disintegrations and the Phenomenon of Nuclear Fission". In: *Physical Review* 55 (1939), S. 418–419.

Bohr, Niels und John Archibald Wheeler. „The Mechanism of Nuclear Fission". In: *Physical Review* 56 (1939), S. 426–450.

Bothe, Walther und Herbert Becker. „Künstliche Erregung von Kern-γ-Strahlen". In: *Zeitschrift für Physik* 66 (1930), S. 289–306.

Bower, Tom. *Verschwörung Paperclip: NS-Wissenschaftler im Dienst der Siegermächte.* München, 1988.

Brandt, Reinhard und Rainer Karlsch. „Kurt Starke und das Element 93: Wurde die Suche nach den Transuranen verzögert?" In: *Für und Wider „Hitlers Bombe" – Studien zur Atomforschung in Deutschland.* Hrsg. von Rainer Karlsch und Heiko Petermann. Bd. 29. Cottbuser Studien zur Geschichte von Technik, Arbeit und Umwelt. Münster, 2007, S. 293–326.

Brasch, Arno und Fritz Lange. *Verfahren zur Anregung und Durchfuehrung von Kernprozessen.* DE Patent 662,036. Juli 1938.

Braun, Hans-Joachim. „Symposium on „Failed Innovations". Introduction". In: *Social Studies of Science* 22 (1992), S. 213–230.

Breit, Gregory und Eugene Wigner. „Capture of Slow Neutrons". In: *Physical Review* 49.7 (1936), S. 519–531.

Broszat, Martin. *Der Staat Hitlers.* München, 1969.

Bundesanstalt, Physikalisch-Technische. *Jahresbericht 2006.* 2007.

Bundeskanzleramt. *Regierungsbericht Kernenergie. Bericht der Bundesregierung an den Nationalrat betreffend Nutzung der Kernenergie zur Elektriziätsgewinnung.* Wien, 1977.

Burtscher, A. und J. Casta. „Facility for seed irradiations with fast neutrons in swimming-pool reactors: A design study". In: *Neutron Irradiation of Seeds. Technical Reports Series 76.* Hrsg. von International Atomic Energy Agency. Wien, 1967, S. 41–61.

Bush, Vannevar. *Science, the Endless Frontier*. Washington, D. C: Govt. Print. Off., 1945.

Capshew, James H. und Karen A. Rader. „Big Science: Price to the Present". In: *Osiris* 7 (1992), S. 3–25.

Cassidy, David C. *Werner Heisenberg. Leben und Werk*. Heidelberg, Berlin, Oxford, 1995.

Chadwick, James. „Possible Existence of a Neutron". In: *Nature* 129.3252 (Feb. 1932), S. 312.

Ciesla, Burghard. „Das 'Project Paperclip': Deutsche Naturwissenschaftler und Techniker in den USA (1946 bis 1952)". In: *Historische DDR-Forschung: Aufsätze und Studien*. Hrsg. von Jürgen Kocka. Berlin, 1993, S. 287–301.

– „Der Spezialistentransfer in die UdSSR und seine Auswirkungen in der SBZ und DDR". In: *Aus Politik und Zeitgeschichte* 49-50 (1993), S. 24–31.

Corson, Dale R., Kenneth R. MacKenzie und Emilio Segrè. „Artificially Radioactive Element 85". In: *Physical Review* 58 (1940), S. 672–678.

Dahms, Hans-Joachim. „Die Emigration des Wiener Kreises". In: *Vertriebene Vernunft. Emigration und Exil österreichischer Wissenschaft 1930–1940*. Hrsg. von Friedrich Stadler. Bd. I. 2004, S. 66–122.

Dobrozemsky, Rudolf u. a. „Electron-neutrino angular correlation coefficient a measured from free-neutron decay". In: *Physical Review D* 11.3 (1975), S. 510–512.

Doel, Ronald E. „Constituting the Postwar Earth Sciences. The Military's Influence on the Environmental Sciences in the USA after 1945". In: *Social Studies of Science* 33 (2003), S. 635–666.

Dyson, Freeman J. *Disturbing the Universe*. New York, 1979.

Edgerton, David. „,The linear model' did not exist: Reflections on the history and historiography of science and research in industry in the twentieth century". In: *The Science-Industry Nexus: History, Policy, Implications*. Hrsg. von Karl Grandin und Nina Wormbs. New York, 2004, S. 1–36.

Etzkowitz, Henry und Loet Leydesdorff, Hrsg. *Universities in the Global Knowledge Economy. A Triple Helix of University-Industry-Government Relations*. London, 1997.

Fengler, Silke. *Kerne, Kooperation und Konkurrenz. Kernforschung in Österreich im internationalen Kontext (1900-1950)*. Wien, 2014.

Fengler, Silke und Christian Forstner. „Austrian Nuclear Research 1900-1960. A Research Proposal". In: *Jahrbuch für Europäische Wissenschaftskultur* 4 (2008), S. 267–276.

Fengler, Silke und Christian Forstner. „Von der Radiumforschung zur Kernphysik. Die Frühzeit der Radioaktivitätsforschung am Beispiel des Wiener Radiuminstituts". In: *Physik Journal* 10.2 (2011), S. 34–37.

Fengler, Silke und Carola Sachse. *Kernforschung in Österreich. Wandlungen eines interdisziplinären Forschungsfeldes 1900-1978*. Wien, 2012.

Feynman, Richard P. *The Pleasure of Finding Things Out*. Cambridge, 1999.

Fischer, David. *History of the International Atomic Energy Agency. The First Forty Years*. Wien, 1997.

Flachowsky, Sören. *Von der Notgemeinschaft zum Reichsforschungsrat. Wissenschaftspolitik im Kontext von Autarkie, Aufrüstung und Krieg.* Stuttgart, 2008.

Fleck, Ludwik. *Entstehung und Entwicklung einer wissenschaftlichen Tatsache. Einführung in die Lehre vom Denkstil und Denkkollektiv.* Frankfurt am Main, [1935] 1980.

Flügge, Siegfried. „Kann der Energieinhalt der Atomkerne technisch nutzbar gemacht werden?" In: *Die Naturwissenschaften* 27 (1939), S. 402–410.

Forman, Paul. „Behind Quantum Electronics. National Security as Basis for Physical Research in the United States, 1940-1960". In: *Historical Studies in the Physical and Biological Sciences* 18 (1987), S. 149–229.

Forstner, Christian. „Alltagsphysik statt Atombomben. Ein erneuter Blick auf den deutschen Uranverein". In: *Physik, Militär und Frieden. Physiker zwischen Rüstungsforschung und Friedensbewegung.* Hrsg. von Christian Forstner und Götz Neuneck. Wiesbaden, 2017, S. 51–68.

– „Berta Karlik and Traude Bernert: The Natural Occurring Astatine Isotopes 215, 216, and 218". In: *Women in Their Element. Selected Women's Contributions to the Periodic System.* Hrsg. von Annette Lykknes und Brigitte van Tiggelen. Singapur, 2019.

– „Neutronenquellen. Von Atomzertrümmerung zu zerstörungsfreier Materialprüfung." In: *Zur Geschichte von Forschungstechnologien. Generizität — Interstitialität — Transfer.* Hrsg. von Klaus Hentschel. Diepholz, Stuttgart, Berlin: GNT-Verlag, 2012, S. 140–160.

– „Zur Geschichte der österreichischen Kernenergieprogramme". In: *Kernforschung in Österreich. Wandlungen eines interdisziplinären Forschungsfeldes 1900–1978.* Hrsg. von Silke Fengler und Carola Sachse. Wien, 2012, S. 159–182.

Francks, Penelope. *The Japanese Consumer: An Alternative Economic History of Modern Japan.* Cambridge, UK, New York, 2009.

Frisch, Otto. „Physical Evidence for the Division of Heavy Nuclei under Neutron Bombardment". In: *Nature* 143 (1939), S. 276–277.

Galison, Peter L. „Marietta Blau. Between Nazis and Nuclei". In: *Physics Today* 50.11 (1997), S. 42–48.

Galison, Peter und Bruce Hevly, Hrsg. *Big Science. The Growth of Large-Scale Research.* Stanford, 1992.

Gamow, George. „Zur Quantentheorie des Atomkernes". In: *Zeitschrift für Physik* 51 (1928), S. 204–212.

Geden, Oliver. *Rechte Ökologie. Umweltschutz zwischen Emanzipation und Faschismus.* Berlin, 1996.

Gibbons, Michael u. a. *The New Production of Knowledge. The Dynamics of Science and Research in Contemporary Societies.* London, 1994.

Gimbel, John. *Science, Technology, and Reparations. Exploitation and Plunder in Postwar Germany.* Stanford, 1990.

Gooday, Graeme. „Re-Writing the „Book of Blots". Critical Reflections on Histories of Technological „Failures"". In: *History and Technology* 14 (1988), S. 265–292.

Grüttner, Michael u. a., Hrsg. *Gebrochene Wissenschaftskulturen. Universität und Politik im 20. Jahrhundert.* Göttingen, 2010.

Grüttner, Micheal und Sven Kinas. „Die Vertreibung von Wissenschaftlern aus den deutschen Universitäten 1933–1945". In: *Vierteljahreshefte für Zeitgeschichte* 55 (2007), S. 123–186.

Guerra, Francesco, Matteo Leone und Nadia Robotti. „Enrico Fermi's Discovery of Neutron-Induced Artificial Radioactivity. Neutrons and Neutron Sources". In: *Physics in Perspective* 8 (2006), S. 255–281.

Hachtmann, Rüdiger, Sören Flachowsky und Florian Schmaltz, Hrsg. *Ressourcenmobilisierung. Wissenschaftspolitik und Forschungspraxis im NS-Herrschaftssystem.* Göttingen, 2016.

Hahn, Otto und Fritz Straßmann. „Nachweis der Entstehung aktiver Bariumisotope aus Uran und Thorium durch Neutronenbestrahlung; Nachweis weiterer aktiver Bruchstücke bei der Uranspaltung". In: *Die Naturwissenschaften* 27 (1939), S. 89–95.

– „Über den Nachweis und das Verhalten der bei der Bestrahlung des Urans mittels Neutronen entstehenden Erdalkalimetalle". In: *Die Naturwissenschaften* 27 (1939), S. 11–15.

Halban, Hans von, Frédéric Joliot und Lew Kowarski. „Liberation of Neutrons in the Nuclear Explosion of Uranium". In: *Nature* 143 (1939), S. 470–471.

Halban, Hans von, Frédéric Joliot und Lew Kowarski. „Number of Neutrons Liberated in the Nuclear Fission of Uranium". In: *Nature* 143 (1939), S. 680.

Halpern, Leopold. „Marietta Blau: Discoverer of the cosmic ray stars". In: *A Devotion to Their Science. Pioneer Women of Radioactivity*. Hrsg. von Marlene Rayner-Canham und Geoffrey Rayner-Canham. Philadelphia, 1997, S. 196–204.

Halter, Dominik P. u. a. „Uranium-mediated electrocatalytic dihydrogen production from water". In: *Nature* 530 (2016), S. 317–321.

Hamblin, Jacob D. *Oceanographers and the Cold War. Disciples of Marine Science*. Seattle, 2005.

Heisenberg, Werner. *Gesammelte Werke/Collected Works, Original Scientific Papers/Wissenschaftliche Originalarbeiten Abt. A. Bd.II*. Hrsg. von Walter Blum, Hans-Peter Dürr und Helmut Rechenberg. Berlin, 1989.

Heisenberg, Werner und Karl Wirtz. „Grossversuche zur Vorbereitung der Konstruktion eines Uranbrenners". In: *Kernphysik und kosmische Strahlen (= Naturforschung und Medizin in Deutschland 1939–1946; Bd. 14), 2 Teile*. Hrsg. von Walther Bothe und Siegfried Flügge. Bd. 2. Weinheim, 1953, S. 143–165.

Hertel, Gerhard. *Die DVU – Gefahr von Rechtsaußen*. München, 1998.

Hewlett, Richard G. und Jack M. Holl. *Atoms for Peace and War, 1953-1961: Eisenhower and the Atomic Energy Commission*. Berkeley und Los Angeles, 1989.

Higatsberger, Michael. „Die Idee des heterogenen Kernspaltungsreaktors". In: *Das Atomkraftwerk. Beilage zur österreichischen Zeitschrift für Energiewirtschaft* 6 (1963), S. 1–3.

Hof, Hagen und Ulrich Wengenroth, Hrsg. *Innovationsforschung. Ansätze, Methoden, Grenzen und Perspektiven*. Hamburg, 2007.

Hoffmann, Dieter. *Operation Epsilon. Die Farm-Hall-Protokolle oder Die Angst der Alliierten vor der deutschen Atombombe*. Reinbek bei Hamburg, 1993.

Hoffmann, Dieter und Rüdiger Stutz. „Grenzgänger der Wissenschaft: Abraham Esau als Industriephysiker, Universitätsrektor und Forschungsmanager". In: *»Kämpferische Wissenschaft«. Studien zur Universität Jena im Nationalsozialismus*. Hrsg. von Uwe Hoßfeld u. a. 2003, S. 136–179.

Holton, Gerald. „Striking Gold in Science. Fermi's Group and the Recapture of Italy's Place in Physics". In: *Minerva* 12 (1974), S. 159–198.

Hughes, Jeff. „What is British Nuclear Culture? Understanding Uranium 235". In: *The British Journal for the History of Science* 45 (2012), S. 495–518.

Hughes, Thomas P. *American Genesis: A Century of Invention and Technological Enthusiasm, 1870-1970.* Chicago, 1989.

Hunt, Linda. *Secret Agenda. The United States government, Nazi scientists, and Project Paperclip, 1945 to 1990.* New York, 1991.

Institutt for Energiteknikk – Halden Reactor Project. *50 Years of Safety-related Research. The Halden Project 1958-2008.* Halden, 2008.

Jonter, Thomas. *Nuclear Weapon Research in Sweden. The Co-operation Between Civilian and Military Research, 1947-1972.* 02:18. SKI, 2001.

Josephson, Paul R. *Red Atom. Russia's Nuclear Power Program from Stalin to Today.* New York, Basingstoke, 1999.

Judt, Matthias und Burghard Ciesla, Hrsg. *Technology transfer out of Germany after 1945.* Amsterdam, 1996.

Kaiser, David. „The Atomic Secret in Red Hands? American Suspicions of Theoretical Physicists During the Early Cold War". In: *Representations* 90 (2005), S. 28–60.

Kaiser, David und Hunter Heyck. „Introduction. New Perspectives on Science and the Cold War". In: *Isis* 101 (2010), S. 362–366.

Karlik, Berta. „1938–1950". In: *Festschrift des Institutes für Radiumforschung anlässlich seines 40jährigen Bestandes (1910 – 1950).* Wien, 1950, S. 35–41.

Karlik, Berta und Traude Bernert. „Das Element 85 in den natürlichen Zerfallsreihen". In: *Zeitschrift für Physik* 123 (1944), S. 51–72.

– „Eine neue natürliche α-Strahlung". In: *Die Naturwissenschaften* 31.25-26 (1943), S. 298–299.

Karlsch, Rainer. *Hitlers Bombe. Die geheime Geschichte der deutschen Kernwaffenversuche.* München, 2005.

Katscher, Friedrich. *Kernenergie und Sicherheit.* Hrsg. von Bundesministerium für Gesundheit und Umweltschutz. Wien, 1978.

Kermenak, Berta. „Zur Frage der Genauigkeit der Radiumstandardpräparate (12. Dez. 1947)". In: *Acta Physica Austriaca* 2 (1948), S. 299–311.

Kevles, Daniel. „Cold War and Hot Physics. Science, Security, and the American State, 1945-56". In: *Historical Studies in the Physical and Biological Sciences* 20 (1987), S. 239–264.

– *The Physicists. The History of a Scientific Community in Modern America.* 3. Aufl. Cambridge, 1995.

Kirchhof, Atsrid M., Hrsg. *Pathways into and out of Nuclear Power in Western Europe: Austria, Denmark, Federal Republic of Germany, Italy, and Sweden.* München, 2019.

Kirsch, Gerhard und Fritz Rieder. „Über die Neutronenemission des Berylliums". In: *Sitzungsberichte der math.-nat. Klasse IIa der Österreichischen Akademie der Wissenschaften* 141 (1932), S. 501–508.

Kohlenholding Gesellschaft m.b.H., Hrsg. *Rot-Weiss-Rote Kohle.* Wien, 1956.

Krafft, Fritz. „Ein frühes Beispiel interdisziplinärer Team-Arbeit. Zur Entdeckung der Kernspaltung durch Hahn, Meitner und Straßmann (Teil I und II)". In: *Physikalische Blätter* 36 (1980), S. 85–89, 113–118.

Kragh, Helge. *Quantum Generations. A History of Physics in the Twentieth Century.* Princeton, 1999.

– „Rutherford, radioactivity, and the atomic nucleus". In: *arXiv, Cornell University* (2012). URL: http://arxiv.org/abs/1202.0954..

Krige, John. *American Hegemony and the Postwar Reconstruction of Science in Europe.* Cambridge, MA, 2006.

– „Building the Arsenal of Knowledge". In: *Centaurus* 52 (2010), S. 280–296.

– „The Peaceful Atom as Political Weapon: Euratom and American Foreign Policy in the Late 1950s". In: *Historical Studies in the Natural Sciences* 38 (2008), S. 5–44.

Kuchler, Andreas. „Die Entwicklung der österreichischen Wasserkraft nach Zwentendorf und Hainburg". Diss. Universität Wien, 2015.

Kuhn, Thomas S. „Die Erhaltung der Energie als Beispiel gleichzeitiger Entdeckung 1978". In: *Die Entstehung des Neuen. Studien zur Struktur der Wissenschaftsgeschichte.* Frankfurt am Main, 1978, S. 125–168.

Kühnl, Reinhard. *Faschismustheorien.* Heilbronn, 1990.

Lackner, Helmut. „Von Seibersdorf bis Zwentendorf. Die 'friedliche Nutzung der Atomenergie' als Leitbild der Energiepolitik in Österreich". In: *Blätter für Technikgeschichte* 62 (2000), S. 201–226.

Landsman, N. P. „Getting even with Heisenberg. Essay review". In: *Studies in History and Philosophy of Modern Physics* 33 (2002), S. 297–325.

Lehrmann, Dietmar und Christian Kleint. „Rekonstruktion der damals geheimen Leipziger Uranmaschinenarbeiten aus den Versuchsprotokollen (=Abhandlungen der Sächsischen Akademie der Wissenschaften zu Leipzig, Math.-naturw. Klasse, Bd. 58, Heft 2)". In: *Werner Heisenberg in Leipzig 1927–1942.* Hrsg. von Christian Kleint und Gerald Wiemers. Berlin, 1993, S. 53–61.

Leydesdorff, Loet und Henry Etzkowitz. „Emergence of a Triple Helix of University–Industry–Government Relations". In: *Science and Public Policy* 23 (1996), S. 279–286.

Lichtenberger-Fenz, Brigitte. „„Es läuft alles in geordneten Bahnen'. Österreichs Hochschulen und Universitäten und das NS-Regime". In: *NS-Herrschaft in Österreich, Ein Handbuch*. Hrsg. von Emmerich Talos u. a. Wien, 2000, S. 549–569.

Lintner, Karl. *Wechselwirkung schneller Neutronen mit den schwersten stabilen Kernen (Hg, Tl, Bi und Pb)*. Habilitation Universität Wien. Wien, 1949.

Lundvall, Bengt-Ake, Hrsg. *National Innovation Systems: Towards a Theory of Innovation and Interactive Learning*. London, 1992.

Marcovich, Anne und Terry Shinn. „From the Triple Helix to a Quadruple Helix? The Case of Dip-Pen Nanolithography". In: *Minerva* 49 (2011), S. 175–190.

Martinovsky, Julia. „Repräsentative Demokratie in Österreich am Beispiel der Volksabstimmung über das Kernkraftwerk Zwentendorf". Magisterarb. Universität Wien, 2012.

Meitner, Lise und Otto Frisch. „Disintegration of Uranium by Neutrons. A New Type of Nuclear Reaction". In: *Nature* 143 (1939), S. 239–240.

Merton, Robert K. „Wissenschaft und demokratische Sozialstruktur". In: *Wissenschaftssoziologie 1. Wissenschaftliche Entwicklung als sozialer Prozeß*. Hrsg. von Peter Weingart. Frankfurt am Main, [1942] 1972.

Meyer, Stefan. „Die Vorgeschichte der Gründung und das erste Jahrzehnt des Institutes für Radiumforschung". In: *Festschrift des Institutes für Radiumforschung anlässlich seines 40jährigen Bestandes (1910-1950)*. Wien, 1950, S. 1–26.

– „Über die Radium-Standard-Präparate (29. Nov./13. Dez. 1945)". In: *Anzeiger der Österreichischen Akademie der Wissenschaften, Mathematisch-naturwissenschaftliche Klasse* 82 (1945), S. 25–30.

Müller, Peter. *Atome, Zellen, Isotope. Die Seibersdorf-Story*. München, 1977.

– *Seibersdorf. Das Forschungszentrum als Drehscheibe zwischen Wissenschaft und Wirtschaft*. Wien, 1986.

Naimark, Norman M. *The Russians in Germany. A History of the Soviet Zone of Occupation, 1945-1949*. Cambridge, 1995.

Nedelik, Adolf H. *ASTRA-Reaktor. Eine Chronik des Forschungsreaktors Seibersdorf von der Errichtung bis zur Stilllegung*. Seibersdorf, 2006.

Nelson, Richard, Hrsg. *National Innovation Systems. A Comparative Analysis.* New York, Oxford, 1993.

Nielsen, Henry. „Riso and the Attempts to Introduce Nuclear Power into Denmark". In: *Centaurus* 41 (1999), S. 64–92.

Nielsen, Henry und Hendrik Knudsen. „The Troublesome Life of Peaceful Atoms in Denmark". In: *History in Technology* 26 (2010), S. 91–118.

Nier, A. O. u. a. „Further Experiments on Fission of Separated Uranium Isotopes". In: *Physical Review* 57 (1940), S. 748.

Nier, Alfred O. u. a. „Nuclear Fission of Separated Uranium Isotopes". In: *Physical Review* 57 (1940), S. 546.

Nonaka, Ikujiro und Hirotaka Takeuchi. *The Knowledge-Creating Company. How Japanese Companies Create the Dynamics of Innovation.* New York, 1995.

Nonaka, Takeuchi und Noboru Konno. „The Concept of ‚Ba'. Building a Foundation for Knowledge Creation". In: *California Management Review* 40 (1998), S. 40–54.

Nowotny, Helga, Peter Scott und Michael Gibbons. „Mode 2 revisited: The New Production of Knowledge". In: *Minerva* 41 (2003), S. 179–194.

Oldenziel, Ruth und Mikael Hard. *Consumers, Tinkerers, Rebels: The People Who Shaped Europe.* New York, 2013.

Oldenziel, Ruth und Karin Zachmann. *Cold War Kitchen: Americanization, Technology, and European Users.* Cambridge, MA, 2011.

Oreskes, Naomi. „A Context of Motivation. US Navy Oceanographic Research and the Discovery of Sea-Floor Hydrothermal Vents". In: *Social Studies of Science* 33 (2003), S. 697–742.

Ortner, Gustav. „Allgemeine Gesichtspunkte bei Planung und Bau des Atominstitutes. Auswahl des Baugeländes und Beschreibung des Institutsgebäudes". In: *Elektrotechnik und Maschinenbau* 78 (1961), S. 557–564.

– „Aufgaben des Atominstituts. Das Atominstitut der österreichischen Hochschulen". In: *Elektrotechnik und Maschinenbau* 78 (1961), S. 551–552.

– „Die Aufgaben der Abteilungen des Atominstituts. Unterricht und Forschung im Atominstitut". In: *Elektrotechnik und Maschinenbau* 78 (1961), S. 590–591.

Österreichische Studiengesellschaft für Atomenergie Ges.m.b.H. *10 Jahre Österreichische Studiengesellschaft für Atomenergie Gesellschaft m. b. H. Rückschau und Ergebnisse.* Hrsg. von Österreichische Studiengesellschaft für Atomenergie. Seibersdorf, Wien, 1966.

Österreichische Studiengesellschaft für Atomenergie Ges.m.b.H., Hrsg. *ASTRA-Reaktor. Reaktorzentrum Seibersdorf.* Wien, 1961.

Pais, Abraham. *Inward Bound. Of Matter and Forces in the Physical World.* Oxford, 1986.

Pichler, Rupert, Michael Stampfer und Reinhold Hofer. *Forschung, Geld und Politik. Die staatliche Forschungsförderung in Österreich 1945–2005.* Innsbruck, 2007.

Polanyi, Michael. *Personal Knowledge. Towards a Post-Critical Philosophy.* Chicago, 1966.

Popp, Manfred. „Misinterpreted Documents and Ignored Physical Facts: The History of 'Hitler's Atomic Bomb' needs to be corrected". In: *Berichte zur Wissenschaftsgeschichte* 39 (2016), S. 265–282.

Premstaller, Florian. „Kernenergiepolitik in Österreich während der Ära Bruno Kreisky". Magisterarb. Iniversität Wien, 2001.

Rauch, Helmut, Wolfgang Treimer und Ulrich Bonse. „Test of a single crystal neutron interferometer". In: *Physics Letters A* 47 (1974), S. 369–371.

Reaktorzentrum Seibersdorf. *Tätigkeitsbericht 1964.* Techn. Ber. Österreichische Studiengesellschaft für Atomenergie Ges.m.b.H., 1964.

– *Tätigkeitsbericht 1965.* Techn. Ber. Österreichische Studiengesellschaft für Atomenergie Ges.m.b.H., 1965.

– *Tätigkeitsbericht 1966.* Techn. Ber. Österreichische Studiengesellschaft für Atomenergie Ges.m.b.H., 1966.

Reaktorzentrum Seibersdorf der Österreichischen Studiengesellschaft für Atomenergie Ges.m.b.H. *Bericht über die Inbetriebnahme des ASTRA-Reaktors sowie der ersten Laboratorien.* Techn. Ber. Seibersdorf, 1961.

Regler, Fritz. „Die Atomforschung und ihre Nutzanwendung in Österreich". In: *Die Industrie* 2 (1949), S. 49.

Reiter, Wolfgang L. *Aufbruch und Zerstörung. Zur Geschichte der Naturwissenschaften in Österreich 1850 bis 1950.* Wien, Münster, 2017.

– „Das Jahr 1938 und seine Folgen für die Naturwissenschaften an Österreichs Universitäten". In: *Vertriebene Vernunft.* Hrsg. von Friedrich Stadler. Bd. II. Münster, 2004, S. 664–680.

– „Die Vertreibung der jüdischen Intelligenz. Verdopplung des Verlustes – 1938/1945". In: *Internationale mathematische Nachrichten* 187 (2001), S. 1–20.

– „Österreichische Wissenschaftsemigration am Beispiel des Instituts für Radiumforschung der Österreichischen Akademie der Wissenschaften".

In: *Vertriebene Vernunft*. Hrsg. von Friedrich Stadler. Bd. II. Münster, 2004, S. 709–729.

Reiter, Wolfgang L. „Stefan Meyer. Pioneer of radioactivity". In: *Physics in Perspective* 3 (2001), S. 106–127.

Reiter, Wolfgang L. und Reinhard Schurawitzki. „Über Brüche hinweg Kontinuität. Physik und Chemie an der Universität Wien nach 1945 – eine erste Annäherung". In: *Zukunft mit Altlasten. Die Universität Wien 1945 – 1955*. Hrsg. von Margarete Grandner, Gernot Heiss und Oliver Rathkolb. Wien, 2005, S. 236–259.

Reith, Reinhold. „Innovationsforschung und Innovationskultur". In: *Innovationskultur in historischer und ökonomischer Perspektive. Modelle, Indikatoren und regionale Entwicklungslinien*. Hrsg. von Reinhold Reith, Rupert Pichler und Christian Dirninger. Innsbruck, 2006, S. 11–20.

Rentetzi, Maria. „Designing (for) a New Scientific Discipline. The Location and Architecture of the Institut für Radiumforschung in Early Twentieth-Century Vienna". In: *The British Journal for the History of Science* 38 (2005), S. 275–306.

– „Gender, Politics, and Radioactivity Research in Interwar Vienna. The Case of the Institute for Radium Research". In: *ISIS* 95 (2004), S. 359–393.

– „The city as a context for scientific activity: creating the Mediziner-Viertel in fin-de-siècle Vienna". In: *Endeavour* 28.1 (2004), S. 39–44.

– *Trafficking Materials and Gendered Experimental Practices. Radium Research in Early 20th Century Vienna*. New York, 2009.

Rhodes, Richard. *The Making of the Atomic Bomb*. New York, 1986.

Robertson, Andrew. *The Management of Industrial Innovation. Some Notes on the Success and Failure of Innovation*. London, 1969.

Röntgen, Wilhelm Conrad. „Über eine neue Art von Strahlen. Vorläufige Mittheilung". In: *Aus den Sitzungsberichten der Würzburger Physik.-medic. Gesellschaft* (1895), S. 137–147.

Rosner, Robert und Brigitte Strohmeier, Hrsg. *Marietta Blau. Sterne der Zertrümmerung*. Wien, 2003.

Rössner, Marcus. „Von der Österreichischen Studiengesellschaft für Atomenergie zum Reaktorzentrum Seibersdorf." Magisterarb. Universität Wien, 2013.

Rowland, Alex. „Science, Technology, and War". In: *The Modern Physical and Mathematical Sciences. The Cambridge History of Science*. Hrsg. von Mary Jo Nye. Bd. 5. Cambridge, 2003, S. 561–578.

Rutherford, Ernest und Frederick Soddy. „Radioactive change". In: *Philosophical Magazine* 5 (1903), S. 576–591.

Schaller, Christian. „Die Österreichische Kernenergiekontroverse. Meinungsbildungs- und Entscheidungsfindungsprozesse mit besonderer Berücksichtigung der Auseinandersetzung um das Kernkraftwerk Zwentendorf bis 1981". Dissertation. Universität Salzburg, 1997.

Schauz, Desiree. „What is Basic Research? Insights from Historical Semantics". In: *Minerva* 52 (2014), S. 273–328.

Schmid, Sonja D. „Nuclear Colonization? Soviet Technopolitics in the Second World". In: *Entangled Geographies. Empire and Technopolitics in the Global Cold War*. Hrsg. von Gabrielle Hecht. Cambridge, MA, 2011, S. 125–154.

Schmidt, Katharina. „Die Kernenergie-Debatte in Österreich. Analyse der politischen Auseinandersetzungen von Zwentendorf über Tschernobyl bis heute". Magisterarb. Universität Wien, 2007.

Schumpeter, Joseph. *Theorie der wirtschaftlichen Entwicklung*. Berlin, 1912.

Schwab, Günther. *Morgen holt Dich der Teufel. Neues, Verschwiegenes und Verbotenes von der „friedlichen" Atomkernspaltung*. Salzburg, 1968.

Seaborg, Glenn T., Arthur C. Wahl und Joseph W. Kennedy. „Radioactive Element 94 from Deuterons on Uranium". In: *Physical Review* 69 (1946), S. 367.

Segrè, Emilio. *From X-Rays to Quarks: Modern Physicists and Their Discoveries*. San Francisco, 1980.

Shaw, E. N. *Europe's Nuclear Power Experiment. History of the O.E.C.D. Dragon Project*. Oxford, 1983.

Shinn, Terry. „The Triple Helix and New Production of Knowledge. Prepackaged Thinking on Science and Technology". In: *Social Studies of Science* 32 (2002), S. 599–614.

Sime, Ruth Lewin. „The Search for Transuranium Elements and the Discovery of Nuclear Fission". In: *Physics in Perspective* 2 (2000), S. 48–62.

Simon, R. A. und P. D. Capp. *Operating Experience with the DRAGON High Temperature Reactor Experiment*. Techn. Ber. IAEA, INIS-XA–524, 2002.

Stadler, Friedrich. *Studien zum Wiener Kreis. Ursprung, Entwicklung und Wirkung des Logischen Empirismus im Kontext*. Frankfurt am Main, 1996.

Stadler, Friedrich, Hrsg. *Vertriebene Vernunft. Emigration und Exil österreichischer Wissenschaft 1930–1940.* 2 Bde. Wien, 1987/88.

Stiefel, Dieter. *Verstaatlichung und Privatisierung in Österreich. Illusion und Wirklichkeit.* Wien, 2011.

Straubinger, Johannes. *Die Ökologisierung des Denkens.* Salzburg, 2009.

Strauß, Karl. *Kraftwerkstechnik zur Nutzung fossiler, nuklearer und regenerativer Energiequellen.* Heidelberg, 2009.

Stuewer, Roger. „Artificial Disintegration and the Vienna-Cambridge Controversy". In: *Observation, Experiment, and Hypothesis in Modern Physical Science.* Hrsg. von Peter Achinstein und Owen Hannaway. Cambridge, MA, 1985, S. 239–307.

Szilard, Leo und Walter H. Zinn. „Instantaneous Emission of Fast Neutrons in the Interaction of Slow Neutrons with Uranium". In: *Physical Review* 55 (1939), S. 799–800.

Szöllösi-Janze, Margit und Helmuth Trischler. *Großforschung in Deutschland. Bd. 1. Studien zur Geschichte der deutschen Großforschungseinrichtungen.* Frankfurt am Main, 1990.

Taylor, Theodore B., Andrew W. McReynolds und Freeman J. Dyson. „Reactor with prompt negative temperature coefficient and fuel element therefore". 3,127,325. US Patent 3,127,325. März 1964.

Techsnabexport. *Booklet for TENEX's 50th anniversary.* Moskau, 2013. URL: http://www.tenex.ru.

Trischler, Helmuth und Kilian Steiner. „Innovationsgeschichte als Gesellschaftsgeschichte. Wissenschaftlich konstruierte Nutzerbilder in der Automobilindustrie seit 1950". In: *Geschichte und Gesellschaft* 34 (2008), S. 455–488.

Tucker, Jonathan B. *Innovation, Dual Use, and Security. Managing the Risks of Emerging Biological and Chemical Technologies.* Cambridge, 2012.

Turner, Louis A. „Nuclear Fission". In: *Reviews of Modern Physics* 12 (1940), S. 1–29.

Undesser, Karl. „Über Versuche eines Nachweises von α- und H-Strahlen während der Bestrahlung von Uran mit langsamen und schnellen Neutronen". Diss. Wien: Universität Wien, 1944.

Vetter, Herbert. *Zwickmühle Zwentendorf. Ein Arzt untersucht die Kernenergie.* Wien, 1983.

Walker, Mark. *Die Uranmaschine. Mythos und Wirklichkeit der deutschen Atombombe.* Berlin, 1990.

- „Eine Waffenschmiede? Kernwaffen- und Reaktorforschung am Kaiser-Wilhelm-Institut für Physik". In: *Gemeinschaftsforschung, Bevollmächtigte und der Wissenstransfer. Die Rolle der Kaiser-Wilhelm-Gesellschaft im System kriegsrelevanter Forschung des Nationalsozialismus.* Hrsg. von Helmut Maier. Göttingen, 2007, S. 352–394.
- „Physics, History, and the German Atomic Bomb". In: *Berichte zur Wissenschaftsgeschichte* 40 (2017), S. 271–288.

Wang, Jessica. *American Science in an Age of Anxiety. Scientists, Anticommunism, and the Cold War.* Chapel Hill, London, 1999.

- „Scientists and the Problem of the Public in Cold War America, 1945-1960". In: *Osiris* 17 (2002), S. 323–347.

Waniek, Rudolf. „Über den Bau eines Neutronengenerators und die Anwendung einer Hochfrequenz-Ionenquelle". Dissertation. Wien: Universität Wien, 1950.

Washburn, Edward W. und Harold C. Urey. „Concentration of the H^2 Isotope of Hydrogen by the Fractional Electrolysis of Water". In: *Proceedings of the National Academy of Sciences of the United States of America* 18 (1932), S. 496–498.

Wengenroth, Ulrich. „Innovationspolitik und Innovationsforschung". In: *Innovationskultur.* Hrsg. von Gerd Graßhoff und Rainer C. Schwinges. Zürich, 2008, S. 61–77.

- „Vom Innovationssystem zur Innovationskultur. Perspektivwechsel in der Innovationsforschung". In: *Innovationskulturen und Fortschrittserwartungen im geteilten Deutschland.* Hrsg. von Johannes Abele, Gerhard Barkleit und Thomas Hänseroth. Köln, Weimar, 2001.

Wiegrefe, Klaus. „Das Bombengerücht". In: *Der Spiegel* 11 (2005), S. 192–193.

Wildi, Tobias. *Der Traum vom eigenen Reaktor. Die schweizerische Atomtechnologieentwicklung 1945–1969.* Zürich, 2003.

Wirtz, Karl und Karl Beckurts. *Elementare Neutronenphysik.* Berlin, 1958.

Wittje, Roland. „Nuclear Physics in Norway, 1933-1955". In: *Physics in Perspective* 9 (2007), S. 406–433.

Zehetgruber, Andrea. „Die Geschichte des Kernkraftwerkes Zwentendorf von der Planung bis ins Jahr 1994". Magisterarb. Universität Wien, 1994.

Personenregister

© Springer Fachmedien Wiesbaden GmbH, ein Teil von Springer Nature 2019
C. Forstner, *Kernphysik, Forschungsreaktoren und Atomenergie*,
https://doi.org/10.1007/978-3-658-25447-6

Printed in the United States
By Bookmasters